理工数学シリーズ

微分方程式

村上雅人
安富律征
小林忍

飛翔舎

はじめに

　自然現象を科学的に解析する際には、対象とする問題を**微分方程式** (differential equation) で表現することが基本となる。物体の運動や電気回路などが代表例である。したがって、微分方程式は、理工学の基本となる。さらに、経済学、データサイエンス、経営学でも必須の道具となっている。

　しかし、微分方程式は「全体像がつかみにくい学問」とも言われている。その扱う内容が広範囲にわたっており、さらに、多種多様の微分方程式の解法が羅列的に紹介される場合が多いからである。

　しかも、その解法には、いろいろな数学的手法が駆使されている。これには、解法の難しい微分方程式に挑戦することが数学者たちの歴史となってきたという背景がある。そのため、微分方程式の解法に成功した数学者の名前を冠した式が、数多く登場することになる。

　微分方程式には 1 変数関数を対象とした**常微分方程式** (ordinary differential equation) と、2 変数以上の関数を対象とした**偏微分方程式** (partial differential equation) がある。ただし、基本は、あくまでも 1 変数を対象とした常微分方程式である。よって、本書は常微分方程式を対象とする。

　さらに、膨大な数と種類からなる微分方程式の構造がわかりやすいように、まずは、基本の 1 階 1 次の導関数 dy/dx からなる微分方程式の解法に重点を置いている。そこに、微分方程式のエッセンスが詰まっているからだ。

　そのうえで、理工系で重要となる 2 階 1 次微分方程式、つまり d^2y/dx^2 が含まれる微分方程式の解法を紹介している。理工分野で重用される微分方程式は、2 階 1 次までで、ほぼ網羅される。

　実は、1 階でも 2 次以上ならびに 1 次であっても 3 階以上の微分方程式は、ほとんど解法することができないのである。また、これら微分方程式は、理工系分野の応用で登場することは多くはない。ただし、高階、高次であっても、いくつかの微分方程式の解法が可能なことが知られているので、それらも紹介している。

かつての微分方程式の教科書では、**解の存在定理** (existence theorem of solutions) の証明が重要な位置を占めていたが、本書では取り扱っていない。もちろん、重要な定理ではあるが、初学者に混乱を与えるうえ、理工系への応用においては、それほど重要ではないからである。あくまでも重要なのは、微分方程式の解を得ることであり、解の存在の証明ではないからである。興味のある方は、他書を参照いただきたい。

　本書を通して、微分方程式の意義と意味、そして全体像をおおまかでもつかんでいただければ幸甚である。

2025 年　冬　著者

村上雅人、安富律征、小林忍

もくじ

はじめに……………………………………………………………… *3*

第1章　微分方程式の分類…………………………………………… *11*
　1.1.　微分方程式の名称　*12*
　1.2.　微分方程式と解　*14*

第2章　1階1次微分方程式………………………………………… *17*
　2.1.　1階1次微分方程式　*17*
　2.2.　変数分離形　*21*
　2.3.　同次形　*25*
　2.4.　1階線形微分方程式　*31*
　2.5.　同次方程式の解法　*32*
　2.6.　非同次方程式の解法―定数変化法　*33*
　2.7.　定数変化法の定式化　*39*
　2.8.　非線形微分方程式　*43*
　　2.8.1.　ベルヌーイの微分方程式　*43*
　　2.8.2.　リッカチの微分方程式　*50*
　補遺2-1　変数分離　*57*
　A2-1.1.　多変数関数の変数分離　*57*
　A2-1.2.　1変数関数の場合　*58*
　A2-1.3.　導関数　*58*
　A2-1.4.　変数分離形の積分　*59*
　A2-1.5.　一般式　*60*
　補遺2-2　同次形と同次微分方程式　*61*
　A2-2.1.　同次関数の定義　*61*
　A2-2.2.　同次形の微分方程式　*62*

5

A2-2. 3.　多項式以外の同次関数　*63*

　　A2-2. 4.　同次微分方程式　*66*

第3章　完全微分方程式 ·· *68*

3. 1.　関数の全微分　*68*

3. 2.　完全微分方程式　*71*

3. 3.　完全微分方程式の判定方法　*75*

3. 4.　完全微分方程式の解法　*76*

3. 5.　積分因子　*81*

3. 6.　非同次方程式の解法　*91*

3. 7.　積分因子が2変数となる場合　*94*

　　3. 7. 1.　$M(x, y) = x^m y^n$ となる場合　*94*

　　3. 7. 2.　同次関数の場合　*96*

補遺 3-1　完全微分方程式 ― 問題のつくり方　*102*

第4章　1階高次微分方程式 ······························· *104*

4. 1.　因数分解による解法　*104*

4. 2.　$y = f(x, p)$ と変形できる場合　*108*

4. 3.　$x = f(y, p)$ と変形できる場合　*111*

4. 4.　クレローの微分方程式　*115*

4. 5.　特異解　*119*

4. 6.　ラグランジュの微分方程式　*124*

第5章　2階線形微分方程式 ······························· *129*

5. 1.　2階線形微分方程式　*129*

5. 2.　2階線形同次微分方程式　*131*

5. 3.　定数係数の2階線形同次微分方程式　*132*

　　5. 3. 1.　特性方程式　*132*

　　5. 3. 2.　特性方程式の判別式が正の場合　*133*

　　5. 3. 3.　特性方程式の判別式が負の場合　*134*

　　5. 3. 4.　特性方程式が重解を持つ場合　*138*

もくじ

5.4. 非同次方程式　*140*

　5.4.1. 定数変化法　*140*

　5.4.2. 定数変化法の定式化　*146*

5.5. 未定係数法　*149*

　5.5.1. 多項式　*149*

　5.5.2. 三角関数　*151*

　5.5.3. 指数関数　*152*

　5.5.4. 非同次項が関数の積の場合　*154*

5.6. 変数係数2階線形微分方程式　*158*

　5.6.1. オイラーの微分方程式　*158*

　5.6.2. 階数低下法　*160*

5.7. 変数係数の非同次微分方程式　*166*

　5.7.1. 変数係数の場合の階数低下法　*166*

　5.7.2. 変数係数の場合の定数変化法　*170*

補遺 5-1　線形微分方程式と線形空間　*172*

　A5-1.1. n 階線形微分方程式　*172*

　A5-1.2. 線形同次微分方程式の解　*172*

　A5-1.3. ロンスキー行列式　*174*

　A5-1.4. 解の線形空間　*177*

　A5-1.5. 線形空間とベクトル　*178*

　A5-1.6. 非同次線形微分方程式　*180*

補遺 5-2　級数展開　*182*

　A5-2.1. 級数展開　*182*

　A5-2.2. 指数関数　*183*

　A5-2.3. 三角関数　*184*

　A5-2.4. テイラー展開　*184*

補遺 5-3　オイラーの公式　*186*

第 6 章　級数解法 ……………………………………………………*189*

6.1. 級数解法　*189*

6.2. 変数係数微分方程式　*193*

6.3. フロベニウスの方法　*194*

6.4. 解の存在　*203*

6.5. 級数解法の理工分野への応用　*206*

6.6. ベッセルの微分方程式　*206*

6.6.1. ゼロ次のベッセル関数　*207*

6.6.2. $m \neq 0$ のベッセル微分方程式の解　*209*

6.6.3. 一般のベッセル関数　*211*

6.7. ルジャンドルの微分方程式　*214*

6.7.1. ルジャンドル方程式の解　*215*

6.7.2. ルジャンドル多項式　*216*

6.8. エルミートの微分方程式　*218*

6.8.1. 級数解法　*218*

6.8.2. エルミート多項式　*220*

6.9. ラゲールの微分方程式　*221*

第7章　解法可能な高階微分方程式 ……………………………………*226*

7.1. 定数係数高階線形微分方程式　*227*

7.2. 完全微分方程式　*230*

7.3. オイラーの微分方程式　*239*

7.4. 解法可能な高階微分方程式　*244*

7.4.1. 従属変数 y を含まない高階微分方程式　*244*

7.4.2. 独立変数 x を含まない高階微分方程式　*246*

補遺 7-1　特性方程式に重解がある場合の基本解　*250*

第8章　演算子法 ………………………………………………………*254*

8.1. 演算子　*254*

8.1.1. 線形演算子　*255*

8.1.2. 演算子の積　*256*

8.1.3. 逆演算子　*256*

8.2. 微分と演算子　*257*

8.2.1. 微分演算子　*257*

8

もくじ

8.2.2. 積分　*258*

8.3. 演算子と微分方程式　*259*

8.3.1. 非同次項が e^{kx} の場合　*260*

8.3.2. 非同次項が三角関数の場合　*264*

8.4. 逆演算子の一般化　*267*

8.4.1. 演算子 $1/(D-a)$ の作用　*268*

8.4.2. 非同次項が x の多項式の場合　*270*

8.4.3. 逆演算子の級数展開　*271*

8.4.4. 因数分解できる場合　*275*

8.5. 非同次項が種々の関数を含む場合　*277*

第9章　連立微分方程式 ………………………………………*284*

9.1. 線形代数の手法を利用した解法　*287*

9.1.1. 同次方程式　*287*

9.1.2. 行列の対角化　*288*

9.1.3. 固有値と固有ベクトル　*289*

9.1.4. 固有方程式　*291*

9.2. 連立微分方程式の解法　*291*

9.3. 非同次方程式　*297*

おわりに …………………………………………………………*306*

第1章　微分方程式の分類

　理工学において、なんらかの現象を解析する第一歩は、いかに対象とする現象の**数学モデル** (mathematical model) を構築するかにある。多くの現象は、**微分方程式** (differential equation) のかたちで数式化される。その結果がどうなるかは、この微分方程式を解かなければわからないが、残念ながら、普通の微分方程式はうまく解けない場合が多い。

　事実、未解決の微分方程式に多くの数学者が挑戦しており、その解法が数学の所産として蓄積されている。現代の理工学のほとんどは、その恩恵にあずかっているのである。量子力学によって、原子の電子軌道が解明されたのも、過去の多くの数学者たちによって解法された微分方程式群があったからである[1]。

　ところで、「微分方程式」というとかたいイメージを与えるが、方程式の中に未知の関数 y の**導関数** (derivative) が入っていれば、そう呼ばれる。よって

$$\frac{dy}{dx} = 0$$

も立派な微分方程式であるし

$$(3x^8 + 4x^6 + 2x + 3)\frac{d^4y}{dx^4} + \tan x \left(\frac{d^2y}{dx^2}\right)^4 + e^{2x+3}\frac{dy}{dx} + x^3y + xy^5 = \sin x$$

という複雑なものも微分方程式の仲間である。

　導関数さえ含まれていればよいのであるから、微分方程式の種類は無尽蔵ということになる。そして、原理的には、いくらでも複雑な微分方程式をつくることもできる。

　ただし、理工学においては、必要な微分方程式は定式化されている。本書では、専門分野への応用の橋渡しとして代表的なものを紹介する。

---

[1] 理工学で重宝されているエルミート微分方程式、ベッセル微分方程式、ルジャンドル微分方程式などについては、第6章で解法を紹介している。

1. 1. 微分方程式の名称

　冒頭でも紹介したように、ある方程式に導関数がひとつでも入っていれば、その方程式を微分方程式と呼ぶので、その種類や数は膨大なものになる。そこで、微分方程式をある規則に従って分類した方が、後々便利になる。ここでは、その分類方法について紹介する。

　まず**階**というのは英語では "order" のことで、導関数の**階数**である。つまり

$$\frac{dy}{dx} \ \text{を 1 階の導関数 (first order derivative)}$$

と呼ぶ。ただし慣例で、1 次導関数と呼ぶこともある。微分方程式の呼称では、「次」は**次数** (degree) の方で使うので、混乱を避けるために、本書では "order" には「階」を対応させることにする。よって

$$\frac{d^2 y}{dx^2} \ \text{は 2 階導関数 (second order derivative)}$$

であり、1 階の導関数とは

$$\frac{d^2 y}{dx^2} = \frac{d}{dx}\left(\frac{dy}{dx}\right)$$

という関係にある。

$$\frac{d^3 y}{dx^3} \ \text{は 3 階導関数 (third order derivative)}$$

であり

$$\frac{d^3 y}{dx^3} = \frac{d}{dx}\left(\frac{d^2 y}{dx^2}\right) = \frac{d}{dx}\left\{\frac{d}{dx}\left(\frac{dy}{dx}\right)\right\}$$

という関係にある。

　以下同様にして、n **階導関数** (*n*th order derivative) は

$$\frac{d^n y}{d x^n} = \frac{d}{dx}\left(\frac{d^{n-1} y}{d x^{n-1}}\right) = \frac{d}{dx}\left\{\frac{d}{dx}\left(\frac{d^{n-2} y}{d x^{n-2}}\right)\right\} = \dots$$

となる。

　微分方程式の呼称では、含まれる導関数の**階数が最も高いもの**を使う。たとえば

第1章　微分方程式の分類

$$\frac{d^3y}{dx^3} + \left(\frac{d^2y}{dx^2}\right)^2 + \left(\frac{dy}{dx}\right)^3 + x = 0$$

という微分方程式を考えてみよう。

　これら項の中で、最も階数の高いのは d^3y/dx^3 の3階導関数である。よって、この方程式は3階微分方程式と分類されることになる。

　つぎに「次数」は英語では "degree" で、導関数のべき数のことである。

　つまり

$$\frac{dy}{dx} \text{ は 1 次} \qquad \left(\frac{dy}{dx}\right)^2 \text{ は 2 次} \qquad \left(\frac{dy}{dx}\right)^n \text{ は } n \text{ 次の項}$$

となる。

　実際の導関数では、階数と次数を両方示す必要がある。たとえば

$$\frac{dy}{dx} \quad \text{は 1 階 1 次の導関数}$$

$$\left(\frac{d^2y}{dx^2}\right)^3 \quad \text{は 2 階 3 次の導関数}$$

$$\cdots\cdots\cdots\cdots$$

$$\left(\frac{d^ny}{dx^n}\right)^m \quad \text{は } n \text{ 階 } m \text{ 次の導関数}$$

と呼ばれる。

　微分方程式の呼称では、方程式に含まれる導関数で**階数が最も高いものの次数**を使う。たとえば

$$\frac{d^3y}{dx^3} + \frac{dy}{dx} + x + y = 0$$

では、最も階数の高いのは 3 でその次数は 1 であるので **3 階 1 次微分方程式** (differential equation of the third order and the first degree) と呼ぶ。つぎに

$$\left(\frac{d^3y}{dx^3}\right)^2 + \left(\frac{dy}{dx}\right)^3 + xy = 0$$

の場合は、階数のもっとも高いのは 3 階であり、その次数は 2 であるので **3 階 2次の微分方程式** (differential equation of the third order and the second degree) と呼ばれる。dy/dx の次数は 3 であるが、あくまでの階数の高い d^3y/dx^3 の次数を使

13

う。

　ただし、理工学への応用を考えるとき、導関数の次数の高いものは、ほとんど登場しない。y のすべての導関数ならびに y そのものが 1 次の微分方程式を**線形微分方程式** (linear differential equation) と呼んでいる。「線形」の英語は linear であるが、1 次という意味となる。

　したがって、本書に登場する微分方程式の多くは線形微分方程式であり、また、階数も 2 階までのものが多い。

1.2. 微分方程式と解

　ここで実際に微分方程式の解法について説明する前に、専門用語の説明を行っておこう。

　まず 1 個の**独立変数** (independent variable) である x と 1 個の**従属変数** (dependent variable) である y の間の関係を取り扱い、方程式の中に x, y および y の導関数を含む場合を**常微分方程式** (ordinary differential equation) と呼んでいる。本書で取り扱うのは常微分方程式である。

　これに対し、独立変数が複数ある場合には、**偏微分** (partial derivative) という考えが必要になる。たとえば、z が x と y という 2 個の独立変数の関数の場合

$$z = f(x, y)$$

となるが、一度に x と y の両方の変数の微分をとることはできない。そこで、x に関する微分をとる場合には、y を一定にしておいて、x 方向の導関数を求めるという手法を使う。これを偏微分と呼び

$$\frac{\partial z}{\partial x} = \frac{\partial f(x, y)}{\partial x}$$

と表記する。

　あるいは y が一定であることを明記して

$$\frac{\partial z}{\partial x} = \frac{\partial f(x, y)}{\partial x} = \left(\frac{\partial f}{\partial x}\right)_y$$

のように表記する場合もある。

　このように、複数の独立変数からなる関数の場合は、方程式の中に偏導関数が含まれることになり、このような方程式を**偏微分方程式** (partial differential

第 1 章 微分方程式の分類

equation) と呼んでいる。

　よって、微分方程式という総称には、常微分方程式と偏微分方程式の 2 種類が含まれることになるが、本書では常微分方程式のみを扱っているので、あえて「常」という字は付していない。

　微分方程式を満足する関数のことを**解** (solution) と呼んでいる。また、解を求めることを「微分方程式を解く」あるいは「微分方程式を解法する」と呼んでおり、英語では "solve a differential equation" と表現する。

　特に限定条件を与えなければ、n 階の微分方程式の解である関数には n 個の**任意定数** (arbitrary constant) が含まれる。このような解を**一般解** (general solution) と呼んでいる。そして、一般解の任意定数に適当な数値を代入すると、ある特定の解が得られるが、このような解を**特殊解** (particular solution) と呼んでいる。たとえば

$$\frac{d^2 y}{dx^2} = \frac{d}{dx}\left(\frac{dy}{dx}\right) = 3$$

という 2 階 1 次の微分方程式が与えられたとしよう。この微分方程式を解くために積分を行ってみよう。すると、まず

$$\frac{dy}{dx} = \int 3\,dx = 3x + C_1 \qquad (C_1:\ 任意定数)$$

であり、さらに、もう 1 回積分を行うと

$$y = \int (3x + C_1)\,dx = \frac{3}{2}x^2 + C_1 x + C_2 \qquad (C_2:\ 任意定数)$$

という関数が得られる。この関数のことを解と呼ぶが、この場合、2 個の任意定数を含んでいるので、この解は表記の 2 階 1 次微分方程式の一般解ということになる。一般解

$$y = \frac{3}{2}x^2 + C_1 x + C_2$$

における任意定数は、なんらかの条件を付すことによって決定できる。

　たとえば、この問題において $x = 0$ のときに、$y = 2,\ dy/dx = 3$ という条件を与えれば

$$C_1 = 3, \quad C_2 = 2$$

と値が決まる。これが特殊解である。

15

この場合は**初期値** (initial value) が指定されているので、**初期値問題** (initial value problem)。また、与えられた条件を**初期条件** (initial condition) と呼んでいる。

さらに、独立変数 x の動ける範囲が限られている場合などは、その境界での値が指定されることもある。これを**境界値** (boundary value) と呼び、このような条件下で特殊解を求めることを**境界値問題** (boundary value problem) と呼んでいる。また、与えられた条件を**境界条件** (boundary conditions) と呼ぶ。

この他にも、微分方程式を解いていると、任意定数を含まない解が得られることがある。もし、この解が一般解の任意定数に適当な数値を入れて得られるならば、その解は特殊解であるが、一般解の定数項にどんな数値を代入しても得られないという不思議な解もある。このような解のことを**特異解** (singular solution) と呼んでいる。

第2章　1階1次微分方程式

　本章では、微分方程式において、もっとも基本的な **1 階 1 次微分方程式** (differential equation of the first order and the first degree)、つまり、微分方程式が導関数として dy/dx の 1 次の項のみを含む場合の解法を紹介する。理工系において多くの応用があり、微分方程式解法の基本を学ぶこともできる。

2.1.　1階1次微分方程式

1 階 1 次微分方程式の一般式は

$$\frac{dy}{dx} = L(x, y)$$

となる。L は x と y を変数とする任意の関数である。

　また、上記の一般式は

$$P(x, y)dx + Q(x, y)dy = 0$$

と書くこともできる[2]。

　これを変形すると

$$Q(x, y)dy = -P(x, y)dx$$

から

$$\frac{dy}{dx} = -\frac{P(x, y)}{Q(x, y)}$$

となり

---

[2] 高校までの数学では、導関数 dy/dx の dy と dx を独立に扱うことはできないと習う。しかし、大学に入って微分方程式の解法においては、dx と dy が、あたかも独立した変数のような扱いをする。これに戸惑いを覚えるひとも多い。その解説については補遺 2-1 を参照いただきたい。

$$L(x, y) = -\frac{P(x, y)}{Q(x, y)}$$

と置けば最初のかたちになる。

1 階 1 次の微分方程式にもいろいろな種類があり、簡単に解けるものもあれば、かなり工夫をしないと解けないものもある。もちろん、解法できないものも存在する。最も簡単なものは、一般式において $L(x, y)$ が x のみの関数 $f(x)$ となる

$$\frac{dy}{dx} = f(x)$$

の場合で

$$y = \int f(x)\,dx = F(x) + C$$

によって解が得られる。$F(x)$ は $f(x)$ の**原始関数** (primitive function) である。これを**直接積分形** (directly integrable) と呼んでおり、微分方程式解法の基本となる。ここで、C は**積分定数** (constant of integration) である。

コラム 原始関数と積分定数

$$\frac{dF(x)}{dx} = f(x)$$

という関係にあるとき、$F(x)$ を $f(x)$ の原始関数と呼ぶ。ただし、C が任意定数とすると

$$\frac{d(F(x) + C)}{dx} = f(x)$$

となるから、$F(x) + C$ も $f(x)$ の原始関数となる。$F(x)$ が原始関数であれば、$F(x) \pm 1$ も、$F(x) + 100$ も原始関数である。よって、原始関数には C だけの不定性がある。また

$$F(x) = \int f(x)\,dx$$

とも表記する。これを**不定積分** (indefinite integral) と呼ぶ。

定積分 (definite integral) では積分範囲が指定され原始関数を $F(x)$ とすると

第 2 章　1 階 1 次微分方程式

$$\int_a^b f(x)\,dx = F(b) - F(a)$$

と与えられる。一方、a を任意の定数、x を変数として

$$\int_a^x f(x)\,dx = F(x) - F(a)$$

によって不定積分を定義することもある。このとき、$F(a)$ が積分定数となる。

　さらに、積分定数 C は任意であるから、$F(x) + C$ とせずに、$F(x)$ に含めることも可能である。また、原始関数は、無数にある関数のなかのひとつの関数であり、不定積分は、あらゆる C を含む原始関数の集合と見なすこともある。そこで、数ある中のひとつの原始関数として $F(x)$ を選ぶと、不定積分は

$$\int f(x)\,dx = F(x) + C$$

となる。

　積分定数 C については、微分方程式の解法という観点からは、本質とは関係ないという理由で省略する場合もある。その際、「積分定数は省略」と明記する場合もあるが、断りもなく省略する場合もあるので注意されたい。

演習 2-1　つぎの微分方程式を解法せよ。

$$\frac{dy}{dx} = 2x^2 + 3x$$

　解）　直接積分形であるので、右辺を x に関して積分すればよく

$$y = \int (2x^2 + 3x)\,dx = \frac{2}{3}x^3 + \frac{3}{2}x^2 + C$$

となる。C は積分定数である。

　つまり、$f(x) = 2x^2 + 3x$ の原始関数は

$$F(x) = \frac{2}{3}x^3 + \frac{3}{2}x^2$$

と与えられる。ただし

$$F(x) = \frac{2}{3}x^3 + \frac{3}{2}x^2 + C$$

も原始関数である。

コラム　べき関数の積分

$$f(x) = x^n$$

の不定積分 $F(x)$ は $n \neq -1$ のとき

$$F(x) = \int f(x)\,dx = \int x^n\,dx = \frac{1}{n+1}x^{n+1} + C$$

と与えられる。この公式は、n が負の整数の場合を含めて、ほぼすべての整数において成立するが、唯一 $n = -1$ のときに除外される。この公式を使えば

$$\int 1\,dx = \int x^0\,dx = \frac{1}{0+1}x^{0+1} + C = x + C$$

$$\int x\,dx = \int x^1\,dx = \frac{1}{1+1}x^{1+1} + C = \frac{1}{2}x^2 + C$$

$$\int x^2\,dx = \frac{1}{2+1}x^{2+1} + C = \frac{1}{3}x^3 + C$$

となるので、多項式の積分は

$$\int (ax^2 + bx + c)\,dx = \frac{a}{3}x^3 + \frac{b}{2}x^2 + cx + C$$

となる。さらに、この公式は、n が整数ではなく実数の場合にも使うことができる。よって

$$\int x^{0.3}\,dx = \frac{1}{0.3+1}x^{0.3+1} + C = \frac{1}{1.3}x^{1.3} + C$$

$$\int x^{2/3}\,dx = \frac{1}{\frac{2}{3}+1}x^{\frac{2}{3}+1} + C = \frac{3}{5}x^{\frac{5}{3}} + C$$

となる。

　唯一の例外である $n = -1$ を表記の公式に代入すると

20

第 2 章　1 階 1 次微分方程式

$$\int x^{-1}\,dx = \frac{1}{-1+1}x^{-1+1} + C$$

となり分母が 0 になってしまう。よって、この公式は使えない。この場合は

$$F(x) = \int x^{-1}\,dx = \int \frac{dx}{x} = \log|x| + C$$

となる。絶対値記号をはずすと、$x > 0$ のとき

$$\int \frac{dx}{x} = \log x + C$$

$x < 0$ のとき

$$\int \frac{dx}{x} = \log(-x) + C$$

となる。

　ただし、ここでの log は、**底** (base) が e の**自然対数** (natural logarithm) のことである。今後、本書では、この表記を採用する。自然対数に関しては ln という表記を使う場合もある。

　また、指数関数に対して

$$e^x = \exp x$$

という表記を、適宜採用する。exp は指数の英語である "exponential" の略である。たとえば、e のべきが数式の場合には見にくいので

$$e^{ax^2 + bx + c} = \exp(ax^2 + bx + c)$$

と表記すると便利である。

2.2.　変数分離形

1 階 1 次微分方程式の一般式

$$\frac{dy}{dx} = L(x, y)$$

において、$L(x, y)$ が x のみの関数と y のみの関数の積となるとき

$$\frac{dy}{dx} = f(x)g(y)$$

と書ける。移項すると

$$\frac{1}{g(y)}\frac{dy}{dx} = f(x)$$

となる。両辺を x に関して積分すると

$$\int \frac{1}{g(y)}\frac{dy}{dx}dx = \int f(x)dx$$

ここで、**置換積分** (integration by substation) を思い出してみよう。すると

$$\int \frac{1}{g(y)}\frac{dy}{dx}dx = \int \frac{dy}{g(y)}$$

という関係が成立するので

$$\int \frac{dy}{g(y)} = \int f(x)dx$$

となる。つまり

$$\frac{dy}{dx} = f(x)g(y) \quad \rightarrow \quad \frac{dy}{g(y)} = f(x)dx$$

という移項の操作に相当する。

このとき、左辺は y のみの式、右辺は x のみの式となる[3]。よって、この種の微分方程式を**変数分離形** (variables separable) と呼んでいる。1 階 1 次微分方程式の解法にとって、**もっとも基本的かつ有用な手法**である。

演習 2-2　つぎの微分方程式を解法せよ。

$$\frac{dy}{dx} = xy^2$$

解）　この式を変形すると

$$\frac{1}{y^2}\frac{dy}{dx} = x \qquad から \qquad y^{-2}\frac{dy}{dx} = x$$

となる。左辺を積分すると、C_1 を積分定数として

$$\int y^{-2}\frac{dy}{dx}dx = \int y^{-2}dy = \frac{1}{-2+1}y^{-2+1} + C_1 = -y^{-1} + C_1$$

---

[3] この変形に関しては、補遺 2-1 の変数分離を参照いただきたい。

第 2 章　1 階 1 次微分方程式

$$= -\frac{1}{y} + C_1$$

となる。右辺を積分すると、C_2 を積分定数として

$$\int x\,dx = \frac{1}{1+1}x^{1+1} + C_2 = \frac{x^2}{2} + C_2$$

となる。よって

$$-\frac{1}{y} + C_1 = \frac{x^2}{2} + C_2$$

となる。ここで、$C_1 - C_2$ をまとめて新たな定数 C と置くと

$$\frac{1}{y} = -\frac{x^2}{2} + C \qquad から \qquad y = \frac{2}{2C - x^2}$$

という一般解が得られる。

変数分離形ということをもとに解法すると

$$\frac{dy}{dx} = xy^2 \qquad \rightarrow \qquad \frac{dy}{y^2} = x\,dx$$

と変数分離したのち

$$\int \frac{dy}{y^2} = \int x\,dx$$

という積分を実行すると、同じ結果が得られる。変数分離形では、この簡便な手法が使われる。

演習 2-3　つぎの微分方程式を解法せよ。

$$dx - y\,dy = x^2 y\,dy$$

解）　この式を変形すると

$$dx = y\,dy + x^2 y\,dy \qquad から \qquad dx = y(1 + x^2)\,dy$$

となり

$$\frac{dy}{dx} = \left(\frac{1}{1+x^2}\right)\frac{1}{y}$$

23

となり、1階1次微分方程式の基本形の右辺 $L(x, y)$ が x の関数 $1/(1 + x^2)$ と y の関数 $1/y$ の積となっているから変数分離形である。よって

$$\frac{dx}{1 + x^2} = y\,dy$$

と変形する。両辺を積分すると

$$\int \frac{dx}{1 + x^2} = \tan^{-1} x \qquad \int y\,dy = \frac{1}{2}y^2$$

から、一般解は

$$\tan^{-1} x = \frac{y^2}{2} + C$$

となる（コラム参照）。ただし、C は積分定数である。

　一般解については、整理して

$$y^2 = 2\tan^{-1} x - 2C$$

あるいは

$$y = \pm\sqrt{2\tan^{-1} x - 2C}$$

としてもよい。

コラム　$\tan^{-1}x$ における、-1 は**逆関数** (inverse function) という意味であり、$\arctan x$ とも表記する。$\theta = \tan^{-1}x$ のとき $x = \tan\theta$ という関係にある。

　また、上記の積分においては

$$\int \frac{dx}{1 + x^2} = \tan^{-1} x + C$$

という公式を利用している。微分方程式の解法では、積分公式を多用する。三角関数に関する公式としては

$$\int \sin x = -\cos x \qquad \int \cos x = \sin x \qquad \int \tan x = -\log(\cos x)$$

$$\int \frac{1}{\cos^2 x}\,dx = \tan x \qquad \int \frac{dx}{\sqrt{1 - x^2}} = \sin^{-1} x \ (x \neq \pm 1)$$

などがある。ただし、積分定数は省略している。

第 2 章　1 階 1 次微分方程式

変数分離形の微分方程式

$$\frac{dy}{dx} = f(x)g(y)$$

において、$f(x)$ および $g(y)$ は、多項式だけでなく、三角関数、対数関数、指数関数など、どのような関数にも対応できる。したがって、汎用性の高い手法となる。

演習 2-4　つぎの微分方程式の解を求めよ。
$$(x^2 + x + 1)dx + \cos y\, dy = 0$$

解）　変数分離形であり
$$(x^2 + x + 1)dx = -\cos y\, dy$$
のように、左辺は x の、右辺は y の関数となる。両辺を積分すると
$$\int (x^2 + x + 1)dx = -\int \cos y\, dy$$
よって
$$\frac{x^3}{3} + \frac{x^2}{2} + x = -\sin y + C \qquad (C：\ 定数)$$
となり
$$y = \sin^{-1}\left(-\frac{x^3}{3} - \frac{x^2}{2} - x + C\right)$$
が一般解となる。

　変数分離の手法は、その基本形に持ち込めさえすれば解が得られるため、微分方程式の解法において、大きな威力を発揮する。つぎに紹介する同次形も変数分離形に変形することで解法が可能となる。

2.3.　同次形

1 階 1 次の微分方程式の一般式

25

$$\frac{dy}{dx} = L(x, y)$$

において、$L(x, y)$ を適当に変形した結果

$$\frac{dy}{dx} = f\left(\frac{y}{x}\right)$$

のかたちとなる微分方程式を**同次形** (homogeneous) と呼んでいる[4]。たとえば、基本式において

$$L(x, y) = \frac{y^2 + xy}{x^2}$$

という微分方程式を考えてみよう。すると

$$\frac{dy}{dx} = \frac{y^2 + xy}{x^2} = \left(\frac{y}{x}\right)^2 + \frac{y}{x}$$

となって、y/x の関数のかたちに変形することができる。よって同次形である。同次形の微分方程式を解法するには、t を定数として $y/x = t$ あるいは $y = tx$ と置く。この変換により微分方程式は、**変数分離形**となる。

演習 2-5　つぎの微分方程式を変数分離形に変換して解法せよ。

$$\frac{dy}{dx} = \left(\frac{y}{x}\right)^2 + \frac{y}{x}$$

解）　$y = tx$ と置くと、左辺は

$$\frac{dy}{dx} = \frac{d(tx)}{dx} = t + x\frac{dt}{dx}$$

と変形できる。右辺は

$$\left(\frac{y}{x}\right)^2 + \frac{y}{x} = t^2 + t$$

となるから、表記の微分方程式は

$$t + x\frac{dt}{dx} = t^2 + t \qquad \text{から} \qquad x\frac{dt}{dx} = t^2$$

---

[4] 同次形については、その名の由来も含めて補遺 2-2 を参照いただきたい。

26

第 2 章　1 階 1 次微分方程式

となる。これを変形すると

$$\frac{dt}{t^2} = \frac{dx}{x}$$

となって、変数分離形となる。

両辺を積分すると

$$\int \frac{dt}{t^2} = \int t^{-2} dt = -t^{-1} = -\frac{1}{t} \qquad \int \frac{dx}{x} = \log|x|$$

より、C_1 を積分定数として

$$-\frac{1}{t} = \log|x| + C_1$$

から、$t = y/x$ を代入すると

$$-\frac{x}{y} = \log|x| + C_1$$

となる。よって

$$|x| = \exp\left(-\frac{x}{y} - C_1\right)$$

から

$$x = \pm\exp\left(-\frac{x}{y} - C_1\right) = \pm\exp(-C_1)\exp\left(-\frac{x}{y}\right) = C\exp\left(-\frac{x}{y}\right)$$

と解が得られる。ただし $C = \pm\exp(-C_1)$ で定数である。

微分方程式を変形して、$L(x, y)$ が y/x の関数となる場合には、いま紹介した同次形の手法を適用して解法することができる。

演習 2-6　つぎの微分方程式を解法せよ。
$$y\,dy = (2y - x)\,dx$$

解）　変形すると

$$\frac{dy}{dx} = 2 - \frac{x}{y}$$

27

となる。これは同次形であるから $y = tx$ と置くと、左辺は

$$\frac{dy}{dx} = t + x\frac{dt}{dx}$$

となり、右辺は

$$2 - \frac{x}{y} = 2 - \frac{1}{t}$$

となるので、表記の微分方程式は

$$t + x\frac{dt}{dx} = 2 - \frac{1}{t}$$

$$x\frac{dt}{dx} = 2 - \frac{1}{t} - t = \frac{2t - 1 - t^2}{t} = -\frac{(t-1)^2}{t}$$

となる。さらに変形すると

$$-\frac{t}{(t-1)^2}dt = \frac{dx}{x}$$

となって変数分離形となる。よって

$$-\int \frac{t}{(t-1)^2}\,dt = \int \frac{dx}{x}$$

となる。後は、両辺を積分すればよい。ここで

$$\frac{t}{(t-1)^2} = \frac{1}{t-1} + \frac{1}{(t-1)^2}$$

と変形できるので

$$\int \frac{t}{(t-1)^2}\,dt = \int \frac{dt}{t-1} + \int \frac{dt}{(t-1)^2} = \log|t-1| - \frac{1}{t-1}$$

と積分できる。よって

$$-\log|t-1| + \frac{1}{t-1} = \log|x| + C_1 \qquad (C_1：\ 定数)$$

移項して

$$\log|t-1| - \frac{1}{t-1} + \log|x| + C_1 = 0$$

$t = y/x$ であるから

第 2 章　1 階 1 次微分方程式

$$\log|t-1| = \log\left|\frac{y}{x}-1\right| = \log\left|\frac{y-x}{x}\right|$$

となり

$$\log\left|\frac{y-x}{x}\right| - \frac{x}{y-x} + \log|x| + C_1 = 0$$

となる。ここで

$$\log\left|\frac{y-x}{x}\right| + \log|x| = \log\left|\frac{(y-x)x}{x}\right| = \log|y-x|$$

したがって

$$\log|y-x| = \frac{x}{y-x} - C_1$$

となり、さらに変形すると

$$y-x = \pm\exp\left(\frac{x}{y-x} - C_1\right) = \pm\exp(-C_1)\exp\left(\frac{x}{y-x}\right) = C\exp\left(\frac{x}{y-x}\right)$$

結局

$$y = x + C\exp\left(\frac{x}{y-x}\right)$$

が解となる。ただし、$C = \pm\exp(-C_1)$ の任意定数となる。

演習 2-7　つぎの微分方程式を解法せよ。
$$2xy\,dx - (x^2 - y^2)\,dy = 0$$

　解）　dy/dx を計算すると

$$\frac{dy}{dx} = \frac{2xy}{x^2 - y^2} = 2\left(\frac{y}{x}\right) \Bigg/ \left\{1 - \left(\frac{y}{x}\right)^2\right\}$$

となって同次形となる。そこで $y = tx$ と置くと

$$\frac{dy}{dx} = t + x\frac{dt}{dx} = \frac{2t}{1-t^2}$$

から

$$x\frac{dt}{dx} = \frac{2t}{1-t^2} - t = \frac{t+t^3}{1-t^2} = -\frac{t+t^3}{t^2-1}$$

29

となる。変数分離を行うと

$$-\frac{t^2-1}{t+t^3}\,dt = \frac{dx}{x}$$

となり、両辺を積分すると

$$-\int \frac{t^2-1}{t+t^3}\,dt = \int \frac{dx}{x}$$

となる。ここで、左辺は

$$-\int \frac{t^2-1}{t+t^3}\,dt = -\int \frac{t^2-1}{t(1+t^2)}\,dt = \int\left(\frac{1}{t}-\frac{2t}{1+t^2}\right)dt = \int \frac{dt}{t} - \int \frac{2t}{1+t^2}\,dt$$

となるが、2項めの積分は、$u=1+t^2$ と置くと、$du=2t\,dt$ であるから

$$\int \frac{2t}{1+t^2}\,dt = \int \frac{du}{u} = \log|u| = \log\left|1+t^2\right|$$

となり

$$\int \frac{dt}{t} - \int \frac{2t}{1+t^2}\,dt = \log|t| - \log\left|1+t^2\right| = \log\left|\frac{t}{1+t^2}\right|$$

から

$$\log\left|\frac{t}{1+t^2}\right| = \log|x| + C \qquad (C：\text{定数})$$

よって

$$\log\left|\frac{t}{x(1+t^2)}\right| = C$$

となる。$t=y/x$ であるから

$$\log\left|\frac{t}{x(1+t^2)}\right| = \log\left|\frac{y}{x^2\left\{1+(y/x)^2\right\}}\right| = \log\left|\frac{y}{x^2+y^2}\right| = C$$

したがって

$$\frac{y}{y^2+x^2} = \pm\exp C = A \qquad (A：\text{定数})$$

より

$$y = A(x^2+y^2)$$

が一般解となる。

第 2 章　1 階 1 次微分方程式

　このように、同次形であることさえ確認できれば、必ず、上記の手法で変数分離形としたうえで解法することができる。
　ところで、表記の微分方程式の一般解は

$$Ax^2 + Ay^2 - y = 0$$

と変形できる。このように**陰関数** (implicit function) つまり $F(x, y) = 0$ というかたちで解を表示する場合も多い。微分方程式によっては、**陽関数** (explicit function) つまり $y = f(x)$ という解を得ることが難しい場合もあるからである。

2.4.　1 階線形微分方程式

1 階 1 次微分方程式の一般式

$$dy/dx = L(x, y)$$

の右辺が

$$L(x, y) = f(x)y + g(x)$$

のように y の 1 次の項のみを含む場合を **1 階線形微分方程式** (linear differential equation of the first order) と呼んでいる。線形と呼ばれる理由は、従属変数 y およびその導関数 dy/dx がともに 1 次、つまり線形であるからである。よって

$$\frac{dy}{dx} = f(x)y + g(x)$$

が線形微分方程式の一般式となる。
　この微分方程式の一般解は、$g(x) = 0$ かどうかによって場合分けして考える。まず $g(x) = 0$ の場合は

$$\frac{dy}{dx} - f(x)y = 0$$

となる。これを**同次線形微分方程式** (homogenous linear differential equation) と呼んでいる。同次と呼ばれる理由は、$g(x) = 0$ のとき、すべての項が y および y の導関数に関して 1 次と同じ次数になるからである。この場合の「同次」は、2.3 項で紹介した「同次形」とは異なることに注意されたい[5]。
　つぎに $g(x) \neq 0$ の場合は、y に関して 0 次の項が存在するため、同次とはな

---

[5] 同次形と同次方程式の違いについては補遺 2-2 を参照いただきたい。ただし、英語では、同じ homogeneous を使う。

31

らない。 $g(x) \neq 0$ の方程式

$$\frac{dy}{dx} - f(x)y = g(x)$$

は非同次線形微分方程式 (inhomogeneous linear differential equation) と呼ばれ、右辺の $g(x)$ の項を非同次項 (inhomogeneous term) と呼ぶ。

2. 5. 同次方程式の解法

1階同次線形微分方程式

$$\frac{dy}{dx} - f(x)y = 0$$

は、変数分離形である。よって

$$\frac{dy}{y} = f(x)dx$$

より

$$\int \frac{dy}{y} = \int f(x)dx + C_1 \qquad (C_1 : \ 定数)$$

から

$$\log|y| = \int f(x)dx + C_1$$

となり

$$y = \pm \exp C_1 \exp\left(\int f(x)dx\right) = C \exp\left(\int f(x)dx\right)$$

が解として得られる。ただし、C は $\pm \exp C_1$ に対応した定数である。

演習 2-8　つぎの同次線形微分方程式を解法せよ。

$$\frac{dy}{dx} - (x^2 + 2x + 3)y = 0$$

解)　移項すると変数分離形にすることができ

32

第 2 章　1 階 1 次微分方程式

$$\frac{dy}{y} = (x^2 + 2x + 3)dx$$

となる。よって

$$\int \frac{dy}{y} = \int (x^2 + 2x + 3)dx$$

積分すると

$$\ln|y| = \frac{x^3}{3} + x^2 + 3x + C_1 \qquad (C_1 : \ 定数)$$

となり、結局

$$y = \pm \exp C_1 \exp\left(\frac{x^3}{3} + x^2 + 3x\right) = C \exp\left(\frac{x^3}{3} + x^2 + 3x\right)$$

が一般解となる。ただし、$C = \pm \exp C_1$ の任意定数である。

2.6.　非同次方程式の解法 ― 定数変化法

1 階線形微分方程式

$$\frac{dy}{dx} - f(x)\,y = g(x)$$

において、$g(x) \neq 0$ の場合を非同次方程式と呼んでいる。これは、すでに紹介したように、y およびその導関数が 1 次であるのに対し、$g(x)$ は y に関して 0 次となるため、この項が存在すると同次とはならないからである。

　このような非同次項があるときには、簡単に微分方程式を解くことができず、工夫が必要となる。

　このとき、同次方程式の解がヒントになる。いま

$$y = u(x)$$

が同次方程式の一般解としよう。すると

$$\frac{du(x)}{dx} - f(x)\,u(x) = 0$$

という関係にある。

33

演習 2-9　$u(x)$ が同次方程式の一般解、$v(x)$ が非同次方程式の特殊解のとき
$$y = u(x) + v(x)$$
が非同次方程式の一般解となることを示せ。

解）　　関数 $v(x)$ が特殊解であるから
$$\frac{dv(x)}{dx} - f(x)\,v(x) = g(x)$$
を満足する。一方 $u(x)$ は、同次方程式
$$\frac{du(x)}{dx} - f(x)\,u(x) = 0$$
を満足するので、両辺を足すと
$$\frac{d\{u(x) + v(x)\}}{dx} - f(x)\{u(x) + v(x)\} = g(x)$$
となる。この結果は
$$y = u(x) + v(x)$$
が非同次方程式の一般解となることを示している。

　つまり、非同次方程式の一般解は、同次方程式の一般解に、非同次方程式の特殊解を加えたもの

　（非同次方程式の一般解）＝（同次方程式の一般解）＋（非同次方程式の特殊解）

となる。

　よって、非同次方程式の特殊解が 1 個でも得られれば、同次方程式の一般解との組合せにより一般解が得られることになる。

　この手法を別な視点で眺めてみよう。同次方程式の解と、非同次方程式の解を並べると
$$y = u(x) + C \qquad y = u(x) + v(x)$$
となっている。

　このように表記すると、非同次方程式の一般解は、同次方程式の定数 C の部分が関数 $v(x)$ となっている。

　そこで、定数を関数と見なして解を求めればよい。この解法を**定数変化法**

第 2 章　1 階 1 次微分方程式

(method of variation of constant) と呼んでいる。ただし、定数変化法では $v(x)$ を、定数 C の関数化という視点で $C(x)$ と表記するのが通例である。

演習 2-10　つぎの微分方程式の解を求めよ。

$$\frac{dy}{dx} - y = x$$

解）　1 階線形微分方程式であるので、まず同次方程式

$$\frac{dy}{dx} - y = 0$$

の解を求める。変数分離形であるから

$$\frac{dy}{y} = dx$$

として、積分すると

$$\int \frac{dy}{y} = \int dx \quad より \quad \log|y| = x + C_1 \quad (C_1 : \ 定数)$$

となる。指数関数を使うと、同次方程式の一般解は

$$y = \pm \exp(x + C_1) = \pm \exp C_1 \exp x = C \exp x = Ce^x$$

となる。ただし、$C = \pm \exp C_1$ の定数である。

つぎに、定数変化法を用いて、非同次方程式の解を求めてみよう。定数 C が x の関数とすると、特殊解は $y = C(x) e^x$ と置ける。よって

$$\frac{dy}{dx} = \frac{dC(x)}{dx} e^x + C(x) e^x$$

となる。これをもとの非同次方程式に代入すると

$$\frac{dy}{dx} - y = \frac{dC(x)}{dx} e^x + C(x) e^x - C(x) e^x = x$$

まとめると

$$\frac{dC(x)}{dx} e^x = x \qquad\qquad \frac{dC(x)}{dx} = xe^{-x}$$

となる。よって

35

$$C(x) = \int x e^{-x}\, dx$$

この積分は $(e^x)' = e^x$, $(e^{-x})' = -e^{-x}$ であることに注意して部分積分を適用する。

コラム　部分積分 (integration by parts)

　関数の積の微分は

$$\frac{d}{dx}\{f(x)\,g(x)\} = \frac{df(x)}{dx}g(x) + f(x)\frac{dg(x)}{dx}$$

$$\{f(x)\,g(x)\}' = f'(x)g(x) + f(x)g'(x)$$

であった。両辺を積分すると

$$f(x)g(x) = \int f'(x)g(x)\, dx + \int f(x)g'(x)\, dx$$

となる。移項して

$$\int f'(x)g(x)\, dx = f(x)g(x) - \int f(x)g'(x)\, dx$$

となる。これが部分積分である。もちろん

$$\int f(x)g'(x)\, dx = f(x)g(x) - \int f'(x)g(x)\, dx$$

も成立する。

　部分積分を適用すると

$$\int x e^{-x} dx = \int x(-e^{-x})'\, dx = x(-e^{-x}) - \int (x)'(-e^{-x}) dx$$

$$= -x e^{-x} + \int e^{-x}\, dx = -x e^{-x} - e^{-x}$$

となるので

$$C(x) = -x e^{-x} - e^{-x}$$

となる。

　したがって非同次微分方程式の特殊解は

36

第 2 章　1 階 1 次微分方程式

$$y = C(x)\,e^x = (-xe^{-x} - e^{-x})\,e^x = -x - 1$$

となるので、一般解は

$$y = Ce^x - x - 1$$

となる。

すでに紹介したように、非同次方程式の解は

（非同次方程式の一般解）＝（同次方程式の一般解）＋（非同次方程式の特殊解）

と与えられるのであった。よって、何らかの方法で、非同次方程式を満足する特殊解が 1 個でも見つかれば、一般解が得られることになる。ここで

$$\frac{dy}{dx} - y = x$$

という微分方程式を見ると、$y = -x-1$ が解であることに気づく。よって同次方程式の一般解に、これを加えた

$$y = Ce^x - x - 1$$

も非同次方程式の一般解となる。このように、定数変化法を用いなくとも、何らかの方法で特殊解が得られさえすれば、一般解が得られるのである。

演習 2-11　つぎの微分方程式の解を求めよ。

$$\frac{dy}{dx} - \frac{y}{x} = x$$

解）　1 階線形微分方程式であるので、まず同次方程式

$$\frac{dy}{dx} - \frac{y}{x} = 0$$

の解を求める。すると

$$\frac{dy}{dx} = \frac{y}{x} \qquad\qquad \frac{dy}{y} = \frac{dx}{x}$$

であるから

$$\int \frac{dy}{y} = \int \frac{dx}{x} \qquad より \qquad \log|y| = \log|x| + C_1 \qquad (C_1：\ 定数)$$

37

$$\log|y| - \log|x| = C_1 \qquad \log\left|\frac{y}{x}\right| = C_1$$

となる。よって、一般解は

$$\frac{y}{x} = \pm\exp C_1 \quad \text{から} \quad y = Cx$$

となる。ただし、$C = \pm\exp C_1$ は定数である。

つぎに、特殊解を視察により見つけてみよう。非同次方程式の

$$\frac{dy}{dx} - \frac{y}{x} = x$$

左辺の各項は x の 1 次とならなければならない。よって、y/x から

$$y = x^2$$

となる。すると、$dy/dx = 2x$ であるから方程式の特殊解であることに気づく[6]。よって

$$y = Cx + x^2$$

が一般解となる。

演習 2-12　つぎの非同次微分方程式の一般解を定数変化法を用いて求めよ。

$$\frac{dy}{dx} - \frac{y}{x} = x$$

解）　表記の非同次方程式に対応した同次方程式の一般解は

$$y = Cx$$

であった。

ここで定数変化法を使う。右辺の定数 C が x の関数とすると $y = C(x)x$ となる。よって

$$\frac{dy}{dx} = \frac{dC(x)}{dx}x + C(x)$$

となる。

---

[6] この解にすぐに気づけるかどうかはひとにも依るであろう。非同次項が x であるから y/x と dy/dx が x の 1 次の項からなる必要がある。よって $y = x^2$ が思いつく。

第 2 章　1 階 1 次微分方程式

これを非同次方程式に代入すると

$$\frac{dy}{dx} - \frac{y}{x} = \frac{dC(x)}{dx}x + C(x) - \frac{C(x)\,x}{x} = \frac{dC(x)}{dx}x = x$$

よって

$$\frac{dC(x)}{dx} = 1 \qquad \text{から} \qquad C(x) = x$$

となる。よって、非同次方程式の特殊解は

$$y = C(x)x = x^2$$

となる。結局、表記の非同次微分方程式の一般解は

$$y = Cx + x^2$$

となる。

このように、特殊解が視察で浮かばない場合でも、定数変化法によって非同次方程式の解法が可能となる。

2.7.　定数変化法の定式化

1 階 1 次の非同次微分方程式を

$$\frac{dy}{dx} = f(x)y + g(x)$$

としてきたが、ここでは

$$\frac{dy}{dx} + P(x)y = R(x)$$

と置いて、その一般解を導出しておこう。$R(x)$ が非同次項である。

まず、同次方程式

$$\frac{dy}{dx} + P(x)y = 0$$

の一般解を求める。変数分離形であるので

$$\frac{dy}{dx} = -P(x)y \qquad \frac{dy}{y} = -P(x)dx \qquad \int \frac{dy}{y} = -\int P(x)dx$$

から

$$\log|y| = -\int P(x)\,dx + C_1 \qquad (C_1: \ \text{定数})$$

よって、一般解は

$$y = \pm \exp C_1 \exp\left(-\int P(x)\,dx\right) = C \exp\left(-\int P(x)\,dx\right) \qquad (C: \ \text{定数})$$

となる。

つぎに定数変化法を使って、非同次方程式の特殊解を求める。定数 C を関数 $C(x)$ と見なすと、非同次方程式

$$\frac{dy}{dx} + P(x)\,y = R(x)$$

の特殊解は

$$y = C(x) \exp\left(-\int P(x)\,dx\right)$$

となる。

演習 2-13　上記の解を非同次方程式に代入して、未知の関数である $C(x)$ を求めよ。

解）

$$\frac{dy}{dx} = \frac{dC(x)}{dx} \exp\left(-\int P(x)\,dx\right) + C(x) \frac{d}{dx}\left\{\exp\left(-\int P(x)\,dx\right)\right\}$$

$$= \frac{dC(x)}{dx} \exp\left(-\int P(x)\,dx\right) - C(x)\,P(x)\left\{\exp\left(-\int P(x)\,dx\right)\right\}$$

ここで、非同次方程式

$$\frac{dy}{dx} + P(x)\,y = R(x)$$

に代入すると

$$\frac{dC(x)}{dx} \exp\left(-\int P(x)\,dx\right) - C(x)P(x) \exp\left(-\int P(x)\,dx\right) + P(x)C(x) \exp\left(-\int P(x)\,dx\right)$$

$$= R(x)$$

から

第 2 章　1 階 1 次微分方程式

$$\frac{dC(x)}{dx} \exp\left(-\int P(x)\,dx\right) = R(x)$$

となり

$$\frac{dC(x)}{dx} = R(x) \exp\left(\int P(x)\,dx\right)$$

となる。したがって

$$C(x) = \int R(x) \exp\left(\int P(x)\,dx\right) dx$$

となる。特殊解を求めているので定数項は不要であり、結局

$$y = C(x) \exp\left(-\int P(x)\,dx\right) = \exp\left(-\int P(x)\,dx\right)\left\{\int R(x) \exp\left(\int P(x)\,dx\right) dx\right\}$$

となる。

よって、非同次線形微分方程式

$$\frac{dy}{dx} + P(x)\,y = R(x)$$

において、同次方程式の一般解は

$$y = C \exp\left(-\int P(x)\,dx\right) \qquad (C:\ 定数)$$

となり、非同次方程式の特殊解は

$$y = \exp\left(-\int P(x)\,dx\right)\left\{\int R(x) \exp\left(\int P(x)\,dx\right) dx\right\}$$

となる。非同次方程式の一般解は

（同次方程式の一般解）＋（非同次方程式の特殊解）

から

$$y = C \exp\left(-\int P(x)\,dx\right) + \exp\left(-\int P(x)\,dx\right)\left\{\int R(x) \exp\left(\int P(x)\,dx\right) dx\right\}$$

と与えられる。まとめて

$$y = \exp\left(-\int P(x)\,dx\right)\left\{\int R(x) \exp\left(\int P(x)\,dx\right) dx + C\right\}$$

と表記してもよい。

演習 2-14 つぎの非同次線形微分方程式を解法せよ。

$$\frac{dy}{dx} + 2xy = x$$

解） 基本形において

$$P(x) = 2x \qquad R(x) = x$$

となるから、一般解は

$$y = C \exp\left(-2\int x\,dx\right) + \exp\left(-2\int x\,dx\right)\left\{\int x \exp\left(+2\int x\,dx\right)dx\right\}$$

と与えられる。定数 C があるので以下の積分では定数を無視してよい。ここで

$$\exp\left(-2\int x\,dx\right) = \exp(-x^2)$$

$$\exp\left(+2\int x\,dx\right) = \exp(x^2)$$

となる。つぎに

$$\int x \exp\left(+2\int x\,dx\right)dx = \int x \exp(x^2)\,dx$$

となるので、$x^2 = t$ と置くと $2x\,dx = dt$ から

$$\int x\exp(x^2)\,dx = \frac{1}{2}\int \exp(t)\,dt = \frac{1}{2}\exp(t) = \frac{1}{2}\exp(x^2)$$

となるから

$$y = C\exp(-x^2) + \exp(-x^2)\left\{\frac{1}{2}\exp(x^2)\right\}$$

となり、結局

$$y = C\exp(-x^2) + \frac{1}{2} \qquad (C: \ 定数)$$

が一般解となる。

この結果は、同次方程式

$$\frac{dy}{dx} + 2xy = 0 \qquad の一般解が \qquad y = C\exp(-x^2)$$

であり、非同次方程式

$$\frac{dy}{dx} + 2xy = x \qquad \text{の特殊解が} \qquad y = \frac{1}{2}$$

となることを意味している。実際に、$y = 1/2$ を上記の非同次方程式に代入すれば特殊解であることが確かめられる。

2.8. 非線形微分方程式

1 階 1 次微分方程式の基本形

$$\frac{dy}{dx} = L(x, y)$$

において、$L(x, y)$ が、 y^2 や y^{-3} など、べきが 0 と 1 以外の項を含む場合を**非線形微分方程式** (non-linear differential equation) と呼んでいる。

　非線形の場合には、微分方程式を簡単に解法することができないが、ここでは、解法可能な 2 種類の微分方程式を紹介する。

2.8.1. ベルヌーイの微分方程式

1 階 1 次微分方程式の基本形

$$\frac{dy}{dx} = L(x, y)$$

において、$L(x, y)$ が

$$L(x, y) = f(x)y + g(x)y^n$$

のとき、**ベルヌーイの微分方程式** (Bernoulli differential equation) と呼ぶ。ただし、n は 0 と 1 以外の整数である。このとき、表記の方程式は非線形となる。

　それでは、この微分方程式の解法を紹介しよう。まず、ベルヌーイの微分方程式の両辺を y^n で割ると

$$\frac{1}{y^n}\frac{dy}{dx} = f(x)\frac{1}{y^{n-1}} + g(x)$$

となる。ここで

$$\frac{1}{y^{n-1}} = y^{-(n-1)} = z$$

と置き、x で微分すると

$$-(n-1)y^{-n}\frac{dy}{dx} = \frac{dz}{dx} \qquad \frac{1}{y^n}\frac{dy}{dx} = -\frac{1}{n-1}\frac{dz}{dx}$$

となる。これを表記の微分方程式に代入すると

$$-\frac{1}{n-1}\frac{dz}{dx} = f(x)z + g(x)$$

となり、両辺に $1-n$ を掛ければ

$$\frac{dz}{dx} = (1-n)f(x)z + (1-n)g(x)$$

となる。これは**線形微分方程式**であり、解を得ることが可能となる。

演習 2-15　つぎの非線形微分方程式を線形に変換せよ。

$$\frac{dy}{dx} = -y + y^3 e^x$$

　解）　ベルヌーイの微分方程式の基本形である

$$\frac{dy}{dx} = f(x)y + g(x)y^n$$

において、$f(x) = -1,\ g(x) = e^x,\ n = 3$ の場合に相当する。
　両辺を y^3 で除すと

$$\frac{1}{y^3}\frac{dy}{dx} = -\frac{1}{y^2} + e^x$$

となる。ここで

$$z = \frac{1}{y^2} = y^{-2}$$

と置き x で微分すると

$$\frac{dz}{dx} = -2y^{-2-1}\frac{dy}{dx} = -2y^{-3}\frac{dy}{dx}$$

となり、整理すると

$$\frac{1}{y^3}\frac{dy}{dx} = -\frac{1}{2}\frac{dz}{dx}$$

となる。よって

第 2 章　1 階 1 次微分方程式

$$-\frac{1}{2}\frac{dz}{dx} = -\frac{1}{y^2} + e^x = -z + e^x \qquad から \qquad \frac{dz}{dx} = 2z - 2e^x$$

が、線形微分方程式となる。

___

　ここで、先ほど求めたベルヌーイ方程式を変形して得られる線形微分方程式の一般式

$$\frac{dz}{dx} = (1-n)f(x)z + (1-n)g(x)$$

と比較してみよう。$f(x) = -1,\ g(x) = e^x,\ n = 3$ を代入すれば

$$\frac{dz}{dx} = (1-3)(-1)z + (1-3)e^x = 2z - 2e^x$$

となって、確かに同じ方程式となっている。

　それでは、非同次線形微分方程式

$$\frac{dz}{dx} - 2z = -2e^x$$

の解を求めてみよう。まず同次方程式

$$\frac{dz}{dx} - 2z = 0$$

を解法する。**変数分離形**であるから

$$\frac{dz}{dx} = 2z \qquad\qquad \frac{dz}{z} = 2\,dx$$

両辺を積分すると

$$\int\frac{dz}{z} = \int 2\,dx \qquad から \qquad \ln|z| = 2x + C \qquad (C：定数)$$

より

$$z = \pm\exp(2x + C) = \pm\exp(C)\exp(2x) = C_1\,e^{2x}$$

となる。C_1 は $\pm\exp(C) = \pm e^C$ に対応した定数である。

___

演習 2-16　定数変化法により、つぎの非同次方程式の解を求めよ。

$$\frac{dz}{dx} - 2z = -2e^x$$

___

45

解） 同次方程式の解

$$z = C\,e^{2x}$$

の定数 C を x の関数と見なして

$$z = C(x)\,e^{2x}$$

と置くと

$$\frac{dz}{dx} = \frac{dC(x)}{dx}e^{2x} + 2C(x)e^{2x}$$

となる。これを、非同次方程式

$$\frac{dz}{dx} - 2z = -2e^x$$

の左辺に代入すると

$$\frac{dC(x)}{dx}e^{2x} + 2C(x)e^{2x} - 2C(x)e^{2x} = \frac{dC(x)}{dx}e^{2x}$$

よって

$$\frac{dC(x)}{dx}e^{2x} = -2e^x \qquad \text{から} \qquad \frac{dC(x)}{dx} = -2e^{-x}$$

となる。よって

$$C(x) = -2\int e^{-x}dx = 2e^{-x}$$

となる。よって、特殊解は

$$z = C(x)\,e^{2x} = 2e^{-x}e^{2x} = 2e^x$$

となり、一般解は

$$z = C\,e^{2x} + 2e^x$$

となる。

$z = 1/y^2$ であったから、結局、非線形微分方程式

$$\frac{dy}{dx} = y^3 e^x - y$$

の一般解は

$$\frac{1}{y^2} = 2e^x + C\,e^{2x}$$

第2章　1階1次微分方程式

となる。

それでは、2.7 項で求めた**非同次線形微分方程式の公式**

$$\frac{dy}{dx} + P(x)\,y = R(x) \ \text{ の一般解}$$

$$y = \exp\left(-\int P(x)\,dx\right)\left\{\int R(x)\exp\left(\int P(x)\,dx\right)dx + C\right\} \qquad (C: \ \text{定数})$$

を利用して解を求めてみよう。微分方程式は

$$\frac{dz}{dx} - 2z = -2e^x$$

である。基本形との対応から、$P(x) = -2,\ R(x) = -2e^x$ であるから

$$z = \exp\left(\int 2\,dx\right)\left\{\int(-2e^x)\exp\left(-\int 2\,dx\right)dx + C\right\}$$

となる。ここで

$$\exp\left(\int 2\,dx\right) = \exp(2x) = e^{2x}, \quad \exp\left(-\int 2\,dx\right) = \exp(-2x) = e^{-2x}$$

であるから

$$z = e^{2x}\left(-2\int e^x \cdot e^{-2x}\,dx + C\right) = e^{2x}\left(-2\int e^{-x}\,dx + C\right) = e^{2x}(2e^{-x} + C) = 2e^x + Ce^{2x}$$

となって、同じ解が得られることが確認できる。

演習 2-17　つぎの非線形微分方程式を線形に変換せよ。

$$\frac{dy}{dx} = -\frac{y}{x} + \frac{4}{3}y^4$$

解）　ベルヌーイの微分方程式の基本形である

$$\frac{dy}{dx} = f(x)y + g(x)y^n$$

において、$f(x) = -1/x,\ g(x) = 4/3,\ n = 4$ の場合に相当する。

47

両辺を y^4 で除すと

$$y^{-4}\frac{dy}{dx} = \frac{4}{3} - \frac{y^{-3}}{x}$$

となる。ここで

$$z = \frac{1}{y^3} = y^{-3}$$

と置き x で微分すると

$$\frac{dz}{dx} = -3y^{-3-1}\frac{dy}{dx} = -3y^{-4}\frac{dy}{dx}$$

となり、整理すると

$$y^{-4}\frac{dy}{dx} = -\frac{1}{3}\frac{dz}{dx}$$

となる。よって

$$-\frac{1}{3}\frac{dz}{dx} = \frac{4}{3} - \frac{z}{x} \qquad から \qquad \frac{dz}{dx} - 3\frac{z}{x} = -4$$

となり、線形微分方程式となる。

ベルヌーイ方程式を変形して得られる線形微分方程式の一般式

$$\frac{dz}{dx} = (1-n)f(x)z + (1-n)g(x)$$

と比較してみる。$f(x) = -1/x,\ g(x) = 4/3,\ n = 4$ を代入すれば

$$\frac{dz}{dx} = (1-4)\left(-\frac{1}{x}\right)z + (1-4)\frac{4}{3} = 3\frac{z}{x} - 4$$

となって、確かに同じ方程式となっている。

ここで、表記の非同次線形方程式の解を求めてみよう。まず、同次方程式

$$\frac{dz}{dx} - 3\frac{z}{x} = 0$$

の解を求める。変数分離形であるから

$$\frac{dz}{z} = 3\frac{dx}{x} \qquad として \qquad \int\frac{dz}{z} = 3\int\frac{dx}{x}$$

から

第 2 章　1 階 1 次微分方程式

$$\log|z| = 3\log|x| + C_1 = \log|x^3| + C_1 \qquad (C_1: \ 定数)$$

となる。よって

$$\log|z| - \log|x^3| = \log\left|\frac{z}{x^3}\right| + C_1$$

から

$$\frac{z}{x^3} = \pm\exp(C_1) = C \qquad (C: \ 定数)$$

から

$$z = Cx^3$$

が一般解となる。

演習 2-18　定数変化法を用いて、つぎの非同次方程式の解を求めよ。

$$\frac{dz}{dx} - 3\frac{z}{x} = -4$$

解)　同次方程式の一般解の定数 C を x の関数と見なして

$$z = C(x)x^3$$

を非同次方程式の解と仮定して微分方程式に代入する。

$$\frac{dz}{dx} = \frac{dC(x)}{dx}x^3 + 3C(x)x^2$$

であるから

$$\frac{dC(x)}{dx}x^3 + 3C(x)x^2 - 3C(x)x^2 = \frac{dC(x)}{dx}x^3 = -4$$

となり

$$\frac{dC(x)}{dx} = -4x^{-3}$$

となる。積分すると

$$C(x) = -4\int x^{-3}dx = \frac{-4}{-3+1}x^{-3+1} = 2x^{-2}$$

したがって、特殊解は

49

$$z = C(x)\,x^3 = (2x^{-2})x^3 = 2x$$

となるので、一般解は

$$z = C\,x^3 + 2x$$

と与えられる。

$z = 1/y^3$ であるから、非線形微分方程式

$$\frac{dy}{dx} = \frac{4}{3}y^4 - \frac{y}{x}$$

の一般解は

$$\frac{1}{y^3} = C\,x^3 + 2x$$

となる。解法可能な非線形微分方程式としては、リッカチの微分方程式も有名である。この方程式の解法には、ベルヌーイ微分方程式を利用することになる。

2.8.2. リッカチの微分方程式

1階1次微分方程式の基本式である

$$\frac{dy}{dx} = L(x, y)$$

において $L(x, y)$ が

$$L(x, y) = f(x)y^2 + g(x)y + h(x)$$

のように y の 2 次式となるものを、**リッカチの微分方程式** (Riccati differential equation) と呼んでいる。ここでは、符号を換えて

$$\frac{dy}{dx} + f(x)y^2 + g(x)y + h(x) = 0$$

を一般式とする。y^2 の項を含むので、**非線形**である。比較的簡単なかたちをしているが、この微分方程式も簡単に解くことはできない。

ただし、もし特殊解 $y = m(x)$ がひとつでもわかれば、それを足がかりにして一般解を得ることができる。このとき

$$y = u(x) + m(x)$$

のように、関数 $u(x)$ を特殊解に足してリッカチの微分方程式に代入する。

第2章　1階1次微分方程式

演習 2-19　$y = u + m$ をリッカチの微分方程式に代入して、$u(x)$ に関する微分方程式を導出せよ。

解）

$$\frac{d(u+m)}{dx} + f(x)(u+m)^2 + g(x)(u+m) + h(x) = 0$$

となるが、$m(x)$ は特殊解であるから

$$\frac{dm}{dx} + f(x)m^2 + g(x)m + h(x) = 0$$

が成立する。よって

$$\frac{du}{dx} + f(x)u^2 + (2f(x)m + g(x))u = 0$$

という $u(x)$ に関する微分方程式が得られる。これを変形すると

$$\frac{du}{dx} + (2f(x)m(x) + g(x))u = -f(x)u^2$$

となる。

　これは、ベルヌーイの微分方程式の $n = 2$ の場合に相当するので解法が可能となる。具体例で説明した方がわかりやすいので、つぎの微分方程式に適用する。

$$\frac{dy}{dx} = y^2 - 3y + 2$$

これは、1階1次の基本形において

$$L(x, y) = y^2 - 3y + 2$$

と置いたものである。y の2次式であるので、リッカチの微分方程式である。

　まず、この微分方程式の特殊解を探す。y が定数のとき、$dy/dx = 0$ であるから、右辺が0になる定数が特殊解となる。すると

$$y^2 - 3y + 2 = (y-1)(y-2)$$

から、$y = 1$ あるいは $y = 2$ が特殊解となる。

　よって $y = u + 1$ と置いて、もとの微分方程式に代入する。

$$\frac{dy}{dx} = \frac{du}{dx} \qquad y^2 - 3y + 2 = (u+1)^2 - 3(u+1) + 2 = u^2 - u$$

51

となり

$$\frac{du}{dx} = u^2 - u$$

となる。

演習 2-20　つぎの非線形微分方程式を線形方程式に変換せよ。

$$\frac{du}{dx} = u^2 - u$$

　解）　これは、ベルヌーイ微分方程式の $n = 2$ の場合に相当するから

$$v = \frac{1}{u^{n-1}} = \frac{1}{u^{2-1}} = \frac{1}{u}$$

と置くと

$$\frac{du}{dx} = -\frac{1}{v^2}\frac{dv}{dx}$$

となり、微分方程式は

$$-\frac{1}{v^2}\frac{dv}{dx} = \frac{1}{v^2} - \frac{1}{v}$$

となる。両辺に $-v^2$ を乗じると

$$\frac{dv}{dx} = v - 1$$

となり、線形微分方程式となる。

　後は、上記の微分方程式を解けばよい。まず同次方程式

$$\frac{dv}{dx} = v$$

を解法する。変数分離形であるから

$$\frac{dv}{v} = dx$$

として、両辺を積分すると、積分定数を C_1 として

52

第 2 章　1 階 1 次微分方程式

$$\int \frac{dv}{v} = \int dx \qquad から \qquad \log|v| = x + C_1$$

となり

$$v = \pm \exp(x + C_1) = \pm \exp(C_1) \exp x = Ce^x$$

となる。ただし、C は $\pm \exp C_1$ に対応する定数である。

演習 2-21　定数変化法を用いて、つぎの非同次方程式の解を求めよ。

$$\frac{dv}{dx} - v = -1$$

解）　同次方程式の一般解の定数 C が x の関数と見なすと

$$v = C(x)e^x$$

と置けるので非同次方程式に代入する。

$$\frac{dv}{dx} = C'(x)e^x + C(x)e^x$$

であるから

$$C'(x)e^x + C(x)e^x - C(x)e^x = -1 \qquad より \qquad C'(x)e^x = -1$$

から

$$\frac{dC(x)}{dx} = -e^{-x} \quad となり \qquad C(x) = -\int e^{-x}\,dx = e^{-x}$$

となる。したがって、特殊解は

$$v = C(x)e^x = 1$$

となるので、一般解は

$$v = Ce^x + 1$$

と与えられ、結局

$$u = \frac{1}{v} = \frac{1}{Ce^x + 1}$$

となる。

　したがって、微分方程式

53

$$\frac{dy}{dx} = y^2 - 3y + 2$$

の一般解は

$$y = u + 1 = \frac{1}{Ce^x + 1} + 1 = \frac{Ce^x + 2}{Ce^x + 1}$$

と与えられる。

演習 2-22 つぎの微分方程式の特殊解を視察により求めよ。

$$\frac{dy}{dx} = y^2 - y\sin x + \cos x$$

解） 右辺が y の 2 次式となっているからリッカチの微分方程式である。

y の係数が三角関数となっている。そこで

$$\frac{d\sin x}{dx} = \cos x \qquad \frac{d\cos x}{dx} = -\sin x$$

を参考にしながら、特殊解を探ると $y = \sin x$ が、この微分方程式の特殊解である

ことがわかる。試しに代入すると、左辺と右辺は

$$\frac{dy}{dx} = \cos x$$

$$y^2 + y\sin x - \cos x = \sin^2 x - \sin^2 x + \cos x = \cos x$$

となって、確かに特殊解であることが確かめられる。

つぎに

$$y = \sin x + u(x)$$

を解として微分方程式に代入すると

$$\cos x + \frac{du(x)}{dx} - \{\sin x + u(x)\}^2 + \{\sin x + u(x)\}\sin x - \cos x = 0$$

$$\frac{du(x)}{dx} - \sin^2 x - 2u(x)\sin x - u^2(x) + \sin^2 x + u(x)\sin x = 0$$

$$\frac{du(x)}{dx} - u(x)\sin x - u^2(x) = 0$$

54

第 2 章　1 階 1 次微分方程式

となる。これは、$n = 2$ のベルヌーイの微分方程式である。

演習 2-23　つぎの非線形微分方程式を線形方程式に変換せよ。

$$\frac{du}{dx} = u \sin x + u^2$$

　解）　ベルヌーイの微分方程式であるから u^2 で除すと

$$\frac{1}{u^2}\frac{du}{dx} = \frac{1}{u}\sin x + 1$$

となる。ここで $v = 1/u$ と置くと

$$\frac{dv}{dx} = -\frac{1}{u^2}\frac{du}{dx}$$

であるから

$$-\frac{dv}{dx} = v \sin x + 1$$

となり、結局

$$\frac{dv}{dx} + v \sin x = -1$$

となって線形微分方程式に変換できる。

　よって、非同次線形微分方程式となるから解法が可能となる。基本形

$$\frac{dv}{dx} + P(x)v = R(x)$$

の一般解は

$$v = \exp\left(-\int P(x)\,dx\right)\left\{\int R(x)\exp\left(\int P(x)\,dx\right)dx + C\right\}$$

と与えられる。いまの場合

$$P(x) = \sin x \qquad R(x) = -1$$

であり

$$\int P(x)\,dx = \int \sin x\,dx = -\cos x$$

55

であるから、一般解は

$$v = \exp(\cos x)\left\{-\int \exp(-\cos x)\,dx + C\right\}$$

となる。この解には

$$\int \exp(-\cos x)\,dx = \int e^{-\cos x}\,dx$$

という積分が入っているが、残念ながら、この不定積分を三角関数や指数関数、対数関数などの初等関数の合成で示すことはできない。このため、本書では、積分のかたちで表現している。

　微分方程式を解法すると、同様の解が登場する。有名なガウス関数である

$$\int \exp(-x^2)\,dx = \int e^{-x^2}\,dx$$

も不定積分は得られない。

　ただし、定積分の値は数値計算などで求めることができるので、実際の理工系への応用では問題がないことを付記しておく。

第 2 章　1 階 1 次微分方程式

補遺 2-1　変数分離

変数分離による微分方程式の解法はとても有用である。実際に、理工学におい
て物理や化学現象などを解析する際には、この手法が重用されている。

しかし、本章で紹介したのは、1 変数関数を対象とした常微分方程式である。
1 変数しかないのに変数分離とはおかしいのではと初学者は素朴な疑問を感じ
るようだ。当然の反応である。本補遺では、その説明を試みる。

まず、変数分離とは、一般には多変数関数において 2 個以上ある変数を分離す
る手法である。英語では "separation of variables" となる。変数の "variable" は複
数形となっている。

A2-1. 1.　多変数関数の変数分離

たとえば、量子力学において、水素原子の電子軌道を導出する際には、3 次元
空間の解析となるため、3 次元のシュレーディンガー方程式を解法する必要があ
る。このとき、シュレーディンガー方程式は、3 変数からなる偏微分方程式とな
る。水素原子の解析においては、電子の運動は球対称であるから、3 次元の極座
標 (r, θ, ϕ) を用いる。

この際、微分方程式の解である波動関数 $\psi(r, \theta, \phi)$ は 3 変数関数となる。量子
力学の主題は波動関数を求めることにあるが、3 変数関数の偏微分方程式をその
まま解法することは、特別な場合を除いて不可能である。

ここで、登場するのが変数分離である。このとき

$$\psi(r, \theta, \phi) = R(r)\,\Theta(\theta)\,M(\phi)$$

のように、解がそれぞれ 1 変数からなる 3 個の関数の積になると仮定する。もち
ろん、この仮定が成立するためには、変数間の相互作用がないという条件が必要
となる。波動関数は、幸いなことに、この条件を満足している。すると

57

$$\frac{\partial}{\partial r}\psi(r,\theta,\phi) = \frac{\partial}{\partial r}\big(R(r)\,\Theta(\theta)\,M(\phi)\big) = \left(\frac{d}{dr}R(r)\right)\Theta(\theta)\,M(\phi)$$

のように、r に関する偏微分は $R(r)$ だけに作用するため、導関数 $dR(r)/dr$ からなる常微分方程式を取り出すことができるのである。θ 方向と ϕ 方向も同様であり、偏微分方程式は、3 個の異なる変数に対応した常微分方程式に還元できる。後は、常微分方程式の手法を使って解を求めればよい。そのうえで、得られた 3 個の解の積が、求める波動関数となる。これが、本来の変数分離である。

A2-1. 2.　1 変数関数の場合

　それでは、1 変数の場合はどうなのだろうか。まず、本文で説明したように、1 階 1 次の微分方程式は

$$\frac{dy}{dx} = L(x,y)$$

という一般式で表記することができる。

　このとき、y は x を変数とする 1 変数関数であるが、右辺は、独立変数 x と従属変数 y の関数となっている。このとき

$$L(x,y) = f(x)\,g(y)$$

のように、右辺が x のみの関数 $f(x)$ と、y のみの関数 $g(y)$ の積となっている場合には

$$\frac{dy}{dx} = f(x)\,g(y) \qquad \rightarrow \qquad \frac{dy}{g(y)} = f(x)\,dx$$

と変形ができ、左辺は y のみの関数、右辺は x のみの関数と分離することができるのである。

A2-1. 3.　導関数

　ただし、ここにも関門がある。高校までの数学では dy/dx という組合せに意味があり、dy と dx を独立した変数のようには扱えないと習う。本来の導関数の定義である

第 2 章　1 階 1 次微分方程式

$$\frac{dy}{dx} = \lim_{\Delta x \to 0} \frac{y(x + \Delta x) - y(x)}{\Delta x}$$

をもとに考えれば、確かに dy と dx を独立に扱えないはずである。変数分離では、dx と dy を分離してしまっている。ここにも戸惑いが生じる原因がある。

　実は、これらを独立した変数のように扱っても問題ないのである。dy/dx が極限値 p を有する際には

$$\frac{dy}{dx} = p \qquad \text{から} \qquad dy = p\,dx$$

と置ける。つまり、dx と dy が、dy/dx を導出できるかたちで、ひとつの式の中に登場する際には、あたかも変数のように扱っても問題がないのである。

　たとえば

$$P(x,y)\,dx + Q(x,y)dy = 0 \qquad \text{は} \qquad \frac{dy}{dx} = -\frac{P(x,y)}{Q(x,y)}$$

と変形できるので問題はない。ただし

$$P(x,y)\,dx + Q(x,y) = 0 \qquad\qquad P(x,y) + Q(x,y)dy = 0$$

$$P(x,y)(dx)^2 + Q(x,y)dy = 0$$

という式は、いずれも意味をなさないことになる。

A2-1. 4.　変数分離形の積分

　そのつぎの関門は

$$\frac{dy}{g(y)} = f(x)\,dx \quad \rightarrow \quad \int \frac{dy}{g(y)} = \int f(x)\,dx$$

という積分である。

　変数分離形の微分方程式の解法では「両辺を積分する」という注釈で、上記のような展開をする。理工学への応用では、このままで済ます場合が多い。しかし、等式の両辺を、異なる積分変数で積分することに違和感がある。実は、本文でも紹介したように、変数分離形は

$$\frac{dy}{dx} = f(x)g(x) \quad \rightarrow \quad \frac{1}{g(y)}\frac{dy}{dx} = f(x)$$

と変形したうえで、両辺を x に関して積分しているのである。すると

59

$$\int \frac{1}{g(y)} \frac{dy}{dx} dx = \int f(x) dx$$

となる。このとき、左辺は、置換積分から

$$\int \frac{1}{g(y)} \frac{dy}{dx} dx = \int \frac{dy}{g(y)}$$

のような変形が可能となる。この結果、実用上は、積分変数を y としてもよいのである。この事実を忘れてはいけない。

A2-1. 5.　一般式

変数分離形の微分方程式は

$$A(x)dx + B(y)dy = 0$$

という一般式で表記することもできる。

理工系の数学では、この一般式の解法として、両辺を積分し

$$\int A(x)dx + \int B(y)dy = C$$

という操作によって解を求める場合が多い。ただし、積分変数は x であり

$$\int B(y)dy = \int B(y)\frac{dy}{dx}dx$$

が本来のかたちであることも付記しておきたい。

さらに、右辺の 0 の積分に関しても

$$\frac{dF(x)}{dx} = \frac{dC}{dx} = 0 = f(x)$$

から、$f(x) = 0$ の原始関数が $F(x) = C$ となることから、x に関して積分していることがわかる。

第 2 章　1 階 1 次微分方程式

補遺 2-2　同次形と同次微分方程式

本章では、同次形の微分方程式の基本形を

$$\frac{dy}{dx} = f\left(\frac{y}{x}\right)$$

と紹介した。本補遺では、同次形と呼ばれる理由も含めて、より詳細な説明を行う。そのためには、1 階 1 次微分方程式の一般式として

$$P(x, y)\,dx + Q(x, y)\,dy = 0$$

を考える。

この微分方程式が同次形になる条件は、$P(x, y)$ ならびに $Q(x, y)$ が同じ次数の**同次関数** (homogeneous function) となることである。

A2-2. 1.　同次関数の定義

同次関数の定義を 2 変数の場合に示すと

$$P(kx, ky) = k^n P(x, y)$$

となる関数のことである。

つまり、2 変数 x, y を定数倍（k 倍）したときに、$P(x, y)$ も定数倍（k^n 倍）となる関数である。ただし、n は関数の**次数** (degree) である。

具体例で確かめると

$$P(x, y) = x^2 + xy + y^2$$

は、2 **次同次関数** (homogeneous function of degree 2) である。

ここで、2 変数 x, y を、それぞれ k 倍すると

$$P(kx, ky) = (kx)^2 + kx \cdot ky + (ky)^2 = k^2 x^2 + k^2 xy + k^2 y^2$$
$$= k^2(x^2 + xy + y^2) = k^2 P(x, y)$$

となって、$P(x, y)$ は k^2 倍される。それでは

$$Q(x, y) = x^2 y + y^3$$

という関数を考えてみよう。

ここで、2 変数 x, y を、それぞれ k 倍すると

$$Q(kx, ky) = (kx)^2(ky) + (ky)^3 = k^3x^2y + k^3y^3$$
$$= k^3(x^2y + y^3) = k^3Q(x, y)$$

となって、$Q(x, y)$ は k^3 倍される。このとき $Q(x, y)$ を 3 次同次関数と呼ぶ。

ちなみに、**多項式** (polynomial) を例にとると、2 次同次関数の一般式は a, b, c を任意定数として

$$F_2(x, y) = ax^2 + bxy + cy^2$$

となる。

つぎに、3 次同次関数の一般式は、a, b, c, d を任意定数として

$$F_3(x, y) = ax^3 + bx^2y + cxy^2 + dy^3$$

となる。

そして、n 次同次関数の一般式は

$$F_n(x, y) = a_0x^n + a_1x^{n-1}y + a_2x^{n-2}y^2 + ... + a_{n-1}xy^{n-1} + a_ny^n$$

となる。ただし、a_k $(k = 0, 1, 2, ..., n)$ は任意定数である。また、後ほど紹介するように、多項式以外の同次関数も存在する。

A2-2. 2.　同次形の微分方程式

つぎの微分方程式

$$\frac{dy}{dx} = \frac{y^2 + 3xy}{x^2 + y^2}$$

を例にとろう。

分子も分母も次数が 2 の同次関数となっているので、同次形の微分方程式となる。このとき、分子分母を x^2 で除すと

$$\frac{dy}{dx} = \frac{y^2 + 3xy}{x^2 + y^2} = \frac{(y/x)^2 + 3(y/x)}{1 + (y/x)^2} = f\left(\frac{y}{x}\right)$$

となって、y/x の関数となることがわかる。

ここで、1 階 1 次微分方程式の一般形

$$P(x, y)dx + Q(x, y)dy = 0$$

において $P(x, y)$ と $Q(x, y)$ が n 次の同次関数としよう。たとえば

62

第2章　1階1次微分方程式

$$P(x,y) = (x+y)^n \qquad Q(x,y) = x^n + y^n$$

とすると

$$\frac{dy}{dx} = -\frac{P(x,y)}{Q(x,y)} = -\frac{(x+y)^n}{x^n + y^n}$$

となるが、分子分母を x^n で除すと

$$\frac{dy}{dx} = -\frac{(x+y)^n}{x^n + y^n} = -\left(1+\frac{y}{x}\right)^n \bigg/ \left\{1+\left(\frac{y}{x}\right)^n\right\} = f\left(\frac{y}{x}\right)$$

となって、y/x の関数となる。

　以上のように、同次形の場合には、必ず y/x の関数となる。そのうえで $y = tx$ と置くと

$$\frac{dy}{dx} = \frac{d}{dx}(tx) = t + x\frac{dt}{dx} = f(t)$$

となるので

$$x\frac{dt}{dx} = f(t) - t \qquad から \qquad \frac{dt}{f(t)-t} = \frac{dx}{x}$$

のように変数分離形となる。したがって、微分方程式の解法が可能となる。

A2-2. 3.　多項式以外の同次関数

　同次関数としては、2変数の多項式を紹介したが、変数は3個以上の場合も当然ある。また、多項式ではない同次関数もある。例として、つぎの関数を考えてみよう。

$$R(x,y) = \sqrt{x^2 + y^2}$$

この場合

$$R(kx,ky) = \sqrt{(kx)^2 + (ky)^2} = \sqrt{k^2 x^2 + k^2 y^2} = k\sqrt{x^2 + y^2} = kR(x,y)$$

となるので、1次の同次関数である。同様にして

$$S(x,y) = \sqrt{xy^3 + y^4}$$

は

$$S(kx,ky) = \sqrt{kx(ky)^3 + (ky)^4} = k^2\sqrt{xy^3 + y^4} = k^2 S(x,y)$$

となり、2 次の同次関数となる。

演習 A2-1　つぎの微分方程式を解法せよ。

$$(y + \sqrt{x^2 + y^2})dx - xdy = 0$$

解）　基本形

$$P(x,y)dx + Q(x,y)dy = 0$$

において

$$P(x,y) = y + \sqrt{x^2 + y^2} \qquad Q(x,y) = -x$$

であり、両関数とも 1 次同次であるから、表記の微分方程式は同次形である。

このとき

$$\frac{dy}{dx} = \frac{y + \sqrt{x^2 + y^2}}{x} = \frac{y}{x} + \sqrt{1 + \left(\frac{y}{x}\right)^2}$$

となり、確かに右辺は、y/x の関数となっている。

よって、$y = tx$ と置くと

$$t + x\frac{dt}{dx} = t + \sqrt{1 + t^2} \qquad から \qquad x\frac{dt}{dx} = \sqrt{1 + t^2}$$

となる。変数分離すると

$$\frac{dt}{\sqrt{1 + t^2}} = \frac{dx}{x}$$

となる。後は積分すればよく

$$\int \frac{dt}{\sqrt{1 + t^2}} = \int \frac{dx}{x}$$

となるが、公式

$$\int \frac{dt}{\sqrt{1 + t^2}} = \log\left|t + \sqrt{1 + t^2}\right|$$

第 2 章　1 階 1 次微分方程式

を使うと

$$\log\left|t+\sqrt{1+t^2}\right| = \log|x| + C \qquad (C: \text{定数})$$

となる。さらに変形すると

$$\log\left|\frac{t+\sqrt{1+t^2}}{x}\right| = C$$

から

$$\frac{t+\sqrt{1+t^2}}{x} = \pm\exp C = A \qquad (A: \text{定数})$$

となり

$$t+\sqrt{1+t^2} = Ax$$

となる。

　ここで、$t = y/x$ であるから

$$\frac{y}{x}+\sqrt{1+\left(\frac{y}{x}\right)^2} = Ax$$

から

$$y+\sqrt{x^2+y^2} = Ax^2$$

となる。さらに

$$\sqrt{x^2+y^2} = Ax^2 - y$$

として、両辺を平方すると

$$x^2+y^2 = A^2x^4 - 2Ax^2y + y^2$$

から

$$x^2 = A^2x^4 - 2Ax^2y$$

さらに x^2 で除すと

$$A^2x^2 - 2Ay = 1$$

が一般解となる。

65

以上で、同次形の説明は終わりである。ところで、本文でも紹介したように、微分方程式においては、名前のよく似た**同次微分方程式** (homogeneous differential equation) も登場する。これは、同次形とは異なるが、同じ「同次」という表記を使用するため混乱を与える。そこで、同次微分方程式についても説明をしておこう。

A2-2. 4. 同次微分方程式

つぎの 1 階 1 次の微分方程式を考えてみよう。

$$\frac{dy}{dx} + f(x)y = g(x)$$

この方程式において $g(x) = 0$ のとき、**同次微分方程式** (homogeneous differential equation) と呼んでいる。つまり

$$\frac{dy}{dx} + f(x)y = 0$$

が同次微分方程式である。

一方、$g(x) \neq 0$ の場合を**非同次微分方程式** (inhomogeneous differential equation) と呼んでいる。

同次微分方程式では、同次形の場合と同じ「同次」という用語を使うので紛らわしい。英語も同じ "homogeneous" を使う。実は、同次方程式の場合の同次とは、微分方程式において、従属変数である y の導関数ならびに y の項がすべて同じ 1 次となっているという意味である。したがって

$$\frac{d^2y}{dx^2} + A(x)\frac{dy}{dx} + B(x)y = 0$$

も同次微分方程式である。この方程式に関しては、第 5 章で扱う。

それでは、なぜ表記の一般形は非同次なのであろうか。それは

$$\frac{dy}{dx} + f(x)y - g(x) = 0$$

としたとき、$g(x)$ の項が y の 0 次となるためである。つまり、この項があると同じ 1 次とはならないから非同次なのである。

同次方程式では、方程式の解が y_1 と与えられたとき、それを定数倍した ky_1 も

66

第 2 章　1 階 1 次微分方程式

解となる。一方、非同次方程式では、そうならない。また、1 階 1 次の同次方程式では、変数分離によって解法が可能であるが、非同次の場合には本文で紹介したような工夫が必要となる。

第3章 完全微分方程式

第2章では、1階1次微分方程式の解法について紹介したが、本章では、そこで紹介できなかった**完全微分方程式** (exact differential equation) を利用した解法を紹介する。この手法では、条件さえ満足すれば線形非同次方程式や、非線形微分方程式を解法することができる。

1階1次の微分方程式の基本形は

$$\frac{dy}{dx} = L(x, y)$$

であった。それでは、つぎの微分方程式はどうであろうか。

$$\frac{dy}{dx} = -\frac{x^3 + e^x \sin y + y^3}{3xy^2 + e^x \cos y + y^3}$$

この式は、1階1次の基本形において

$$L(x, y) = -\frac{x^3 + e^x \sin y + y^3}{3xy^2 + e^x \cos y + y^3}$$

と置いたものである。

これは非線形微分方程式であり、第2章で紹介した解法可能な微分方程式のどの種類にもあてはまらない。さらに、$L(x, y)$ が複雑すぎて、解法の手がかりがわからないのではなかろうか。実は、本章で紹介する完全微分方程式の手法を使えば、この微分方程式の解法が可能となるのである。

この手法の基礎は、2変数関数の**全微分** (total differential) である。そこで、まず全微分の復習をしたうえで完全微分方程式の解法を説明する。

3.1. 関数の全微分

$z = F(x, y)$ という2変数関数の全微分は

第 3 章　完全微分方程式

$$dz = \frac{\partial z}{\partial x}dx + \frac{\partial z}{\partial y}dy$$

となる。あるいは

$$dF(x,y) = \frac{\partial F(x,y)}{\partial x}dx + \frac{\partial F(x,y)}{\partial y}dy$$

と書くことができる。

　この第 1 項は、2 変数関数の $F(x,y)$ を y が一定と見なして x に関して微分するというもので、**偏微分** (partial differential) と呼ばれる。つぎに、第 2 項は、2 変数関数の $F(x,y)$ を x が一定と見なして y に関して偏微分したものである。つまり全微分は、2 変数関数において

　　（F の x 方向の勾配）×（x の変化量）つまり x 方向の F の変化量
　　（F の y 方向の勾配）×（y の変化量）つまり y 方向の F の変化量

を足し合わせたもので、x, y 両方向の変化量のトータルの和と見なすことができる。このため、全 (total) 微分と呼ばれる。

　それでは、全微分の具体例として、$z = F(x,y) = xy$ という関数を取り上げる。この関数は、1 辺の長さが x と y の長方形の面積を与える。この 2 変数関数の全微分は

$$dz = dF(x,y) = \frac{\partial F(x,y)}{\partial x}dx + \frac{\partial F(x,y)}{\partial y}dy = y\,dx + x\,dy$$

となる。

　この意味を図 3-1 を使って考えてみる。この全微分の第 1 項は、$y\,dx$ であるが、これは、y を一定の条件下で x が dx だけ増加したときに、$z = F(x,y) = xy$ がどれだけ増加するかに対応している。

　つぎに、第 2 項は x を一定にした状態で y が dy だけ増加したときに、z がどれだけ増加するかに対応している。よって、これら 2 つの項を足し合わせれば、x と y が、それぞれ dx, dy だけ増加したときの関数 z の増加分 dz となる。これが全微分と呼ばれる所以である。

69

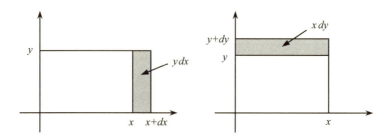

図 3-1　全微分の考え方

演習 3-1　つぎの関数の全微分を求めよ。

① $z = F(x, y) = \dfrac{x}{y}$　　② $z = F(x, y) = \dfrac{y}{x}$　　③ $z = F(x, y) = \log xy$

ただし、log は底が e の自然対数とする[7]。

解）

① $z = F(x, y) = \dfrac{x}{y}$ のとき

$$\dfrac{\partial F(x, y)}{\partial x} = \dfrac{1}{y} \qquad \dfrac{\partial F(x, y)}{\partial y} = -\dfrac{x}{y^2}$$

であるから全微分は

$$dz = dF(x, y) = \dfrac{1}{y} dx - \dfrac{x}{y^2} dy = \dfrac{y\,dx - x\,dy}{y^2}$$

となる。

② $z = F(x, y) = \dfrac{y}{x}$ のとき

$$\dfrac{\partial F(x, y)}{\partial x} = -\dfrac{y}{x^2} \qquad \dfrac{\partial F(x, y)}{\partial y} = \dfrac{1}{x}$$

であるから全微分は

---

[7] 第 2 章でも紹介したが、本書では $\log x$ は、底が e の自然対数 $\log_e x$ を意味している。また、底の e は省略している。

第 3 章　完全微分方程式

$$dz = dF(x, y) = -\frac{y}{x^2}dx + \frac{1}{x}dy = \frac{-y\,dx + x\,dy}{x^2}$$

となる。

③　$z = F(x, y) = \log xy$ においては

$$\log xy = \log x + \log y$$

と変形できる。対数微分は

$$\frac{d(\log x)}{dx} = \frac{1}{x}$$

であるから

$$\frac{\partial F(x, y)}{\partial x} = \frac{\partial(\log x + \log y)}{\partial x} = \frac{1}{x}$$

$$\frac{\partial F(x, y)}{\partial x} = \frac{\partial(\log x + \log y)}{\partial y} = \frac{1}{y}$$

となり、全微分は

$$dz = dF(x, y) = \frac{1}{x}dx + \frac{1}{y}dy = \frac{y\,dx + x\,dy}{xy}$$

となる。

3.2.　完全微分方程式

　実は、全微分を利用すると、ある条件を満たす 1 階 1 次微分方程式を簡単に解法することができる。これを**完全微分方程式** (exact differential equation) と呼んでいる。それは全微分の値が 0 になる微分方程式のことである。つまり

$$dF(x, y) = \frac{\partial F(x, y)}{\partial x}dx + \frac{\partial F(x, y)}{\partial y}dy = 0$$

が完全微分方程式である。もし、微分方程式がこのかたちになっていれば、この解として、ただちに

$$F(x, y) = C$$

という陰関数のかたちの解が得られる。ただし、C は定数である。

　第 2 章で紹介したように、1 階 1 次の微分方程式の基本式は

$$P(x, y)dx + Q(x, y)dy = 0$$

と表記できる。よって

$$\frac{\partial F(x,y)}{\partial x} = P(x,y) \qquad \frac{\partial F(x,y)}{\partial y} = Q(x,y)$$

という関係を満足する関数 $F(x,y)$ があれば、解がただちに得られるのである。

演習 3-2　つぎの微分方程式の解を求めよ。

$$\frac{1}{y}dx - \frac{x}{y^2}dy = 0$$

　解）　演習 3-1 からわかるように、この微分方程式の左辺は 2 変数関数

$$F(x,y) = \frac{x}{y}$$

の全微分である。よって、これは完全微分方程式となり、その一般解は

$$F(x,y) = \frac{x}{y} = C \qquad (C: \ 定数)$$

と与えられる。

　得られた解が表記の微分方程式を満足することを確かめてみよう。

$$y = \frac{x}{C} \qquad から \qquad dy = \frac{dx}{C}$$

となるので、微分方程式に代入すると

$$\frac{1}{y}dx - \frac{x}{y^2}dy = \frac{C}{x}dx - x\left(\frac{C}{x}\right)^2\frac{dx}{C} = \left(\frac{C}{x} - \frac{C}{x}\right)dx = 0$$

となって解となることが確かめられる。

　ところで、この演習問題では、前もって演習 3-1 で $F(x,y) = x/y$ という関数の全微分を計算していたので、微分方程式が完全微分方程式であるということに気づいたが、通常は、微分方程式を見ただけでは、それが完全微分形かどうかはわからない。

　ひとつの方法として、代表的な関数について全微分をあらかじめ計算しておき、それを参考にして完全微分形かどうかを判定することが考えられる。実際に、演

第 3 章　完全微分方程式

習 3-1 で利用した全微分の他に

$$d\left\{\log\left(\frac{y}{x}\right)\right\} = \frac{-ydx + xdy}{xy} \qquad d\left\{\tan^{-1}\left(\frac{y}{x}\right)\right\} = \frac{-ydx + xdy}{x^2 + y^2}$$

などもよく利用される。

演習 3-3　2 変数関数 $F(x,y) = \log\left(\dfrac{y}{x}\right)$ の全微分を求めよ。

解）　対数関数は

$$F(x,y) = \log\left(\frac{y}{x}\right) = \log y - \log x$$

と変形できる。ここで、全微分は

$$dF(x,y) = \frac{\partial F(x,y)}{\partial x}dx + \frac{\partial F(x,y)}{\partial y}dy$$

であるから

$$d\left\{\log\left(\frac{y}{x}\right)\right\} = \left\{\frac{\partial}{\partial x}(\log y - \log x)\right\}dx + \left\{\frac{\partial}{\partial y}(\log y - \log x)\right\}dy$$

$$= -\frac{1}{x}dx + \frac{1}{y}dy = \frac{-ydx + xdy}{xy}$$

となる。

演習 3-4　2 変数関数 $F(x,y) = \tan^{-1}\left(\dfrac{y}{x}\right)$ の全微分を求めよ。

解）　まず逆三角関数の微分の公式は

$$\frac{d}{dt}(\tan^{-1}t) = \frac{1}{1+t^2}$$

である。さらに、合成関数の微分公式から

$$\frac{d}{dx}(\tan^{-1}t) = \frac{d}{dt}(\tan^{-1}t)\frac{dt}{dx} = \frac{1}{1+t^2}\frac{dt}{dx}$$

73

となるので、$t = y/x$ とすれば

$$\frac{\partial \tan^{-1}(y/x)}{\partial x} = \frac{1}{1+(y/x)^2}\frac{\partial}{\partial x}\left(\frac{y}{x}\right) = \frac{1}{1+(y/x)^2}\left(-\frac{y}{x^2}\right) = -\frac{y}{x^2+y^2}$$

$$\frac{\partial \tan^{-1}(y/x)}{\partial y} = \frac{1}{1+(y/x)^2}\frac{\partial}{\partial y}\left(\frac{y}{x}\right) = \frac{1}{1+(y/x)^2}\left(\frac{1}{x}\right) = \frac{x}{x^2+y^2}$$

と計算できる。よって、全微分は

$$d\left\{\tan^{-1}\left(\frac{y}{x}\right)\right\} = -\frac{y}{x^2+y^2}dx + \frac{x}{x^2+y^2}dy = \frac{-y\,dx + x\,dy}{x^2+y^2}$$

となる。

演習 3-5　つぎの微分方程式の解を求めよ。

$$-\frac{y}{x^2+y^2}dx + \frac{x}{x^2+y^2}dy = 0$$

解）　演習 3-4 の結果から、表記の微分方程式は完全微分形であることがわかる。変形すると

$$-\frac{y}{x^2+y^2}dx + \frac{x}{x^2+y^2}dy = d\left\{\tan^{-1}\left(\frac{y}{x}\right)\right\} = 0$$

となり

$$\tan^{-1}\left(\frac{y}{x}\right) = C \quad より \quad \frac{y}{x} = \tan C \quad (C：定数)$$

から

$$y = Ax \quad (A = \tan C)$$

が一般解となる。

　このように、ある微分方程式が完全微分方程式であるということがわかれば、いとも簡単に解法できる[8]。問題は、どうやって与えられた微分方程式が完全微分形と判定するかにある。

---

[8] ただし、演習 3-5 の微分方程式は、両辺に x^2+y^2 を乗じれば、$y\,dx - x\,dy = 0$ となり、変数分離形となるので、完全微分方程式を利用することなく簡単に解法が可能である。

第 3 章　完全微分方程式

3.3.　完全微分方程式の判定方法

それでは微分方程式が完全微分形かどうかを判定する方法を考えてみよう。微分方程式

$$P(x,y)\,dx + Q(x,y)\,dy = 0$$

が完全微分方程式のとき

$$P(x,y) = \frac{\partial F(x,y)}{\partial x} \qquad Q(x,y) = \frac{\partial F(x,y)}{\partial y}$$

という条件を満足する関数 $F(x,y)$ が存在することになる。このとき

$$\frac{\partial P(x,y)}{\partial y} = \frac{\partial}{\partial y}\left(\frac{\partial F(x,y)}{\partial x}\right) = \frac{\partial F^2(x,y)}{\partial y \partial x}$$

$$\frac{\partial Q(x,y)}{\partial x} = \frac{\partial}{\partial x}\left(\frac{\partial F(x,y)}{\partial y}\right) = \frac{\partial F^2(x,y)}{\partial x \partial y}$$

となるが、一般的な連続関数では

$$\frac{\partial F^2(x,y)}{\partial x \partial y} = \frac{\partial F^2(x,y)}{\partial y \partial x}$$

が成立する[9]ので

$$\frac{\partial P(x,y)}{\partial y} = \frac{\partial Q(x,y)}{\partial x}$$

が成立する。これが、完全微分方程式の判定条件である。

演習 3-6　つぎの微分方程式が完全微分方程式かどうかを判定せよ。

① $\dfrac{1}{x}dx + \dfrac{1}{y}dy = 0$　　② $xy\,dx + y^2\,dy = 0$　　③ $2xy\,dx + x^2\,dy = 0$

解）　①　一般式

$$P(x,y)dx + Q(x,y)dy = 0$$

において

---

[9] 2 変数関数 $F(x,y)$ において、2 階偏導関数 $\partial^2 F/\partial x \partial y$ ならびに $\partial^2 F/\partial y \partial x$ が存在し、いずれも連続ならば、偏微分の順序は交換可能となり、これら式は一致する。微分方程式で扱う一般的な関数は、この条件を満足する。

$$P(x, y) = \frac{1}{x} \qquad Q(x, y) = \frac{1}{y}$$

に対応する。ここで

$$\frac{\partial P(x, y)}{\partial y} = \frac{\partial Q(x, y)}{\partial x} = 0$$

を満足するので、完全微分方程式である。

② $P(x, y) = xy,\ Q(x, y) = y^2$ であるから

$$\frac{\partial P(x, y)}{\partial y} = x \qquad \frac{\partial Q(x, y)}{\partial x} = 0$$

となり

$$\frac{\partial P(x, y)}{\partial y} \neq \frac{\partial Q(x, y)}{\partial x}$$

となるから完全微分方程式ではない。

③ $P(x, y) = 2xy,\ Q(x, y) = x^2$ であるから

$$\frac{\partial P(x, y)}{\partial y} = 2x \qquad \frac{\partial Q(x, y)}{\partial x} = 2x$$

となり

$$\frac{\partial P(x, y)}{\partial y} = \frac{\partial Q(x, y)}{\partial x}$$

であるから完全微分方程式である。

　以上の手法を使えば、与えられた微分方程式が完全微分形かどうかの判定が可能となる。

3.4.　完全微分方程式の解法

　それでは、与えられた微分方程式が完全微分形とわかった場合に $F(x, y)$ を求める方法を一般化しておこう。その際、2変数関数の偏微分と積分に注意する必要がある。1階1次の微分方程式

$$P(x, y)\,dx + Q(x, y)\,dy = 0$$

第 3 章　完全微分方程式

が完全微分方程式の条件

$$\frac{\partial P(x,y)}{\partial y} = \frac{\partial Q(x,y)}{\partial x}$$

を満足しているものとする。

　このとき、微分方程式を解法するということは

$$P(x,y) = \frac{\partial F(x,y)}{\partial x} \qquad Q(x,y) = \frac{\partial F(x,y)}{\partial y}$$

を満足する $F(x,y)$ を求めることに他ならない。

　ここで注意が必要となるのは、2 変数関数の $F(x,y)$ を積分によって求める際に、任意定数 C ではなくが任意関数が付されるという事実である。それを説明しよう。

　まず、最初の式は y を一定と見なして、$F(x,y)$ を x に関して微分したものが $P(x,y)$ という意味である。したがって、この関数を積分した場合

$$F(x,y) = \int P(x,y)dx + g(y)$$

となり、任意定数ではなく $g(y)$ のように変数が y の任意関数となる。

　これは、$F(x,y)$ を x に関して偏微分した際に

$$\frac{\partial F(x,y)}{\partial x} = P(x,y) + \frac{\partial g(y)}{\partial x}$$

となり、右辺の第 2 項のように y のみの関数では、x に関する偏微分が 0 となるからである。同様にして

$$F(x,y) = \int Q(x,y)dy + h(x)$$

という関係が得られるが、$h(x)$ は変数が x の任意関数となる。

　そのうえで、これら関数が等しいという条件

$$\int P(x,y)dy + g(y) = \int Q(x,y)dx + h(x)$$

から任意関数 $g(y)$ と $h(x)$ を求めることで、$F(x,y)$ が与えられる。

　それでは、演習 3-6 で判定した完全微分方程式の解法を実際に行ってみよう。

$$\frac{y\,dx + x\,dy}{xy} = 0$$

この方程式では

$$P(x,y) = \frac{y}{xy} = \frac{1}{x} \qquad Q(x,y) = \frac{x}{xy} = \frac{1}{y}$$

であるから

$$F(x,y) = \int P(x,y)dx + g(y) = \int \frac{1}{x}dx + g(y) = \log|x| + g(y)$$

$$F(x,y) = \int Q(x,y)dy + h(x) = \int \frac{1}{y}dy + h(x) = \log|y| + h(x)$$

となる。これら関数が等しいという条件から

$$\log|x| + g(y) = \log|y| + h(x)$$

が得られる。よって

$$g(y) = \log|y| \qquad h(x) = \log|x|$$

となる。したがって

$$F(x,y) = \log|x| + \log|y|$$

となり、微分方程式の解は

$$\log|x| + \log|y| = C$$

となる。ただし、C は任意の定数である。

演習 3-7 つぎの微分方程式を解法せよ。
$$(2x^3 + 3y)dx + (3x + y - 1)dy = 0$$

解） $P(x,y) = 2x^3 + 3y,\ Q(x,y) = 3x + y - 1$ と置くと

$$\frac{\partial P(x,y)}{\partial y} = 3 \qquad \frac{\partial Q(x,y)}{\partial x} = 3$$

となり、完全微分方程式であることがわかる。よって

$$F(x,y) = \int P(x,y)dx + g(y) = \int (2x^3 + 3y)dx + g(y) = \frac{x^4}{2} + 3xy + g(y)$$

78

第 3 章　完全微分方程式

$$F(x,y) = \int Q(x,y)dy + h(x) = \int (3x+y-1)dy + h(x) = 3xy + \frac{y^2}{2} - y + h(x)$$

となる。両者は一致する必要があるので

$$\frac{x^4}{2} + 3xy + g(y) = 3xy + \frac{y^2}{2} - y + h(x)$$

より、任意関数は

$$\frac{x^4}{2} + g(y) = \frac{y^2}{2} - y + h(x)$$

を満足する必要がある。よって

$$g(y) = \frac{y^2}{2} - y \qquad h(x) = \frac{x^4}{2}$$

となり

$$F(x,y) = \frac{x^4}{2} + 3xy + \frac{y^2}{2} - y$$

となる。結局、微分方程式の一般解は、C を任意定数として

$$\frac{x^4}{2} + 3xy + \frac{y^2}{2} - y = C$$

となる。

演習 3-8　つぎの微分方程式を解法せよ。

$$\frac{dy}{dx} = \frac{y\cos x + \cos y}{x\sin y - \sin x}$$

解)　　この微分方程式を変形すると

$$(y\cos x + \cos y)dx + (\sin x - x\sin y)dy = 0$$

となる。ここで

$$P(x,y) = y\cos x + \cos y \qquad Q(x,y) = \sin x - x\sin y$$

と置く。すると

$$\frac{\partial P(x,y)}{\partial y} = \cos x - \sin y \qquad \frac{\partial Q(x,y)}{\partial x} = \cos x - \sin y$$

となるので、この微分方程式は完全微分方程式であることがわかる。よって

79

$$F(x,y) = \int P(x,y)dx + g(y) = \int (y\cos x + \cos y)dx + g(y) = y\sin x + x\cos y + g(y)$$

$$F(x,y) = \int Q(x,y)dy + h(x) = \int (\sin x - x\sin y)dy + h(x) = y\sin x + x\cos y + h(x)$$

となり、両者の比較から

$$g(y) = h(x) = 0$$

としてよいことがわかる。したがって

$$F(x,y) = y\sin x + x\cos y$$

となる。結局、微分方程式の一般解は、C を任意定数として

$$y\sin x + x\cos y = C$$

となる。

このように、微分方程式が完全微分方程式ということがわかれば、その解法は簡単である。それでは、あらためて冒頭で紹介した 1 階 1 次微分方程式

$$\frac{dy}{dx} = -\frac{x^3 + e^x \sin y + y^3}{3xy^2 + e^x \cos y + y^3}$$

の解法を行ってみよう。この式は

$$(x^3 + e^x \sin y + y^3)dx + (3xy^2 + e^x \cos y + y^3)dy = 0$$

と変形できる。ここで

$$P(x,y) = x^3 + e^x \sin y + y^3 \qquad Q(x,y) = 3xy^2 + e^x \cos y + y^3$$

と置く。すると

$$\frac{\partial P(x,y)}{\partial y} = e^x \cos y + 3y^2 \qquad \frac{\partial Q(x,y)}{\partial x} = 3y^2 + e^x \cos y$$

となるので、この微分方程式は完全微分方程式であることがわかる。

ここで、$F(x,y)$ を求めると

$$F(x,y) = \int P(x,y)dx + g(y) = \int (x^3 + e^x \sin y + y^3)dx + g(y)$$

$$= \frac{1}{4}x^4 + e^x \sin y + xy^3 + g(y)$$

$$F(x,y) = \int Q(x,y)dy + h(x) = \int (3xy^2 + e^x \cos y + y^3)dy + h(x)$$

80

第 3 章　完全微分方程式

$$= xy^3 + e^x \sin y + \frac{1}{4}y^4 + h(x)$$

となる。したがって任意関数は

$$g(y) = \frac{1}{4}y^4 \qquad h(x) = \frac{1}{4}x^4$$

となり

$$F(x,y) = \frac{1}{4}x^4 + e^x \sin y + xy^3 + \frac{1}{4}y^4$$

となる。よって、微分方程式の解は

$$\frac{1}{4}x^4 + e^x \sin y + xy^3 + \frac{1}{4}y^4 = C$$

と与えられる。

　このように、完全微分形であることがわかれば、通常の方法では難しい微分方程式の解法が可能となる。

　それならば、完全微分方程式の手法を拡張して、完全微分形ではない場合にもなんとかこの手法を利用できないものであろうか。

　実は、不完全微分形の場合でも、ある補正を行えば、完全微分形にすることが可能となる。その手法をつぎに紹介する。

3.5.　積分因子

つぎの微分方程式を考えてみる。

$$-y\,dx + x\,dy = 0$$

まず、完全微分方程式かどうかを判定してみよう。

$P(x,y) = -y,\ Q(x,y) = x$　と置くと

$$\frac{\partial P(x,y)}{\partial y} = -1 \qquad \frac{\partial Q(x,y)}{\partial x} = 1$$

となり

$$\frac{\partial P(x,y)}{\partial y} \neq \frac{\partial Q(x,y)}{\partial x}$$

となるので、完全微分形ではないことがわかる。したがって、この微分方程式の

解法には完全微分方程式の手法は使えない。

　よって、別の手法を探すというのも一策であるが、ここで、もう少し、この微分方程式を調べてみよう。$y \neq 0$ として、両辺を $-y^2$ で除してみよう。すると

$$\frac{1}{y}dx - \frac{x}{y^2}dy = 0$$

となる。このとき

$$P(x,y) = \frac{1}{y} \qquad Q(x,y) = -\frac{x}{y^2}$$

となるから

$$\frac{\partial P(x,y)}{\partial y} = -\frac{1}{y^2} \qquad \frac{\partial Q(x,y)}{\partial x} = -\frac{1}{y^2}$$

となり

$$\frac{\partial P(x,y)}{\partial y} = \frac{\partial Q(x,y)}{\partial x}$$

から、完全微分方程式となることがわかる。

　つまり、もとの微分方程式が完全微分形でない場合でも、適当な関数を乗ずることで完全微分形とすることができるのである。

演習 3-9　つぎの微分方程式を解法せよ。

$$\frac{1}{y}dx - \frac{x}{y^2}dy = 0$$

　解）　完全微分方程式であるから

$$F(x,y) = \int P(x,y)dx + g(y) = \int \left(\frac{1}{y}\right)dx + g(y) = \frac{x}{y} + g(y)$$

$$F(x,y) = \int Q(x,y)dy + h(x) = \int \left(-\frac{x}{y^2}\right)dy + h(x) = \frac{x}{y} + h(x)$$

となる。これら関数が一致することから

$$g(y) = h(x) = 0$$

と置いてよい。よって

82

第3章 完全微分方程式

$$F(x, y) = \frac{x}{y}$$

となり、微分方程式の一般解は

$$\frac{x}{y} = C \quad (C: \text{ 定数})$$

と与えられる。

あるいは

$$y = \frac{x}{C} = Ax$$

としてもよい。ただし、A も定数である。

この解が、積分因子を乗じる前の微分方程式の解となっていることを確かめて
みよう。最初の微分方程式

$$-y\,dx + x\,dy = 0$$

の左辺に代入すると、$dy = A\,dx$ であるから

$$-y\,dx + x\,dy = -Ax\,dx + xA\,dx = 0$$

となり、確かに解となっている。

このように、与えられた微分方程式

$$P(x, y)dx + Q(x, y)dy = 0$$

が完全微分形でない場合でも、適当な関数 $M(x, y)$ を掛けることで得られる

$$M(x, y)P(x, y)dx + M(x, y)Q(x, y)dy = 0$$

が完全微分方程式となる場合がある。このとき、完全微分方程式の解は、変形前
の微分方程式の解を与える。関数 $M(x, y)$ のことを**積分因子** (integrating factor)
と呼ぶ。

ここで、これら2式を変形すると

$$\frac{dy}{dx} = -\frac{P(x, y)}{Q(x, y)} \qquad \frac{dy}{dx} = -\frac{M(x, y)P(x, y)}{M(x, y)Q(x, y)} = -\frac{P(x, y)}{Q(x, y)}$$

となるから、積分因子が解に影響を与えないこともわかる。

また、$M(x, y)$ が積分因子であるならば、C を定数として $\pm CM(x, y)$ も積分因
子となることもわかる。つまり、積分因子には定数倍の不定性があるのである。

83

演習 3-10　つぎの微分方程式を解法せよ。

$$(1+2x)e^{-y}dx + 2e^y\,dy = 0$$

ただし、e^y が積分因子であることがわかっているものとする。

　解）　確認の意味で最初の微分方程式が完全微分形かどうかを確かめてみよう。

$$P(x,y) = (1+2x)e^{-y} \qquad Q(x,y) = 2e^y$$

と置くと

$$\frac{\partial P(x,y)}{\partial y} = -(1+2x)\,e^{-y} \qquad \frac{\partial Q(x,y)}{\partial x} = 0$$

となって

$$\frac{\partial P(x,y)}{\partial y} \neq \frac{\partial Q(x,y)}{\partial x}$$

から完全微分形ではないことがわかる。つぎに両辺に因子 e^y を掛けると

$$(1+2x)dx + 2e^{2y}dy = 0$$

となる。このとき

$$\frac{\partial(1+2x)}{\partial y} = 0 \qquad \frac{\partial(2e^{2y})}{\partial x} = 0$$

となるので、確かに完全微分形となることがわかる。

　よって、この微分方程式の解は

$$F(x,y) = \int (1+2x)dx + g(y) = x + x^2 + g(y)$$

$$F(x,y) = 2\int e^{2y}dy + h(x) = e^{2y} + h(x)$$

という積分を求めたうえで、これら関数が等しいことから

$$g(y) = e^{2y} \qquad h(x) = x + x^2$$

のように任意関数が求められる。したがって

$$F(x,y) = x + x^2 + e^{2y}$$

となり、微分方程式の一般解は

$$x + x^2 + e^{2y} = C \qquad (C：定数)$$

となる。

第 3 章　完全微分方程式

一般解を変形すると

$$e^{2y} = -x - x^2 + C \qquad \text{から} \qquad y = \frac{1}{2}\log(-x - x^2 + C)$$

となる。この解が表記の微分方程式を満足することを確かめてみよう。対数関数の微分公式

$$y = \log f(x) \qquad \text{のとき} \qquad dy = \frac{f'(x)}{f(x)}dx$$

を使う。$f(x) = -x - x^2 + C$ とすると

$$f'(x) = -1 - 2x$$

となるので

$$dy = \frac{1}{2}\frac{f'(x)}{f(x)}dx = \frac{1}{2}\frac{-1-2x}{-x-x^2+C}dx = \frac{1}{2}\frac{1+2x}{x+x^2-C}dx$$

となる。ここで、表記の微分方程式

$$(1 + 2x)e^{-y}dx + 2e^y\,dy = 0$$

の左辺の 2 項めは

$$2e^y\,dy = \frac{(1+2x)e^y}{x+x^2-C}dx$$

となる。よって、微分方程式の左辺は

$$(1+2x)e^{-y}dx + 2e^y\,dy = \frac{1+2x}{e^y}dx + \frac{(1+2x)e^y}{x+x^2-C}dx$$

$$= \left(\frac{1+2x}{e^y} + \frac{1+2x}{e^y}\frac{e^{2y}}{x+x^2-C}\right)dx$$

となるが、$e^{2y} = -x - x^2 + C$ であるから

$$\left(\frac{1+2x}{e^y} + \frac{1+2x}{e^y}\frac{e^{2y}}{x+x^2-C}\right)dx = \left(\frac{1+2x}{e^y} - \frac{1+2x}{e^y}\right)dx = 0$$

となり値が 0 となる。したがって、得られた解が、表記の微分方程式を満足することがわかる。

　このように、積分因子がわかれば、それを微分方程式に乗ずることで完全微分形に変形することができる。問題はどうやって積分因子を見つけるかである。演習 3-10 の場合には積分因子があらかじめ与えられていたので簡単に解法することができたが、一般には、自分で積分因子を求める必要がある。

そこで、積分因子の求め方について少し考えてみよう。まず、もとの微分方程式に積分因子を乗じてできる

$$M(x,y)P(x,y)dx + M(x,y)Q(x,y)dy = 0$$

が完全微分方程式になるとき

$$\frac{\partial\{M(x,y)P(x,y)\}}{\partial y} = \frac{\partial\{M(x,y)Q(x,y)\}}{\partial x}$$

が成立しなければならない。

左辺は

$$\frac{\partial\{M(x,y)P(x,y)\}}{\partial y} = \frac{\partial M(x,y)}{\partial y}P(x,y) + M(x,y)\frac{\partial P(x,y)}{\partial y}$$

右辺は

$$\frac{\partial\{M(x,y)Q(x,y)\}}{\partial x} = \frac{\partial M(x,y)}{\partial x}Q(x,y) + M(x,y)\frac{\partial Q(x,y)}{\partial x}$$

となる。

よって積分因子の条件としては

$$\frac{\partial M(x,y)}{\partial y}P(x,y) + M(x,y)\frac{\partial P(x,y)}{\partial y} = \frac{\partial M(x,y)}{\partial x}Q(x,y) + M(x,y)\frac{\partial Q(x,y)}{\partial x}$$

より

$$\frac{\partial M(x,y)}{\partial y}P(x,y) - \frac{\partial M(x,y)}{\partial x}Q(x,y) + M(x,y)\left(\frac{\partial P(x,y)}{\partial y} - \frac{\partial Q(x,y)}{\partial x}\right) = 0$$

となる。

この式は煩雑なので、偏微分を $\partial M/\partial y = M_y$ と略記すると

$$M_y P - M_x Q + M(P_y - Q_x) = 0$$

と書くことができる。今後は適宜、この記法を偏微分に使用する。

この関係を満足する $M(x,y)$ を求めれば、それが積分因子ということになる。しかし、これは偏微分方程式であるから、微分方程式を解くために、新たな微分方程式を解くという愚を冒しかねない。

そこで、応用において意味のある $M(x,y)$ が x あるいは y だけの関数の場合を考えてみる。

第 3 章　完全微分方程式

演習 3-11　積分因子 $M(x, y)$ が x だけの関数の場合に、完全微分方程式となるための条件を求めよ。

解）　積分因子となる条件式
$$M_y P - M_x Q + M(P_y - Q_x) = 0$$
において、$M = M(x)$ とすると $M_y = 0$ となるから
$$-M_x Q + M(P_y - Q_x) = 0$$
ここで、M_x は、常微分になるから
$$-\frac{dM}{dx}Q + M(P_y - Q_x) = 0$$
となる。これを変形すると
$$\frac{dM}{M} = \frac{P_y - Q_x}{Q}dx$$
となる。この等式が成立するためには右辺も x のみの関数である必要があるので
$$\frac{P_y - Q_x}{Q} = f(x) \quad から \quad \frac{dM(x)}{M(x)} = f(x)dx$$
となる。両辺を積分すると
$$\log|M(x)| = \int f(x)dx + C \quad (C: \ 定数)$$
つまり
$$M(x) = \pm \exp C \exp\left(\int f(x)dx\right)$$
が積分因子となる。

$M(x)$ には定数倍だけの不定性があるので
$$M(x) = \exp\left(\int f(x)dx\right)$$
としてよい。同様にして、積分因子が y のみの関数 $M(y)$ の場合も同様に求めることができる。このとき
$$M_y P + M(P_y - Q_x) = 0$$

87

において

$$g(y) = \frac{P_y - Q_x}{P}$$

のように、y のみの関数であれば

$$\frac{dM(y)}{M(y)} = -g(y)dy$$

となり

$$M(y) = \exp\left(-\int g(y)dy\right)$$

が積分因子となる。

演習 3-12　$M(y) = \exp\left(-\int g(y)dy\right)$ が積分因子となることを確かめよ。

解）　微分方程式

$$P(x, y)dx + Q(x, y)dy = 0$$

に M を乗じると

$$MP\,dx + MQ\,dy = 0$$

となる。

このとき、完全微分方程式となる条件は

$$\frac{\partial(MP)}{\partial y} = \frac{\partial(MQ)}{\partial x}$$

となる。この関係が成立することを示せばよい。

$M = M(y)$ であることに注意すると $M_x = 0$，$M_y = dM/dy$ となるので

$$\frac{\partial(MP)}{\partial y} = M_y P + MP_y = \frac{dM}{dy}P + MP_y$$

$$\frac{\partial(MQ)}{\partial x} = MQ_x$$

となる。いま

$$M = \exp\left(-\int g(y)dy\right)$$

88

第 3 章　完全微分方程式

とすると

$$\frac{dM}{dy} = -g(y)\exp\left(-\int g(y)dy\right) = -g(y)M$$

であるから

$$\frac{\partial(MP)}{\partial y} = \frac{dM}{dy}P + MP_y = -g(y)MP + MP_y$$

となる。

$$g(y) = \frac{P_y - Q_x}{P}$$

を代入すると

$$\frac{\partial(MP)}{\partial y} = -g(y)MP + MP_y = -\frac{P_y - Q_x}{P}MP + MP_y = MQ_x$$

となり

$$\frac{\partial(MP)}{\partial y} = \frac{\partial(MQ)}{\partial x}$$

となる。よって、$M(y)$ が積分因子となることが確かめられる。

演習 3-13　つぎの微分方程式

$$(1+2x)\,e^{-y}\,dx + 2e^y\,dy = 0$$

が完全微分方程式になるための積分因子を求めよ。

　解）　$P(x,y) = (1+2x)\,e^{-y}$, $Q(x,y) = 2e^y$ と置く。すると

$$P_y = -(1+2x)e^{-y} \qquad Q_x = 0$$

から、$P_y \neq Q_x$ となるので完全微分形ではないことがわかる。つぎに

$$P_y - Q_x = -(1+2x)\,e^{-y}$$

となるが

$$\frac{P_y - Q_x}{Q} = \frac{-(1+2x)\,e^{-y}}{2e^y} = \frac{-(1+2x)}{2e^{2y}}$$

89

は x のみの関数とならない。よって、積分因子を $M = M(x)$ と置けない。一方

$$\frac{P_y - Q_x}{P} = \frac{-(1+2x)e^{-y}}{(1+2x)e^{-y}} = -1$$

となる。よって、$M = M(y)$ と置くことができ、$g(y) = -1$ となる。このとき、積分因子 M は

$$M(y) = \exp\left(-\int g(y)dy\right) = \exp\left(\int dy\right) = \exp(y) = e^y$$

と与えられる。

演習 3-10 では $M = e^y$ が積分因子であることを所与の条件として解法を行ったが、本演習で示した手法を用いれば、未知の積分因子を求めることが可能となるのである。

演習 3-14 つぎの微分方程式を解法せよ。
$$(x^2 + y^2 + x)dx + xy\,dy = 0$$

解）　$P(x, y) = x^2 + y^2 + x$, $Q(x, y) = xy$ と置く。すると

$$P_y = 2y \qquad Q_x = y$$

となるので完全微分方程式ではないことがわかる。つぎに

$$P_y - Q_x = y$$

であるから、$Q = xy$ で除すと

$$\frac{P_y - Q_x}{Q} = \frac{y}{xy} = \frac{1}{x} = f(x)$$

となって、x のみの関数となる。したがって積分因子は

$$M(x) = \exp\left(\int f(x)dx\right) = \exp\left(\int \frac{dx}{x}\right) = \exp\left(\log|x|\right) = \pm x$$

となる。ここで、$M = x$ として微分方程式に乗ずると

$$(x^3 + xy^2 + x^2)dx + x^2y\,dy = 0$$

となる。$A(x, y) = x^3 + xy^2 + x^2$, $B(x, y) = x^2y$ と置くと

$$\frac{\partial A(x, y)}{\partial x} = 2xy \qquad\qquad \frac{\partial B(x, y)}{\partial x} = 2xy$$

90

第3章　完全微分方程式

となり、完全微分方程式となることがわかる。よって

$$F(x,y) = \int (x^3 + xy^2 + x^2)dx + g(y) = \frac{x^4}{4} + \frac{x^2 y^2}{2} + \frac{x^3}{3} + g(y)$$

$$F(x,y) = \int x^2 y\, dy + h(x) = \frac{x^2 y^2}{2} + h(x)$$

となり、これら2式が等しいことから

$$g(y) = 0 \qquad h(x) = \frac{x^4}{4} + \frac{x^3}{3}$$

となり

$$F(x,y) = \frac{x^4}{4} + \frac{x^2 y^2}{2} + \frac{x^3}{3}$$

となる。したがって、微分方程式の一般解は

$$\frac{x^4}{4} + \frac{x^2 y^2}{2} + \frac{x^3}{3} = C$$

となる。ただし、C は任意定数である。

この一般解を変形すると

$$\frac{x^2 y^2}{2} = -\frac{x^4}{4} - \frac{x^3}{3} + C \qquad \text{から} \qquad y^2 = -\frac{x^2}{2} - \frac{2}{3}x + \frac{2C}{x^2}$$

となり

$$y = \pm\sqrt{-\frac{x^2}{2} - \frac{2}{3}x + \frac{2C}{x^2}}$$

とすることもできる。

3.6.　非同次方程式の解法

　第2章において、1階1次の非同次方程式を解法する手法として定数変化法を紹介し、解の公式も導出した。実は、非同次方程式は積分因子を利用して解法することも可能である。それを紹介しよう。一般式を

$$\frac{dy}{dx} + P(x)y = R(x)$$

91

と置く。この両辺に、ある関数 $M(x)$ を掛けて

$$M(x)\frac{dy}{dx} + M(x)P(x)y = M(x)R(x)$$

とする。このとき、もし左辺が

$$\frac{d}{dx}\{M(x)y\}$$

のかたちに変形できるとすると、微分方程式は

$$\frac{d}{dx}\{M(x)y\} = M(x)R(x)$$

となり、直接積分形となる。よって

$$M(x)y = \int M(x)R(x)\,dx + C$$

と積分することができる。ただし、C は積分定数である。結局

$$y = \frac{1}{M(x)}\left(\int M(x)R(x)\,dx + C\right)$$

によって解が与えられる。

演習 3-15 積分因子 $M(x)$ に課される条件を求めよ。

解） つまり

$$\frac{d}{dx}\{M(x)y\} = M(x)\frac{dy}{dx} + \frac{dM(x)}{dx}y$$

を満足する積分因子 $M(x)$ を探せばよいことになる。この右辺が

$$M(x)\frac{dy}{dx} + M(x)P(x)y$$

と一致するので

$$\frac{dM(x)}{dx} = M(x)P(x)$$

が積分因子の条件となる。

第3章　完全微分方程式

したがって

$$\frac{dM(x)}{M(x)} = P(x)\,dx \qquad から \qquad \int \frac{dM(x)}{M(x)} = \int P(x)\,dx$$

となり

$$\log|M(x)| = \int P(x)\,dx + C_1 \qquad (C_1 :\ 定数)$$

となる。よって

$$M(x) = \pm \exp C_1 \exp\left(\int P(x)\,dx\right)$$

となるが、積分因子の定数倍の任意性から

$$M(x) = \exp\left(\int P(x)\,dx\right)$$

となる。

演習 3-16　積分因子を利用して、つぎの微分方程式を解法せよ。

$$\frac{dy}{dx} + P(x)y = R(x)$$

解)　積分因子

$$M(x) = \exp\left(\int P(x)\,dx\right)$$

を乗じると、左辺は

$$M(x)\frac{dy}{dx} + M(x)P(x)y = \frac{d}{dx}\big(M(x)y\big)$$

となる。解は

$$y = \frac{1}{M(x)}\left(\int M(x)R(x)\,dx + C\right) \qquad (C :\ 定数)$$

から

$$y = \exp\left(-\int P(x)\,dx\right)\left\{\int R(x)\exp\left(\int P(x)\,dx\right)dx + C\right\}$$

93

となる。

これは、まさに前章で求めた非同次方程式の一般解の公式と一致している。

3.7. 積分因子が 2 変数となる場合

積分因子 $M(x, y)$ が 2 変数となるときも見ておこう。ただし、この場合は、系統的な導出方法はない。ただし、微分方程式のかたちによっては、2 変数の積分因子が導出可能な例が知られている。それを紹介する。

3.7.1. $M(x, y) = x^m y^n$ となる場合

1 階 1 次微分方程式の基本式である

$$P(x, y)dx + Q(x, y)dy = 0$$

において、$P(x, y), Q(x, y)$ が x と y の多項式となる場合に、積分因子を

$$M(x, y) = x^m y^n$$

と仮定すれば、うまく行く場合がある。

具体例として

$$(2x^3 y - y^2)dx - (2x^4 + xy)dy = 0$$

を取りあげよう。すると

$$\frac{\partial P(x, y)}{\partial y} = 2x^3 - 2y \qquad \frac{\partial Q(x, y)}{\partial x} = -8x^3 - y$$

となるから完全微分方程式ではない。

ここで、x, y に関する多項式であるから $M(x, y) = x^m y^n$ という積分因子を仮定してみよう。すると

$$x^m y^n(2x^3 y - y^2)dx - x^m y^n(2x^4 + xy)dy = 0$$

となるが、整理すると

$$(2x^{m+3} y^{n+1} - x^m y^{n+2})dx - (2x^{m+4} y^n + x^{m+1} y^{n+1})dy = 0$$

となる。ここで

$$\frac{\partial(2x^{m+3} y^{n+1} - x^m y^{n+2})}{\partial y} = 2(n+1)x^{m+3} y^n - (n+2)x^m y^{n+1}$$

第 3 章　完全微分方程式

$$\frac{\partial(-2x^{m+4}y^n - x^{m+1}y^{n+1})}{\partial x} = -2(m+4)x^{m+3}y^n - (m+1)x^m y^{n+1}$$

となる。

完全微分方程式となる条件は、これら 2 式が一致することであるから

$$n+1 = -m-4 \qquad n+2 = m+1$$

と与えられる。よって

$$n+m = -5 \qquad n-m = -1$$

という連立方程式となり

$$n = -3, \quad m = -2$$

となる。よって、積分因子は

$$M(x,y) = x^m y^n = x^{-2}y^{-3} = \frac{1}{x^2 y^3}$$

となる。

演習 3-17　積分因子を利用して、つぎの微分方程式を解法せよ。

$$(2x^3 y - y^2)dx - (2x^4 + xy)dy = 0$$

解）　積分因子の $M(x,y) = x^{-2}y^{-3}$ を両辺に乗じると

$$(2xy^{-2} - x^{-2}y^{-1})dx - (2x^2 y^{-3} + x^{-1}y^{-2})dy = 0$$

となる。ここで

$$F(x,y) = \int (2xy^{-2} - x^{-2}y^{-1})dx + g(y) = x^2 y^{-2} + x^{-1}y^{-1} + g(y)$$

$$F(x,y) = -\int (2x^2 y^{-3} + x^{-1}y^{-2})dy + h(x) = x^2 y^{-2} + x^{-1}y^{-1} + h(x)$$

から、$g(y) = 0,\ h(x) = 0$ と置いて

$$F(x,y) = x^2 y^{-2} + x^{-1}y^{-1} = \frac{x^2}{y^2} + \frac{1}{xy}$$

となる。したがって、微分方程式の一般解は、C を定数として

$$\frac{x^2}{y^2} + \frac{1}{xy} = C$$

と与えられる。

この方法であれば、$m = 0$ または $n = 0$ となる解も得られる。その際は、y^n あるいは x^m が積分因子となる。つぎに、2 変数の積分因子が導出できる例として同次形を紹介しておく。

3.7.2. 同次関数の場合
一般形

$$P(x, y)dx + Q(x, y)dy = 0$$

において、P, Q が**同次関数**[10] (homogeneous function) のとき

$$M(x, y) = \frac{1}{xP(x, y) + yQ(x, y)}$$

が積分因子となることが知られている。つまり

$$MPdx + MQdy = 0$$

$$\frac{P}{xP + yQ}dx + \frac{Q}{xP + yQ}dy = 0$$

が完全微分方程式となる。このときの条件は

$$\frac{\partial}{\partial y}(MP) = \frac{\partial}{\partial x}(MQ)$$

$$\frac{\partial}{\partial y}\left(\frac{P}{xP + yQ}\right) = \frac{\partial}{\partial x}\left(\frac{Q}{xP + yQ}\right)$$

となる。

演習 3-18 下記の式を計算せよ。

$$\frac{\partial}{\partial y}(MP) = \frac{\partial}{\partial y}\left(\frac{P}{xP + yQ}\right)$$

---

[10] 同次関数については第 2 章でも紹介しているが、あらためて、その定義を示すと、すべての変数を t 倍したときに、n 次であれば、関数が t^n 倍されるものである。よって、$P(tx, ty) = t^n P(x, y)$ となる関数のことである。

96

第 3 章　完全微分方程式

解)

$$\frac{\partial}{\partial y}\left(\frac{P}{xP+yQ}\right)=\frac{1}{(xP+yQ)^2}\left\{(xP+yQ)\frac{\partial P}{\partial y}-P\frac{\partial(xP+yQ)}{\partial y}\right\}$$

となる。さらに

$$\frac{\partial(xP+yQ)}{\partial y}=x\frac{\partial P}{\partial y}+Q+y\frac{\partial Q}{\partial y}$$

であるから、与式の分子は

$$(xP+yQ)\frac{\partial P}{\partial y}-P\frac{\partial(xP+yQ)}{\partial y}$$

$$=xP\frac{\partial P}{\partial y}+yQ\frac{\partial P}{\partial y}-P\left(x\frac{\partial P}{\partial y}+Q+y\frac{\partial Q}{\partial y}\right)=yQ\frac{\partial P}{\partial y}-yP\frac{\partial Q}{\partial y}-PQ$$

となる。

同様にして

$$\frac{\partial}{\partial x}\left(MQ\right)=\frac{\partial}{\partial x}\left(\frac{Q}{xP+yQ}\right)=\frac{1}{(xP+yQ)^2}\left\{(xP+yQ)\frac{\partial Q}{\partial x}-Q\frac{\partial(xP+yQ)}{\partial x}\right\}$$

となる。

$$\frac{\partial(xP+yQ)}{\partial x}=P+x\frac{\partial P}{\partial x}+y\frac{\partial Q}{\partial x}$$

から、与式の分子は

$$(xP+yQ)\frac{\partial Q}{\partial x}-Q\frac{\partial(xP+yQ)}{\partial x}$$

$$=xP\frac{\partial Q}{\partial x}+yQ\frac{\partial Q}{\partial x}-Q\left(P+x\frac{\partial P}{\partial x}+y\frac{\partial Q}{\partial x}\right)=xP\frac{\partial Q}{\partial x}-xQ\frac{\partial P}{\partial x}-PQ$$

となる。

演習 3-19　P,Q が同次関数のとき、次式が成立することを確かめよ。

$$\frac{\partial}{\partial y}\left(\frac{P}{xP+yQ}\right)=\frac{\partial}{\partial x}\left(\frac{Q}{xP+yQ}\right)$$

解） 結局

$$yQ\frac{\partial P}{\partial y} - yP\frac{\partial Q}{\partial y} = xP\frac{\partial Q}{\partial x} - xQ\frac{\partial P}{\partial x}$$

を証明すればよい。移項すると

$$Q\left(x\frac{\partial P}{\partial x} + y\frac{\partial P}{\partial y}\right) = P\left(x\frac{\partial Q}{\partial x} + y\frac{\partial Q}{\partial y}\right)$$

となる。

ここで、P, Q を n 次の同次関数とすると、オイラーの定理から

$$x\frac{\partial P}{\partial x} + y\frac{\partial P}{\partial y} = nP \qquad x\frac{\partial Q}{\partial x} + y\frac{\partial Q}{\partial y} = nQ$$

となるので

$$左辺 = Q\left(x\frac{\partial P}{\partial x} + y\frac{\partial P}{\partial y}\right) = nPQ \qquad 右辺 = P\left(x\frac{\partial Q}{\partial x} + y\frac{\partial Q}{\partial y}\right) = nPQ$$

となって、上記の等式が成立することがわかる。

オイラーの名を冠する定理は数多くあるが、**同次関数におけるオイラーの定理**(Euler's homogeneous function theorem) は、熱力学や経済学など広い応用範囲があり、有用かつ有名な定理である。

コラム 同次関数におけるオイラーの定理

$$P(x, y) = x^n + y^n$$

のような n 次の同次関数を考える。すると

$$\frac{\partial P}{\partial x} = nx^{n-1} \qquad \frac{\partial P}{\partial y} = ny^{n-1}$$

であるから

$$x\frac{\partial P}{\partial x} + y\frac{\partial P}{\partial y} = nx^n + ny^n = nP$$

が成立する。これがオイラーの定理である。

具体例として $n = 3$ に対応した同次関数

$$Q(x, y) = x^3 + x^2 y + y^3$$

に適用すると

第 3 章　完全微分方程式

$$\frac{\partial Q}{\partial x} = 3x^2 + 2xy \qquad\qquad \frac{\partial Q}{\partial y} = x^2 + 3y^2$$

となるから

$$x\frac{\partial Q}{\partial x} + y\frac{\partial Q}{\partial y} = 3x^3 + 2x^2y + x^2y + 3y^3 = 3(x^3 + x^2y + y^3) = 3Q$$

となり、オイラーの定理が成立することがわかる。

　一般の同次関数で同定理が成立することは自明であろう。

　それでは、同次形の微分方程式において積分因子を求めてみよう。

演習 3-20　つぎの微分方程式を完全微分形に変換せよ。

$$y^2 dx + (x^2 - xy - y^2)dy = 0$$

　解）　一般式

$$P(x,y)dx + Q(x,y)dy = 0$$

において

$$P(x,y) = y^2 \qquad Q(x,y) = x^2 - xy + y^2$$

であるから、いずれも 2 次同次関数である。よって

$$M(x,y) = \frac{1}{xP(x,y) + yQ(x,y)}$$

が積分因子となり

$$M(x,y) = \frac{1}{xP + yQ} = \frac{1}{xy^2 + y(x^2 - xy - y^2)} = \frac{1}{x^2y - y^3} = \frac{1}{y(x^2 - y^2)}$$

となる。

　M を表記の微分方程式に乗じると

$$\frac{y}{x^2 - y^2}dx + \frac{x^2 - xy - y^2}{y(x^2 - y^2)}dy = 0$$

となる。

　このように、本手法を使えば、積分因子として、x, y の 2 変数からなる

99

$$M(x,y) = \frac{1}{y(x^2 - y^2)}$$

が得られる。

それでは、得られた微分方程式が完全形であることを確かめてみよう。まず

$$\frac{\partial}{\partial y}(MP) = \frac{\partial}{\partial y}\left(\frac{y}{x^2 - y^2}\right) = \frac{(\partial y / \partial y)(x^2 - y^2) - y\left\{\partial(x^2 - y^2) / \partial y\right\}}{(x^2 - y^2)^2}$$

$$= \frac{(x^2 - y^2) - y(-2y)}{(x^2 - y^2)^2} = \frac{x^2 + y^2}{(x^2 - y^2)^2}$$

となる。つぎに

$$\frac{\partial}{\partial x}(MQ) = \frac{\partial}{\partial x}\left(\frac{x^2 - xy - y^2}{y(x^2 - y^2)}\right)$$

$$= \frac{\left\{\partial(x^2 - xy - y^2) / \partial x\right\}(x^2 - y^2) - (x^2 - xy - y^2)\left[\partial\left\{y(x^2 - y^2)\right\} / \partial x\right]}{y^2(x^2 - y^2)^2}$$

$$= \frac{(2x - y)y(x^2 - y^2) - (x^2 - xy - y^2)(2xy)}{y^2(x^2 - y^2)^2} = \frac{x^2 + y^2}{(x^2 - y^2)^2}$$

となり、両者は一致するので完全微分方程式となることが確認できる。

演習 3-21 つぎの完全微分方程式の一般解を求めよ。

$$\frac{y}{x^2 - y^2}dx + \frac{x^2 - xy - y^2}{y(x^2 - y^2)}dy = 0$$

解)

$$F(x,y) = \int\left(\frac{y}{x^2 - y^2}\right)dx + g(y) = \frac{1}{2}\int\left(\frac{1}{x - y} - \frac{1}{x + y}\right)dx + g(y)$$

$$= \frac{1}{2}\left(\log|x - y| - \log|x + y|\right) + g(y) = \frac{1}{2}\log\left|\frac{x - y}{x + y}\right| + g(y)$$

である。つぎに

$$F(x,y) = \int\frac{x^2 - xy - y^2}{y(x^2 - y^2)}dy + h(x) = -\int\frac{x}{x^2 - y^2}dy + \int\frac{1}{y}dy + h(x)$$

と分解できる。ここで

100

第3章　完全微分方程式

$$\int \frac{x}{x^2 - y^2} dy = \frac{1}{2} \int \left(\frac{1}{x-y} + \frac{1}{x+y} \right) dy$$

となるが

$$\int \frac{1}{x-y} dy = -\log|x-y| \qquad \int \frac{1}{x+y} dy = \log|x+y|$$

であるから

$$\int \frac{x}{x^2 - y^2} dy = \frac{1}{2} \left(-\log|x-y| + \log|x+y| \right) = \frac{1}{2} \log\left| \frac{x+y}{x-y} \right|$$

と計算できるので

$$F(x,y) = -\frac{1}{2}\log\left|\frac{x+y}{x-y}\right| + \log|y| + h(x) = \frac{1}{2}\log\left|\frac{x-y}{x+y}\right| + \log|y| + h(x)$$

となる。したがって

$$g(y) = \log|y| \qquad h(x) = 0$$

となり、一般解は、C を定数として

$$\frac{1}{2}\log\left|\frac{x-y}{x+y}\right| + \log|y| = C$$

となる。

本章で紹介した手法以外にも

$$M_y P - M_x Q + M(P_y - Q_x) = 0$$

という条件をもとに、2 変数の積分因子 $M(x,y)$ の導出方法が研究されていることを付記しておきたい。

補遺 3-1　完全微分方程式 — 問題のつくり方

　本章では、完全微分方程式の解法を紹介した。完全微分方程式は、問題の微分方程式が完全形とわかれば、その解法が実に簡単である。一方で、その判定は必ずしも自明ではない。ところで、完全微分方程式の演習問題を作成するのは実に簡単なのである。

　冒頭で紹介した

$$\frac{dy}{dx} = -\frac{x^3 + e^x \sin y + y^3}{3xy^2 + e^x \cos y + y^3}$$

は完全微分方程式である。

　実は、この問題を作成する際には

$$F(x, y) = \frac{1}{4}x^4 + e^x \sin y + xy^3 + \frac{1}{4}y^4$$

という 2 変数関数から始める。

　そのうえで、この関数に関する偏微分を計算すればよい。いまの場合

$$\frac{\partial F(x, y)}{\partial x} = x^3 + e^x \sin y + y^3$$

$$\frac{\partial F(x, y)}{\partial y} = e^x \cos y + 3xy^2 + y^3$$

となって、これらを $P(x, y), Q(x, y)$ として

$$(x^3 + e^x \sin y + y^3)dx + (e^x \cos y + 3xy^2 + y^3)dy = 0$$

とすれば、完全微分方程式をつくることができる。

　実は、同様の問題を作成するとき、$F(x, y)$ は任意であり x と y の 2 変数関数であれば、なんでもよい。したがって、いくらでも完全微分方程式の演習問題をつくることができる。

　つぎに、積分因子を求める演習問題も考えてみよう。ここでは

102

第 3 章　完全微分方程式

$$F(x,y) = \frac{x^4}{4} + \frac{x^2 y^2}{2} + \frac{x^3}{3}$$

から、始めよう。すると

$$P(x,y) = \frac{\partial F(x,y)}{\partial x} = x^3 + xy^2 + x^2$$

$$Q(x,y) = \frac{\partial F(x,y)}{\partial y} = x^2 y$$

となるので、完全微分方程式は

$$(x^3 + xy^2 + x^2)dx + x^2 y\, dy = 0$$

となる。

　ここで、両辺を x で除すと

$$(x^2 + y^2 + x)dx + xy\, dy = 0$$

となり、不完全微分形となる。

　したがって、演習 3-14 のように、この不完全微分方程式の積分因子を求める演習を問題として課せば

$$M = x$$

が解となることがわかる。

　$F(x, y)$ は任意の 2 変数関数であるから、完全微分方程式ならびに積分因子に関する演習問題はいくらでも作成することができるのである。

103

第4章　1階高次微分方程式

　いままで取り扱ってきた 1 階 1 次微分方程式は導関数の次数が 1 の場合である。もちろん、導関数の次数が 2 以上の微分方程式も存在する。

　たとえば

$$A(x,y)\left(\frac{dy}{dx}\right)^3 + B(x,y)\frac{dy}{dx} + C(x,y) = 0$$

は 1 階 3 次 (first-order and third-degree) の微分方程式である。実は、1 階であっても、2 次以上の微分方程式は、そのままでは解法できない。何らかの工夫によって、1 階 1 次の微分方程式に還元できれば、解法が可能となる。

　本章では、解法可能な 1 **階高次微分方程式** (differential equation with the first order and higher degree) の例を紹介する。

4.1.　因数分解による解法

　高次 (higher degree) の 1 階微分方程式を解くには、1 次の導関数 dy/dx の式に還元する必要がある。その手法として、**因数分解** (factorization) を紹介しよう。

　たとえば

$$y\left(\frac{dy}{dx}\right)^2 + (x-y)\frac{dy}{dx} - x = 0$$

という 1 階 2 次の微分方程式を考えてみよう。

　変数の x と y で整理すると

$$y\left\{\left(\frac{dy}{dx}\right)^2 - \frac{dy}{dx}\right\} + x\left(\frac{dy}{dx} - 1\right) = 0$$

となる。さらに、第 1 項を整理すると

第 4 章　1 階高次微分方程式

$$y\frac{dy}{dx}\left(\frac{dy}{dx}-1\right)+x\left(\frac{dy}{dx}-1\right)=0$$

となるので、結局

$$\left(y\frac{dy}{dx}+x\right)\left(\frac{dy}{dx}-1\right)=0$$

のように因数分解することができる。

　このように分解できれば、表記の微分方程式は

$$y\frac{dy}{dx}+x=0 \qquad \frac{dy}{dx}-1=0$$

という 2 個の 1 階 1 次微分方程式に還元できる。後は、これら微分方程式の解を求めればよいことになる。

演習 4-1　以下の微分方程式を解法せよ。

$$y\frac{dy}{dx}+x=0$$

　解）　変数分離形であるので　$ydy=-xdx$　として、両辺を積分すると

$$\int ydy=-\int xdx$$

より

$$\frac{1}{2}y^2=-\frac{1}{2}x^2+C_1$$

となる。ただし、C_1 は積分定数である。

演習 4-2　以下の微分方程式を解法せよ。

$$\frac{dy}{dx}-1=0$$

　解）　変数分離形であるので　$dy=dx$　として、両辺を積分すると

$$\int dy=\int dx$$

105

より
$$y = x + C_2$$
となる。ただし、C_2 は積分定数である。

以上の演習結果をもとに、1階2次微分方程式の一般解をまとめて
$$(x^2 + y^2 - 2C_1)(x - y + C_2) = 0$$
と書くことができる。

演習 4-3　つぎの1階2次微分方程式を解法せよ。
$$x^2 \left(\frac{dy}{dx}\right)^2 + 3xy\left(\frac{dy}{dx}\right) + 2y^2 = 0$$

解）　　因数分解を考えて、$p = dy/dx$ と置く。すると
$$x^2 p^2 + 3xyp + 2y^2 = 0$$
となる。左辺を因数分解すると
$$(xp + y)(xp + 2y) = 0$$
よって
$$xp + y = 0 \qquad xp + 2y = 0$$
という2個の方程式が得られ、結局
$$x\frac{dy}{dx} + y = 0 \qquad x\frac{dy}{dx} + 2y = 0$$
という2個の1階1次微分方程式に分解できる。最初の微分方程式は
$$x\frac{dy}{dx} = -y \qquad \text{から} \qquad \frac{dy}{y} = -\frac{dx}{x}$$
と変数分離し積分すると
$$\int \frac{dy}{y} = -\int \frac{dx}{x} \qquad \ln|y| = -\ln|x| + C$$
となる。ただし、C は積分定数である。さらに変形すると
$$\ln|x| + \ln|y| = C \qquad \ln|xy| = C$$

106

第 4 章　1 階高次微分方程式

$$xy = \pm \exp C = C_1 \qquad (C_1: \text{定数})$$

が解となる。つぎの微分方程式は

$$x\frac{dy}{dx} = -2y \qquad \frac{dy}{y} = -2\frac{dx}{x}$$

と変数分離し、積分すると

$$\int \frac{dy}{y} = -2\int \frac{dx}{x} \qquad \ln|y| = -2\ln|x| + D$$

となる。ただし、D は積分定数である。さらに変形すると

$$2\ln|x| + \ln|y| = D \qquad \ln|x^2 y| = D$$

から

$$x^2 y = \pm \exp D = C_2 \qquad (C_2: \text{定数})$$

が解となる。

よって、表記の 1 階 2 次微分方程式の一般解をまとめて書くと

$$(xy - C_1)(x^2 y - C_2) = 0$$

となる。

演習 4-4　つぎの 1 階 3 次微分方程式を解法せよ。

$$\left(\frac{dy}{dx}\right)^3 - y\left(\frac{dy}{dx}\right)^2 - x\left(\frac{dy}{dx}\right) + xy = 0$$

解）　因数分解を考えて、$p = dy/dx$ と置く。すると

$$p^3 - yp^2 - xp + xy = 0$$

となる。左辺は

$$(p^2 - x)(p - y) = 0 \qquad (p + \sqrt{x})(p - \sqrt{x})(p - y) = 0$$

と因数分解できる。よって

$$p = \pm\sqrt{x} \qquad p = y$$

から

107

$$\frac{dy}{dx} = +\sqrt{x} \qquad \frac{dy}{dx} = -\sqrt{x} \qquad \frac{dy}{dx} = y$$

の3個の1階1次微分方程式に分解できることになる。後は、これら微分方程式を解けばよい。

$dy/dx = +\sqrt{x}$ のときは、直接積分して

$$y = \int x^{\frac{1}{2}} dx = \frac{2}{3} x^{\frac{3}{2}} + C_1 \qquad (C_1 : \ 定数)$$

$dy/dx = -\sqrt{x}$ のときも、直接積分して

$$y = -\int x^{\frac{1}{2}} dx = -\frac{2}{3} x^{\frac{3}{2}} + C_2 \qquad (C_2 : \ 定数)$$

$dy/dx = y$ のときは、変数分離して

$$\frac{dy}{y} = dx \qquad \int \frac{dy}{y} = \int dx \qquad \ln|y| = x + C_3 \qquad (C_3 : \ 定数)$$

となる。よって

$$y = \pm \exp(x + C_3) = \pm \exp(C_3) \exp x = A \exp x \qquad (A : \ 定数)$$

が解となる。

よって

$$\left(\frac{2}{3} x^{\frac{3}{2}} - y + C_1 \right)\left(-\frac{2}{3} x^{\frac{3}{2}} - y + C_2 \right)(A \exp x - y) = 0$$

が一般解となる。

つまり、1階高次の微分方程式の場合、因数分解によって1階1次の微分方程式の積に分解することができれば、解を得ることができるのである。

ただし、因数分解ができない場合でも、解法が可能な場合がある。その例をいくつか紹介しておこう。

4.2. $y = f(x, p)$ と変形できる場合

導関数 dy/dx を p と置いて、高次の微分方程式が y について

第4章 1階高次微分方程式

$$y = f(x, p)$$

のかたちに変形できる場合には、解法が可能となる。両辺を x で微分すると

$$\frac{dy}{dx} = p = \frac{\partial f(x, p)}{\partial x} + \frac{\partial f(x, p)}{\partial p}\frac{dp}{dx}$$

となり

$$p = F\left(x, p, \frac{dp}{dx}\right)$$

のような p と x に関する微分方程式が得られる。これを解いて、p に関する解が得られれば、もとの高次微分方程式の解も得られる。

　具体例で見てみよう。つぎの 1 階 4 次微分方程式の解法を試みる。

$$2x\frac{dy}{dx} + x^2\left(\frac{dy}{dx}\right)^4 - y = 0$$

ここで、$dy/dx = p$ と置くと

$$2xp + x^2 p^4 - y = 0$$

となる。この式は因数分解できないが

$$y = 2xp + x^2 p^4$$

となり、$y = f(x, p)$ というかたちに変形することができる。よって、解法が可能となる。

演習 4-5　方程式 $y = 2xp + x^2 p^4$ の両辺を x について微分することで、p と x からなる微分方程式に変形せよ。

　解）　両辺を x に関して微分すると

$$\frac{dy}{dx} = p = 2p + 2x\frac{dp}{dx} + 2xp^4 + 4x^2 p^3\frac{dp}{dx}$$

となる。整理すると

$$p + 2x\frac{dp}{dx} + 2xp^4 + 4x^2 p^3\frac{dp}{dx} = 0$$

から

$$2x(1 + 2xp^3)\frac{dp}{dx} + p(1 + 2xp^3) = 0$$

109

という dp/dx の 1 階 1 次の微分方程式となる。

上記の方程式は、さらに

$$(1+2xp^3)\left(2x\frac{dp}{dx}+p\right)=0$$

と因数分解できる。よって

$$2x\frac{dp}{dx}+p=0 \qquad \text{あるいは} \qquad 1+2xp^3=0$$

という微分方程式を解法すればよい。

演習 4-6　$p=dy/dx$ のとき、つぎの微分方程式を解法せよ。

$$2x\frac{dp}{dx}+p=0$$

　解）　まず、p に関する解を求める。この方程式は

$$2x\frac{dp}{dx}=-p \qquad \text{から} \qquad \frac{dp}{p}=-\frac{dx}{2x}$$

のように変数分離が可能である。よって

$$2\int\frac{dp}{p}=-\int\frac{dx}{x} \qquad \text{から} \qquad 2\log|p|=-\log|x|+C \qquad (C：\text{定数})$$

より

$$\log\left|p^2x\right|=C \qquad p^2x=\pm e^C=A \qquad (A：\text{定数})$$

となる。

$$p^2=\frac{A}{x} \qquad\qquad p=\pm\sqrt{\frac{A}{x}}=\pm A^{\frac{1}{2}}x^{-\frac{1}{2}}=Bx^{-\frac{1}{2}}$$

となる。ここで、$p=dy/dx$ であるから

$$\frac{dy}{dx}=Bx^{-\frac{1}{2}}$$

という方程式が得られ、解は

110

第 4 章　1 階高次微分方程式

$$y = B \int x^{-\frac{1}{2}} \, dx = 2Bx^{\frac{1}{2}} + D = 2B\sqrt{x} + D$$

となる。ただし、 D は定数である。

つぎに $1 + 2xp^3 = 0$ の場合は

$$p^3 = -\frac{1}{2x} \qquad\qquad p = \left(-\frac{1}{2x}\right)^{\frac{1}{3}}$$

から

$$\frac{dy}{dx} = \left(-\frac{1}{2x}\right)^{\frac{1}{3}} = \left(-\frac{1}{2}\right)^{\frac{1}{3}} x^{-\frac{1}{3}}$$

となる。直接積分形であるから

$$y = \int \left(-\frac{1}{2}\right)^{\frac{1}{3}} x^{-\frac{1}{3}} dx = \left(-\frac{1}{2}\right)^{\frac{1}{3}} \frac{1}{-\frac{1}{3}+1} x^{-\frac{1}{3}+1} + F = \left(-\frac{1}{2}\right)^{\frac{1}{3}} \frac{3}{2} x^{\frac{2}{3}} + F$$

が一般解となる。ただし、 F は定数である。

4.3.　$x = f(y, p)$ と変形できる場合

導関数 dy/dx を p と置いて、高次の微分方程式が x について

$$x = f(y, p)$$

と変形できる場合も解法が可能となる。このとき、両辺を y で微分すると

$$\frac{dx}{dy} = \frac{1}{p} = \frac{\partial f(y, p)}{\partial y} + \frac{\partial f(y, p)}{\partial p} \frac{dp}{dy}$$

となり

$$\frac{1}{p} = F\left(y, p, \frac{dp}{dy}\right)$$

という p と y に関する微分方程式が得られる。これを解いて、p に関する解が得

られれば、$p = dy/dx$ からもとの高次微分方程式の解も得られる。

つぎの 1 階 2 次の微分方程式を例に解法を具体的に見ていこう。

$$3x\frac{dy}{dx} + 6y^2\left(\frac{dy}{dx}\right)^2 - y = 0$$

$dy/dx = p$ と置くと

$$3xp + 6y^2p^2 - y = 0$$

となる。これは因数分解できないが

$$3xp = y - 6y^2p^2 \qquad \text{から} \qquad x = \frac{y}{3p} - 2y^2p$$

というように、$x = f(y, p)$ というかたちに変形できるので、解法が可能となる。

演習 4-7　つぎの方程式の両辺を y について微分して整理せよ。

$$x = \frac{y}{3p} - 2y^2p$$

解)　両辺を y で微分すると

$$\frac{dx}{dy} = \frac{1}{p} = \frac{1}{3p} - \frac{y}{3p^2}\frac{dp}{dy} - 4yp - 2y^2\frac{dp}{dy}$$

整理すると

$$\frac{2}{3p} + \frac{y}{3p^2}\frac{dp}{dy} + 4yp + 2y^2\frac{dp}{dy} = 0$$

から

$$\left(\frac{y}{3p^2} + 2y^2\right)\frac{dp}{dy} + 2p\left(\frac{1}{3p^2} + 2y\right) = 0$$

となって、dp/dy に関する 1 階 1 次の微分方程式となる。

この左辺は

$$\left(\frac{1}{3p^2} + 2y\right)\left(y\frac{dp}{dy} + 2p\right) = 0$$

のように、因数分解が可能である。このとき、微分方程式の解は

112

第 4 章　1 階高次微分方程式

$$y\frac{dp}{dy} + 2p = 0 \qquad \text{あるいは} \qquad \frac{1}{3p^2} + 2y = 0$$

を満足することになる。

演習 4-8　$dy/dx = p$ のとき、つぎの微分方程式を解法せよ。

$$y\frac{dp}{dy} + 2p = 0$$

解）　与式は

$$y\frac{dp}{dy} = -2p \qquad \frac{dp}{p} = -\frac{2}{y}dy$$

と変数分離できる。両辺を積分すると

$$\int \frac{dp}{p} = -2\int \frac{dy}{y} \qquad \text{から} \qquad \ln|p| = -2\ln|y| + C \qquad (C : \text{定数})$$

となる。整理して

$$\ln|p| + 2\ln|y| = C \qquad \ln|py^2| = C$$

となるから

$$py^2 = \pm\exp(C) = C_1 \qquad \text{より} \qquad p = \frac{C_1}{y^2} \qquad (C_1 : \text{定数})$$

となる。ここで、もとの微分方程式は

$$x = \frac{y}{3p} - 2y^2 p$$

であった。いま求めた p を代入すると

$$x = \frac{y^3}{3C_1} - 2C_1 \qquad \text{から} \qquad y^3 = 3C_1 x + 6C_1^2$$

が一般解として得られる。

つぎに $\dfrac{1}{3p^2} + 2y = 0$ の場合には

113

$$y = -\frac{1}{6p^2} = -\frac{1}{6}p^{-2} \qquad \text{から} \qquad dy = \frac{1}{3p^3}dp$$

となるが、$dy/dx = p$ であるから

$$dx = \frac{1}{p}dy = \frac{1}{3p^4}dp$$

となる。よって

$$x = \int \frac{1}{3p^4}dp = \frac{1}{3}\int p^{-4}dp = -\frac{1}{9p^3} + C \qquad (C: \text{ 定数})$$

となる。したがって、p を媒介変数として

$$x = -\frac{1}{9p^3} + C \qquad y = -\frac{1}{6p^2}$$

が解となる[11]。

演習 4-9　上記の解から p を消去して、x と y の関係を求めよ。

解)　上記の解を変形すると

$$-9(x - C) = \frac{1}{p^3} \qquad -6y = \frac{1}{p^2}$$

となる。したがって

$$(-6y)^3 = \{-9(x - C)\}^2 = 1/p^6 \qquad \text{から} \qquad -216y^3 = 81(x - C)^2$$

となり

$$3(x - C)^2 + 8y^3 = 0$$

という解が得られる。

　このように、$p = dy/dx$ と置いたときに 1 階高次微分方程式が $x = f(y, p)$ や $y = f(x, p)$ のように変形できる場合には、上記の手法で解法が可能となる。

　解法可能な 1 階高次の微分方程式としては、**クレローの微分方程式** (Clairaut's

---

[11] 本来 p は dy/dx に対応するが、本演習のように、x と y が p の関数として与えられる場合には、p を媒介変数として解を表示することができる。

114

差 4 章　1 階高次微分方程式

differential equation) と、それを一般化した**ラグランジュの微分方程式** (Lagrange's differential equation) が有名である。つぎにそれを紹介しよう。

4.4.　クレローの微分方程式

1 階高次の微分方程式が、$p = dy/dx$ と置いて

$$y = px + f(p)$$

のかたちに変形できるとき、この微分方程式をクレローの微分方程式と呼んでいる。単に、**クレローの方程式** (Clairaut's equation) と呼ぶ場合もある。

後ほど紹介するように、この微分方程式には、一般解からは得られない**特異解** (singular solution) が存在することが知られている。

クレローの方程式は $y = f(x, p)$ というかたちをした高次微分方程式である。したがって、4.2 項で紹介した方法で解法が可能となるはずである。

そこで、この微分方程式の両辺を x で微分してみよう。すると

$$\frac{dy}{dx} = p = p + x\frac{dp}{dx} + \frac{df(p)}{dp}\frac{dp}{dx}$$

となる。さらに、整理すると

$$x\frac{dp}{dx} + \frac{df(p)}{dp}\frac{dp}{dx} = 0 \qquad \left(x + \frac{df(p)}{dp}\right)\frac{dp}{dx} = 0$$

となる。よって、この微分方程式の解は

$$\frac{dp}{dx} = 0 \qquad \text{あるいは} \qquad x + \frac{df(p)}{dp} = 0$$

を満足することになる。ここで、$dp/dx = 0$ がクレローの方程式の大きな特徴となる。これを満足するのは

$$p = C \qquad (C: \text{ 定数})$$

となる。$y = px + f(p)$ に代入すると

$$y = Cx + f(C)$$

が一般解となる。

つまり、最初に与えられた微分方程式において、p を定数 C に置き換えるだけで一般解が得られるのである。これがクレローの方程式の特徴であり、有用な点でもある。4.2 項で紹介した $y = f(x, p)$ 型の微分方程式の解法を比べると実に

115

簡単となる。また、この解のグラフは勾配が C で y 切片が $f(C)$ の直線となる。

つぎに $x + df(p)/dp = 0$ のときは

$$y = px + f(p) \qquad と \qquad x = -\frac{df(p)}{dp}$$

という関係にあるので、p を媒介変数とする解が得られることになる。そのうえで、p を消去すればよい。

演習 4-10　つぎのクレローの方程式を解法せよ。
$$y = px + p^2/2$$

解）　クレローの方程式の一般解は、$p = C$ として
$$y = Cx + C^2/2$$
と与えられる。つぎに

$$x = -\frac{df(p)}{dp} = -\frac{d}{dp}\left(\frac{p^2}{2}\right) = -p$$

であるから

$$y = px + \frac{p^2}{2} = (-x)x + \frac{(-x)^2}{2} = -\frac{x^2}{2}$$

という解が得られる。

解 $y = -x^2/2$ は、任意定数を含まない。ただし、表記の微分方程式の解となることが確かめられる。

また、一般解の C に適当な数値を代入して得られる解ではないので、**特殊解** (particular solution) ではなく、**特異解** (singular solution) と呼ばれている。

ここで、一般解のグラフを描いてみよう。
$$y = Cx + C^2/2$$
これは勾配が C で y 切片が $C^2/2$ の直線となる。ここで、C の値を変えて直線群をプロットすると、図 4-1 のようになる。実は、このグラフにおいて、特異解である $y = -x^2/2$ が一般解である直線群の**包絡線** (envelope) となっている。

第4章 1階高次微分方程式

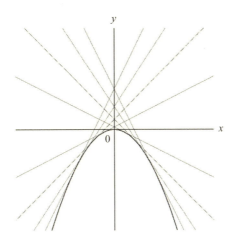

図 4-1　一般解の直線群と包絡線。包絡線は特異解となる。

ここで、特異解について少し考えてみよう。いまの演習における一般解は
$$y = Cx + (C^2/2)$$
となる。ここで、C は任意定数であるから、2次元平面を自由に埋め尽くしそうであるがどうであろうか。実際には、図 4-1 に示すようにグラフが描ける範囲が存在するのである。ここで、一般解を変形すると
$$C^2 + 2xC - 2y = 0$$
となり、定数 C に関する2次方程式となる。この**判別式** (discriminant: D) は
$$D = 4x^2 - 4(-2y) = 4x^2 + 8y$$
となる。このとき、定数 C の実数解が存在する条件は
$$D = 4x^2 + 8y \geq 0$$
となり、解がある範囲は
$$y \geq -x^2/2$$
となり、その境界が特異解に対応するのである。実際に、図 4-1 に示すように、一般解の直線群は、この放物線の上側に位置している。

演習 4-11　つぎの 1 階 2 次微分方程式を解法せよ。

$$2\left(\frac{dy}{dx}\right)^2 + x\frac{dy}{dx} - y = 0$$

解）　$p = dy/dx$ と置くと

$$2p^2 + xp - y = 0$$

となる。これを変形すると

$$y = px + 2p^2$$

となり、クレローの方程式であることがわかる。両辺を x で微分すると

$$\frac{dy}{dx} = p = \frac{dp}{dx}x + p + 4p\frac{dp}{dx} = p + (x + 4p)\frac{dp}{dx}$$

から

$$(x + 4p)\frac{dp}{dx} = 0$$

となる。よって

$$\frac{dp}{dx} = 0 \qquad または \qquad x + 4p = 0$$

となる。$dp/dx = 0$ のとき、C を任意定数として $p = C$ となるから

$$y = Cx + 2C^2$$

が一般解となる。一方 $x + 4p = 0$ のときは

$$p = -\frac{1}{4}x$$

となり、微分方程式に代入すると

$$y = px + 2p^2 = \left(-\frac{x}{4}\right)x + 2\left(-\frac{x}{4}\right)^2 = -\frac{x^2}{8}$$

となる。これが特異解となる。

　微分方程式の解でありながら、その一般解の定数 C にどんな値を入れても得ることができない解が特異解である。

118

第 4 章　1 階高次微分方程式

演習 4-12　特異解 $y = -(1/8)x^2$ がクレローの方程式 $y = px + 2p^2$ を満足する
ことを確かめよ。

解)　特異解を x で微分すると

$$\frac{dy}{dx} = -\frac{x}{4} = p$$

となる。クレローの方程式の右辺に代入すると

$$y = px + 2p^2 = \left(-\frac{x}{4}\right)x + 2\left(-\frac{x}{4}\right)^2 = -\frac{x^2}{8}$$

となるので、微分方程式の解となることが確かめられる。

　ここで、一般解を C の 2 次方程式と見なすと

$$2C^2 + xC - y = 0$$

と整理できる。この判別式は

$$D = x^2 - 4 \cdot 2 \cdot (-y) = x^2 + 8y$$

となる。したがって、C が実数解を有するための条件は

$$D = x^2 + 8y \geq 0$$

となる。つまり、解がある範囲は $y \geq -x^2/8$ となり、その境界が特異解に対応
するのである。

4.5.　特異解

　ここで、あらためて特異解について考えてみよう。特異解は、一般解を任意定
数である C に関する 2 次方程式とみた場合に、その判別式 $D = 0$ によって与え
られる。これは、C が実数解を有する境界となる。
　ここで、図 4-2 を見てみよう。この図には、一般解に相当する

$$y = Cx + 2C^2$$

の直線群と、$D = 0$ に相当する包絡線が描かれている。そして、この境界が

$$y = -x^2/8$$

となる。

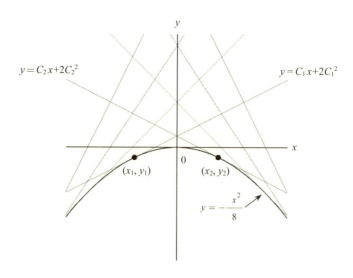

図 4-2 微分方程式の一般解の直線群と包絡線

　それでは、図 4-2 を参照しながら、なぜ包絡線が微分方程式の解になるかを考えてみよう。包絡線上の点 (x_1, y_1) に注目する。この点と接する直線を
$$y = C_1 x + 2C_1^2$$
とすると、この線上の点は、微分方程式を満足するから、点 (x_1, y_1) は微分方程式を満足する。つぎに、包絡線上の別の点 (x_2, y_2) に注目すると、この点と接する直線は別であり
$$y = C_2 x + 2C_2^2$$
となる。この線上の点は、微分方程式を満足するから、点 (x_2, y_2) は微分方程式を満足する。

　同様にして、包絡線上のすべての点は、微分方程式を満足するので、包絡線、すなわち $y = -x^2/8$ は微分方程式の解となるのである。

　一方、包絡線上の点は、一般解 $y = Cx + 2C^2$ において、いろいろな C の値に対応しているから、C にどんな値を代入しても表記の特異解を得ることができないのである。

第 4 章　1 階高次微分方程式

演習 4-13　つぎのクレローの方程式を解法せよ。

$$y = px + \sqrt{1 + p^2}$$

解）　クレローの方程式であるから $p = C$ を代入すると

$$y = Cx + \sqrt{1 + C^2}$$

が一般解である。ただし、C は定数である。一般解を変形すると

$$y - Cx = \sqrt{1 + C^2} \qquad (y - Cx)^2 = 1 + C^2 \qquad y^2 - 2xy + x^2 C^2 = 1 + C^2$$

から

$$(x^2 - 1)C^2 - 2xyC + y^2 - 1 = 0$$

という C に関する 2 次方程式となる。

　ここで、判別式を D とすると

$$D = (-xy)^2 - (x^2 - 1)(y^2 - 1) = x^2 + y^2 - 1$$

となるが、$D = 0$ が特異解を与えるので

$$x^2 + y^2 = 1$$

となる。

　このように、クレローの方程式は、微分方程式の解法をしなくとも一般解と特異解が得られるのである。

　ところで、特異解はクレロー方程式に存在するが、他の微分方程式においては、どうなのであろうか。

　まず、演習 4-13 の例でもわかるように、クレローの方程式では定数 C と導関数 p に関する方程式は

$$y = Cx + \sqrt{1 + C^2} \qquad\qquad y = px + \sqrt{1 + p^2}$$

となって同じになるので、これらの 2 次方程式も

$$(x^2 - 1)C^2 - 2xyC + y^2 - 1 = 0$$
$$(x^2 - 1)p^2 - 2xyp + y^2 - 1 = 0$$

となって、同じとなる。クレローの方程式では、$p = C$ となるので、当たり前で

121

あるが、一般の微分方程式では一致しない。一方で、p が実数解となるという条件も、微分方程式の解には必要となる。それを確かめてみよう。

演習 4-14　つぎの 1 階 2 次微分方程式を解法せよ。
$$xy^2p^2 - y^3p + x = 0$$

解）　与式を変形すると

$$x(1+y^2p^2) = y^3p \qquad \text{から} \qquad x = \frac{y^3p}{1+y^2p^2}$$

となり、$x = f(y, p)$ と変形できるので、解法が可能である。ただし、クレローの方程式ではない。

ここで、両辺を y について微分して整理すると

$$y^2p^2 - 1 + y^3p(1-y^2p^2)\frac{dp}{dy} = 0$$

となる。さらに左辺は

$$(1-y^2p^2)\left(y^3p\frac{dp}{dy} - 1\right) = 0$$

と因数分解できる。よって

$$y^2p^2 = 1 \qquad \text{あるいは} \qquad y^3p\frac{dp}{dy} = 1$$

を満足する y が解である。

ここで $y^3p\dfrac{dp}{dy} = 1$ のとき、C を定数として

$$p\,dp = \frac{1}{y^3}dy \qquad \frac{p^2}{2} = -\frac{1}{2y^2} + C \qquad y^2p^2 + 1 = 2Cy^2$$

となる。

$$x = \frac{y^3p}{1+y^2p^2}$$

であったから

$$x = \frac{y^3p}{1+y^2p^2} = \frac{y^3p}{2Cy^2} = \frac{yp}{2C}$$

さらに、両辺を 2 乗すると

122

第4章　1階高次微分方程式

$$x^2 = \frac{y^2 p^2}{4C^2} = \frac{2Cy^2 - 1}{4C^2} \qquad 4C^2 x^2 = 2Cy^2 - 1$$

よって

$$y^2 = 2Cx^2 + \frac{1}{2C}$$

が解となる。これが一般解である。ここで、C に関する 2 次方程式は

$$4x^2 C^2 - 2y^2 C + 1 = 0$$

となり、判別式は

$$D = (-y^2)^2 - 4x^2 = y^4 - 4x^2 = (y^2 + 2x)(y^2 - 2x)$$

となる。よって、$D = 0$ から特異解は

$$y^2 = \pm 2x$$

と与えられる。

このように、クレローの方程式でなくとも、C の判別式が 0 となる場合には、特異解を持つことになる。

ここで、一般解ならびに特異解をプロットすると、図 4-3 に示すように、直線群ではなく、双曲線群となり、その包絡線が特異解を与える放物線となる。

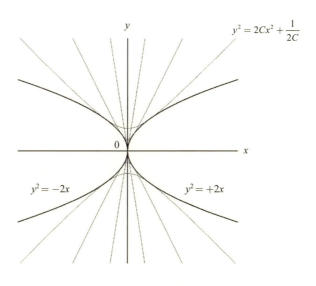

図 4-3　微分方程式の一般解の双曲線群と包絡線

このように、微分方程式によっては、一般解が曲線となる場合がある。また、包絡線は $y^2 = \pm 2x$ という 2 個の放物線となるが、解の存在範囲は

$$2x \geq y^2 \qquad\qquad 2x \leq -y^2$$

となる。

ここで、もとの微分方程式は

$$xy^2 p^2 - y^3 p + x = 0$$

であったが、これを p に関する 2 次方程式と見なすと、判別式は

$$D = (-y^3)^2 - 4(xy^2)x = y^6 - 4x^2 y^2 = y^2(y^4 - 4x^2)$$

となり、$D = 0$ から

$$y = 0 \qquad \text{と} \qquad y^4 = 4x^2$$

という条件が得られる。

このとき、$y^4 = 4x^2$ は、C の判別式にも存在するので、特異解となる。一方、$y = 0$ は、C の判別式には存在しないので、特異解とはならない。

結論から言えば、微分方程式の解となるためには、p も C も実数解である条件が必要となり、これら判別式に共通なものが特異解を与えるのである。

4.6. ラグランジュの微分方程式

高次の微分方程式が $dy/dx = p$ と置いて

$$y = xf(p) + g(p), \qquad f(p) \neq p$$

というかたちに変形できるとき、**ラグランジュの微分方程式** (Lagrange's differential equation) と呼んでいる。$f(p) \neq p$ としているのは、$f(p) = p$ ならばクレローの方程式になるからである。

ラグランジュの微分方程式も、クレローの方程式と同じように、$y = f(x, p)$ というかたちをした高次微分方程式である。したがって、4.2 項で紹介した方法で解法が可能となるはずである。

そこで、x で微分してみよう。すると

$$\frac{dy}{dx} = p = f(p) + x\frac{df(p)}{dx} + \frac{dg(p)}{dx}$$

となる。よって

124

第 4 章 　 1 階高次微分方程式

$$p - f(p) = \left(x \frac{df(p)}{dp} + \frac{dg(p)}{dp} \right) \frac{dp}{dx} = (xf'(p) + g'(p)) \frac{dp}{dx}$$

となり

$$\frac{dx}{dp} = -\frac{xf'(p) + g'(p)}{f(p) - p}$$

となる。さらに変形すると

$$\frac{dx}{dp} + \frac{f'(p)}{f(p) - p} x = -\frac{g'(p)}{f(p) - p}$$

となる。ここで

$$Q(p) = \frac{f'(p)}{f(p) - p} \qquad R(p) = -\frac{g'(p)}{f(p) - p}$$

と置けば

$$\frac{dx}{dp} + Q(p)x = R(p)$$

となり、1 階 1 次の非同次線形微分方程式となる。したがって、第 2 章で紹介した公式を用いれば、C を任意定数として

$$x = \exp\left(-\int Q(p)dp \right) \left\{ \int R(p) \exp\left(\int Q(p)dp \right) dp + C \right\}$$

のように x の解が与えられる。そのうえで、$y = xf(p) + g(p)$ に x を代入すれば、p を媒介変数とする一般解が得られるのである。

演習 4-15 　 つぎの 1 階 2 次微分方程式を解法せよ。

$$\left(\frac{dy}{dx} + 1 \right) x + \left(\frac{dy}{dx} \right)^2 - y = 0$$

　解） 　 $dy/dx = p$ と置くと

$$x(p + 1) + p^2 - y = 0$$

となる。変形して整理すると

$$y = (p + 1)x + p^2$$

となるのでラグランジュの微分方程式である。両辺を x で微分すると

125

$$\frac{dy}{dx} = p = p + 1 + x\frac{dp}{dx} + 2p\frac{dp}{dx}$$

となる。整理すると

$$1 + (x + 2p)\frac{dp}{dx} = 0 \qquad となり、変形すると \qquad \frac{dx}{dp} + x = -2p$$

のように、1階1次の非同次線形微分方程式となる。この一般解は

$$Q(p) = 1 \qquad R(p) = -2p$$

として

$$x = \exp\left(-\int Q(p)dp\right)\left\{\int R(p)\exp\left(\int Q(p)dp\right)dp + C\right\}$$

と与えられる。ただし、C は定数である。ここで

$$\int Q(p)dp = \int 1\, dp = p$$

であるから

$$\exp\left(-\int Q(p)dp\right) = \exp(-p) = e^{-p} \qquad \exp\left(\int Q(p)dp\right) = \exp p = e^p$$

となるので

$$x = e^{-p}\left(\int (-2p)e^p dp + C\right) = e^{-p}\left(-2\int pe^p dp + C\right)$$

となる。部分積分を適用すると

$$\int pe^p dp = \int p(e^p)' dp = pe^p - \int e^p dp = (p-1)e^p$$

となるから

$$x = e^{-p}\left\{-2(p-1)e^p + C\right\} = 2 - 2p + e^{-p}C$$

となって、x の解が得られる。

つぎに、$y = (p+1)x + p^2$ であったから、y は

$$y = (p+1)(2 - 2p + e^{-p}C) + p^2 = 2 - p^2 + e^{-p}(p+1)C$$

と与えられる。したがって、p を媒介変数とすれば、微分方程式の一般解は

126

第 4 章　1 階高次微分方程式

$$\begin{cases} x = 2 - 2p + e^{-p}C \\ y = 2 - p^2 + e^{-p}(p+1)C \end{cases}$$

となる。

___

　この場合、媒介変数 p を消去して x と y の関係を数式で求めるのは困難である。ただし、応用上は、p を変数として (x,y) をプロットすればよいので、問題はない。

演習 4-16　つぎの微分方程式を解法せよ。

$$y = (2p+1)x + \frac{1}{p+1} \qquad (p = dy/dx)$$

　解）　ラグランジュの微分方程式であるので、両辺を x に関して微分すると

$$\frac{dy}{dx} = p = 2\frac{dp}{dx}x + (2p+1) - \frac{1}{(p+1)^2}\frac{dp}{dx}$$

整理すると

$$-p - 1 = \left(2x - \frac{1}{(p+1)^2}\right)\frac{dp}{dx}$$

よって

$$\frac{dx}{dp} = -\left(2x - \frac{1}{(p+1)^2}\right)\frac{1}{p+1}$$

から

$$\frac{dx}{dp} + \frac{2}{p+1}x = \frac{1}{(p+1)^3}$$

となる。これは、1 階 1 次の非同次線形微分方程式であるので、その一般解は

$$Q(p) = \frac{2}{p+1} \qquad R(p) = \frac{1}{(p+1)^3}$$

として

$$x = \exp\left(-\int Q(p)dp\right)\left\{\int R(p)\exp\left(\int Q(p)dp\right)dp + C\right\}$$

127

と与えられる。ただし、C は定数である。ここで

$$\int Q(p)dp = \int \frac{2}{p+1}dp = 2\log|p+1| = \log(p+1)^2$$

であるから

$$\exp\left(\int Q(p)dp\right) = (p+1)^2 \qquad \exp\left(-\int Q(p)dp\right) = \frac{1}{\exp\left(\int Q(p)dp\right)} = \frac{1}{(p+1)^2}$$

から

$$x = \frac{1}{(p+1)^2}\left\{\int \frac{1}{(p+1)^3}(p+1)^2 dp + C\right\} = \frac{1}{(p+1)^2}\left(\int \frac{1}{p+1}dp + C\right)$$

$$= \frac{\log|p+1| + C}{(p+1)^2}$$

となる。もとの微分方程式

$$y = (2p+1)x + \frac{1}{p+1}$$

に代入すると

$$y = (2p+1)\frac{\log|p+1| + C}{(p+1)^2} + \frac{1}{p+1}$$

となり整理すると

$$y = \frac{2p+1}{(p+1)^2}\left(\log|p+1| + \frac{p+1}{2p+1} + C\right)$$

となる。したがって、p を媒介変数とすると微分方程式の一般解は

$$\begin{cases} x = \dfrac{\log|p+1| + C}{(p+1)^2} \\[2mm] y = \dfrac{2p+1}{(p+1)^2}\left(\log|p+1| + \dfrac{p+1}{2p+1} + C\right) \end{cases}$$

と与えられる。

　このように、ラグランジュの微分方程式は、基本的には $y=f(x,p)$ のかたちの高次微分方程式であるので、4.2 項と同様の手法で解法が可能となる。さらに、一般解は、p を媒介変数としたかたちで与えられる場合が多い。

128

第5章 2階線形微分方程式

いままで取り扱ってきた微分方程式は**階数** (order) が 1 であったが、本章では階数が 2 の微分方程式の解法に挑戦する。ただし、次数は 1 の **2 階 1 次微分方程式** (second-order first-degree differential equation) の解法を紹介する。

多くの自然現象の解析においては 2 階の微分方程式が登場するため、理工系への応用という観点からも重要となる。たとえば、物体の運動解析において重要な速度 (v) や加速度 (a) は、位置を x、時間を t とおくと

$$v = \frac{dx}{dt} \qquad a = \frac{dv}{dt} = \frac{d^2x}{dt^2}$$

のように、1 階導関数と 2 階導関数によって与えられる。そして、運動方程式は、力を F、物体の質量を m とすると

$$F = ma = m\frac{dv}{dt} = m\frac{d^2x}{dt^2}$$

となり、2 階の微分方程式となる。よって、力学における運動解析などでは、2 階微分方程式が主役を演じることになる。

5.1. 2階線形微分方程式

2 階 1 次微分方程式において、つぎのようなかたちをしたものを

$$\frac{d^2y}{dx^2} + P(x)\frac{dy}{dx} + Q(x)y = R(x)$$

2 階線形微分方程式 (second-order linear differential equation) と呼んでいる。P, Q, R はすべて x のみの関数である。

「線形」つまり "linear" と呼ばれるのは、従属変数 y に関する $d^2y/dx^2, dy/dx, y$ の項がすべて 1 次だからである。"linear" には「線形」のほかに、「1 次の」という意味もある。

演習 5-1 つぎの 2 階 1 次微分方程式が線形か非線形かどうかを判定せよ。

(1) $\dfrac{d^2y}{dx^2} + \dfrac{dy}{dx} + x\cos y = x^2$ (2) $\dfrac{d^2y}{dx^2} + x\dfrac{dy}{dx} + y\cos x = x^3$

(3) $\dfrac{d^2y}{dx^2} + (x^2+1)\dfrac{dy}{dx} + x^3 y = \sin x$ (4) $\dfrac{d^2y}{dx^2} + \left(\dfrac{dy}{dx}\right)^2 + y = 0$

(5) $\dfrac{d^2y}{dx^2} + (x^2+y)\dfrac{dy}{dx} + x^3 y = 0$ (6) $\dfrac{d^2y}{dx^2} + e^x \dfrac{dy}{dx} + y = 3x^3 + 4\tan x$

解) (1) $\cos y$ の項を含んでおり、y の項が 1 次ではないので線形ではない。

(2) y に関する項はすべて 1 次であるので線形である。

(3) y に関する項はすべて 1 次であるので線形である。

(4) dy/dx の項が 2 次であるので線形ではない。

(5) $y(dy/dx)$ の項があるので線形ではない。

(6) y に関する項はすべて 1 次であるので線形である。

ちなみに、2 階 1 次微分方程式の構造を図示すると以下のようになる。

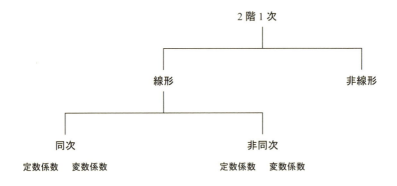

2 階 1 次微分方程式のなかでも、理工系への応用という観点では、線形微分方程式が重要である。**非線形微分方程式** (non-linear differential equation) は、特殊な場合を除いて解法が困難であるが、数学的な興味や工学への応用から、研究対象ともなっている。

第 5 章　2 階線形微分方程式

　線形微分方程式は、さらに、同次方程式と非同次方程式の 2 種類に分類される。すでに 1 階 1 次微分方程式でも同次と非同次については紹介したが、あらためて 2 階の場合を紹介しよう。

5.2.　2 階線形同次微分方程式

　2 階線形微分方程式の一般形

$$\frac{d^2 y}{dx^2} + P(x)\frac{dy}{dx} + Q(x)y = R(x)$$

において $R(x) = 0$ となるとき

$$\frac{d^2 y}{dx^2} + P(x)\frac{dy}{dx} + Q(x)y = 0$$

を**同次微分方程式** (homogeneous differential equation) と呼んでいる。同次のかわりに**斉次**と呼ぶ場合もある[12]。少し長くなるが、この方程式は **2 階線形同次微分方程式** (second-order homogenous linear differential equation) と呼ばれる。微分方程式の解法という観点では、同次微分方程式のほうが非同次よりもはるかに簡単となる。よって、本章では、まず同次微分方程式に注目する。

　さらに、今後は、微分方程式の表記として

$$y'' + P(x)y' + Q(x)y = 0$$
$$y'' + Py' + Qy = 0$$

を適宜使用する。

　2 階線形同次微分方程式において、P および Q が x の関数の場合、**変数係数の微分方程式** (differential equation with variable coefficient) と呼んでいる。この場合、微分方程式の解法は簡単ではない。

　一方、P, Q が定数の場合を**定数係数の微分方程式** (differential equation with constant coefficient) と呼んでおり、その解法は確立され一般化されている。そこで、まず、その解法を紹介する。

---

[12]　斉次は次数が斉しい（ひとしい）という意味で同次と同じ意味である。

131

5.3. 定数係数の2階線形同次微分方程式

つぎの同次微分方程式を考える。ただし、a, b は定数である。

$$\frac{d^2y}{dx^2} + a\frac{dy}{dx} + by = 0$$

この方程式は、**定数係数同次微分方程式** (homogeneous differential equation with constant coefficient) と呼ばれている。理工学への応用において、もっとも重要かつ、頻出する方程式である。この方程式は、$y = e^{\lambda x}$ という指数関数の解を有することが知られている。ただし、λ は任意定数である。

5.3.1. 特性方程式

表記の微分方程式に

$$y = e^{\lambda x}$$

を代入してみよう[13]。すると

$$\frac{dy}{dx} = \lambda\, e^{\lambda x} \qquad \frac{d^2y}{dx^2} = \lambda^2 e^{\lambda x}$$

であるから

$$\lambda^2 e^{\lambda x} + a\lambda\, e^{\lambda x} + b e^{\lambda x} = (\lambda^2 + a\lambda + b)\, e^{\lambda x} = 0$$

となる。

$e^{\lambda x} \neq 0$ であるから、この式を満足する条件は

$$\lambda^2 + a\lambda + b = 0$$

となる。この方程式を**特性方程式** (characteristic equation) と呼んでいる。この方程式の解は

$$\lambda = \frac{-a \pm \sqrt{a^2 - 4b}}{2}$$

となるので、微分方程式の解は $y = e^{\lambda x}$ となる。

ただし、2次方程式の解には、実数解、重解、実数解がない場合があるので、**判別式** (discriminant) による場合分けが必要となる。

---

[13] この手法を誰が最初に思いついたかは不明である。数学的センスのあるひとならば誰でも思いつくはずという指摘もある。しかし、最初に、この手法に接すると、不思議に感じるひとが多いのも事実であろう。

132

第 5 章　2 階線形微分方程式

5.3.2.　特性方程式の判別式が正の場合

判別式 D が

$$D = a^2 - 4b > 0$$

のとき、特性方程式は 2 個の異なる実数解を与える。

このとき、微分方程式の解としては

$$y_1 = \exp\left(\frac{-a + \sqrt{a^2 - 4b}}{2} x\right) \qquad y_2 = \exp\left(\frac{-a - \sqrt{a^2 - 4b}}{2} x\right)$$

の 2 つが得られる。これら解は、他の解の定数倍となっていない。このことを**線形独立** (linearly independent) と呼ぶ。1 次独立と呼ぶこともある。また、線形独立な 2 組の解を**基本解** (fundamental solution) と呼んでいる[14]。

よって、**一般解** (general solution) として

$$y = C_1 \exp\left(\frac{-a + \sqrt{a^2 - 4b}}{2} x\right) + C_2 \exp\left(\frac{-a - \sqrt{a^2 - 4b}}{2} x\right)$$

が得られる。ここで C_1, C_2 は任意の定数である。

演習 5-2　つぎの微分方程式を解法せよ。

$$\frac{d^2 y}{dx^2} - 5\frac{dy}{dx} + 6y = 0$$

解)　　方程式の解として

$$y = e^{\lambda x}$$

を仮定し、表記の微分方程式に代入すると

$$e^{\lambda x}(\lambda^2 - 5\lambda + 6) = 0$$

となる。よって

$$\lambda^2 - 5\lambda + 6 = 0$$

が特性方程式となる。

$$(\lambda - 2)(\lambda - 3) = 0 \quad \text{より} \quad \lambda = 2, \quad \lambda = 3$$

---

[14] 線形微分方程式の解が形成する線形空間の基本については補遺 5-1 を参照いただきたい。

133

となり、方程式の基本解は

$$y_1 = e^{2x} \qquad と \qquad y_2 = e^{3x}$$

の 2 個となる。

よって一般解は

$$y = C_1\,y_1 + C_2\,y_2 = C_1\,e^{2x} + C_2\,e^{3x} \qquad (C_1, C_2 :\ 定数)$$

と与えられる。

このように一般解には任意定数が入るが、適当な条件を与えると定数を決定することができる。たとえば、いまの演習において、初期条件として $x = 0$ のとき $y = 4$ という条件を与えると

$$4 = C_1\,e^0 + C_2\,e^0 = C_1 + C_2$$

という関係から

$$y = C_1\,e^{2x} + (4 - C_1)e^{3x}$$

となる。さらに、もうひとつの初期条件として $x = 0$ のとき、$dy/dx = 0$ という条件を与えると

$$\frac{dy}{dx} = 2C_1\,e^{2x} + 3(4 - C_1)\,e^{3x}$$

において $x = 0$ を代入し

$$2C_1 + 3(4 - C_1) = 12 - C_1 = 0 \quad より \quad C_1 = 12$$

が得られる。よって

$$y = 12\,e^{2x} - 8\,e^{3x}$$

のように任意定数のない解、すなわち**特殊解** (particular solution) が得られる[15]。

5.3.3.　特性方程式の判別式が負の場合

特性方程式の判別式 D が

$$D = a^2 - 4b < 0$$

のように負のとき実数の範囲で λ の解はない。

ただし、**複素数** (complex number) まで拡張すれば解が存在することになる。

---

[15] particular の和訳には確かに「特殊な」という意味もあるが、この場合には、むしろ一般解の中の「ある決まった」あるいは「特定の」解という意味の方が正しい。**特解**と呼ぶ場合もある。

134

第 5 章　2 階線形微分方程式

この点に関しては、違和感のあるひとも多いようだが、実は、理工系への応用を
考えると、実数解よりもむしろ複素数解のほうが有用な場合が多いのである。

このとき、虚数を i とすると

$$\lambda = \frac{-a \pm i\sqrt{4b - a^2}}{2}$$

となり、一般解は

$$y = C_1 \exp\left(\frac{-a + i\sqrt{4b - a^2}}{2}x\right) + C_2 \exp\left(\frac{-a - i\sqrt{4b - a^2}}{2}x\right)$$

と与えられる。

しかし、複素数解にどのような意味があるのだろうか。そこで、具体例として、
単振動 (simple harmonic motion) に関する微分方程式を見てみよう。y を変位、x
を時間とし、振り子の質量を m、ばね定数を k とすると、単振動の方程式は

$$m\frac{d^2y}{dx^2} + ky = 0$$

となる。これは、定数係数の 2 階線形同次微分方程式であり、特性方程式は

$$m\lambda^2 + k = 0$$

となる。m も k も正であるから、判別式は

$$D = -4mk < 0$$

となって負となり実数解はない。実際に、λ を求めると

$$\lambda^2 = -\frac{k}{m} \qquad \text{から} \qquad \lambda = \pm\sqrt{-\frac{k}{m}}$$

となるが、根号内は負となる。よって、実数の範囲で解はない。一方、複素数ま
で範囲を広げると解が存在し、虚数を i として

$$\lambda = \pm i\sqrt{\frac{k}{m}} = \pm i\omega$$

となる。ただし、$\omega = \sqrt{k/m}$ と置いた。このとき微分方程式は $y'' + \omega^2 y = 0$ と
なり、その基本解は

$$y_1 = \exp(+i\omega x) \qquad \text{と} \qquad y_2 = \exp(-i\omega x)$$

と置ける。また、一般解は、C_1 および C_2 を任意定数として

135

$$y = C_1 \exp(+i\omega x) + C_2 \exp(-i\omega x)$$

となる。

ところで、一般の単振動は、実空間で生じる。その運動を虚数を使って表現するのにどのような意味があるのだろうか。

ここで、登場するのが、つぎの**オイラーの公式** (Euler's formula)

$$e^{\pm i\lambda x} = \exp(\pm i\lambda x) = \cos\lambda x \pm i\sin\lambda x$$

である。オイラーの公式の導出方法は補遺 5-3 に示しているので参照されたい。

この公式を使うと、解を三角関数で表現できる。さらに、得られた解を、**実数部** (real part) と**虚数部** (imaginary part) に分けたうえで整理すると、実数の基本解が得られるのである。

演習 5-3　オイラーの公式を利用して、次式を三角関数で表記せよ。

$$y = A\exp(+i\omega x) + B\exp(-i\omega x) \qquad (A, B : \ 定数)$$

解）　オイラーの公式から

$$\exp(\pm i\omega x) = \cos\omega x \pm i\sin\omega x$$

であるから与式に代入すると

$$y = A(\cos\omega x + i\sin\omega x) + B(\cos\omega x - i\sin\omega x)$$
$$= (A + B)\cos\omega x + i(A - B)\sin\omega x$$

となる。

ここで、定数を $C_1 = (A + B)$, $C_2 = i(A - B)$ とまとめると、一般解は

$$y = C_1\cos\omega x + C_2\sin\omega x$$

となる。つまり

$$y_1 = \cos\omega x \qquad y_2 = \sin\omega x$$

という実数の解が基本解として得られるのである。実際に、これら解を微分方程式 $y'' + \omega^2 y = 0$ に代入すれば、方程式を満足することが確かめられる。

このように、2 階線形同次微分方程式の特性方程式において虚数解が得られる場合には、その実数部がもとの微分方程式の解となるのである。あるいは、虚数 i は任意定数に含まれると考えてもよい。

136

第 5 章　2 階線形微分方程式

演習 5-4　つぎの微分方程式を解法せよ。

$$\frac{d^2 y}{dx^2} + 4\frac{dy}{dx} + 8y = 0$$

解）　この微分方程式の特性方程式は

$$\lambda^2 + 4\lambda + 8 = 0$$

である。

$$\lambda = \frac{-4 \pm \sqrt{4^2 - 4\cdot 8}}{2} = \frac{-4 \pm \sqrt{-16}}{2} = \frac{-4 \pm 4i}{2} = -2 \pm 2i$$

よって、一般解は

$$y = A\exp(-2 + 2i)x + B\exp(-2 - 2i)x$$

で与えられる。

　この表示における基本解は

$$y_1 = \exp(-2 + 2i)x \qquad y_2 = \exp(-2 - 2i)x$$

となる。ここで、オイラーの公式

$$\exp(\pm i\lambda x) = \cos\lambda x \pm i\sin\lambda x$$

を利用して、得られた解を三角関数で表現すると

$$y = (A + B)\exp(-2x)\cos 2x + i(A - B)\exp(-2x)\sin 2x$$
$$= (A + B)e^{-2x}\cos 2x + i(A - B)e^{-2x}\sin 2x$$

となる。

　よって、定数を $C_1 = (A + B),\ C_2 = i(A - B)$ とまとめると、一般解は

$$y = C_1 e^{-2x}\cos 2x + C_2 e^{-2x}\sin 2x$$

となる。このときの基本解は

$$y_1 = e^{-2x}\cos 2x \qquad y_2 = e^{-2x}\sin 2x$$

の 2 個となる。

演習 5-5　基本解の $y_1 = e^{-2x}\cos 2x$ が微分方程式の解となることを確かめよ。

解）　$y' = -2e^{-2x}\cos 2x - 2e^{-2x}\sin 2x = -2e^{-2x}(\sin 2x + \cos 2x)$

137

$$y'' = 4e^{-2x}(\sin 2x + \cos 2x) - 4e^{-2x}(\cos 2x - \sin 2x) = 8\,e^{-2x}\sin 2x$$

であるから、微分方程式に代入すると

$$8e^{-2x}\sin 2x - 8e^{-2x}(\sin 2x + \cos 2x) + 8e^{-2x}\cos 2x = 0$$

となり、微分方程式の解であることが確かめられる。

同様に、$y_2 = e^{-2x}\sin 2x$ も、微分方程式の解であることが確かめられる。

5.3.4. 特性方程式が重解を持つ場合

特性方程式の判別式 D が

$$D = a^2 - 4b = 0$$

のとき、特性方程式は

$$\lambda^2 + a\lambda + \frac{a^2}{4} = \left(\lambda + \frac{a}{2}\right)^2 = 0 \qquad から \qquad \lambda = -\frac{a}{2}$$

となって重解を持つことになる。よって

$$y = C_1 \exp\left(-\frac{a}{2}x\right) \qquad (C_1：\ 定数)$$

という1個の解しか得られない。2階の線形微分方程式であるから、この解とは線形独立な解がもう 1 個存在するはずである。よって、それを求める必要がある。ここでは

$$y'' - 2ay' + a^2 y = 0$$

という微分方程式を考える。この特性方程式は

$$\lambda^2 - 2a\lambda + a^2 = (\lambda - a)^2 = 0$$

となり、$\lambda = a$ が重解となり

$$y_1 = \exp(ax) = e^{ax}$$

という基本解が得られる。

　それでは、もうひとつの基本解を求めるにはどうすればよいであろうか。ここでは、この解に適当な関数 $C(x)$ を乗じて

$$y_2 = C(x)e^{ax}$$

と置いてみることにする。

第 5 章　2 階線形微分方程式

演習 5-6　$y = C(x)e^{ax}$ が、つぎの微分方程式の解となるように $C(x)$ を求めよ。
$$y'' - 2ay' + a^2 y = 0$$

解)　y の導関数は
$$y' = C'(x)e^{ax} + aC(x)e^{ax}$$
$$y'' = C''(x)e^{ax} + 2aC'(x)e^{ax} + a^2 C(x)e^{ax}$$
となる。ここで、微分方程式に代入するために整理すると
$$y'' = C''(x)e^{ax} + 2aC'(x)e^{ax} + a^2 C(x)e^{ax}$$
$$-2ay' = -2aC'(x)e^{ax} - 2a^2 C(x)e^{ax}$$
$$a^2 y = a^2 C(x)e^{ax}$$
となり、両辺を足すと
$$y'' - 2ay' + a^2 y = C''(x)e^{ax} = 0$$
となる。したがって、$C(x)$ の条件は
$$C''(x) = \frac{d^2 C(x)}{dx^2} = 0$$
となる。よって、C_1, C_2 を定数として、$C(x)$ は
$$\frac{dC(x)}{dx} = C_1 \qquad C(x) = C_1 x + C_2$$
と与えられる。

つまり、特性方程式が重解を持つ場合は
$$y = C_1 e^{ax}(C_2 x + C_3)$$
も解となる。

結局、微分方程式の基本解としては、互いに線形従属ではない
$$y_1 = e^{ax} \qquad と \qquad y_2 = xe^{ax}$$
を選べばよいことになる。

演習 5-7　つぎの微分方程式を解法せよ。
$$y'' - 2y' + y = 0$$

139

解）　特性方程式は

$$\lambda^2 - 2\lambda + 1 = 0 \qquad (\lambda - 1)^2 = 0$$

より　$\lambda = 1$ が重解となる。

よって、一般解は、A, B を任意定数として

$$y = Ae^x + Bxe^x$$

となる。

以上のように、2 階線形同次微分方程式では、解を $y = e^{\lambda x}$ と仮定して、特性方程式から λ を求めれば、2 個の基本解が得られる。

5.4.　非同次方程式

定数係数からなる 2 階線形微分方程式

$$\frac{d^2 y}{dx^2} + a\frac{dy}{dx} + by = R(x)$$

において $R(x) \neq 0$ のとき、微分方程式は非同次となる。

2 階線形非同次微分方程式は簡単に解くことができないが、1 階線形微分方程式と同様に

　（非同次方程式の一般解）＝（同次方程式の一般解）＋（非同次方程式の特殊解）

という関係にあるので、何らかの方法で、非同次方程式の特殊解を求めることができれば、その一般解が得られることになる。

その手法として、演算子を利用する方法が有効であるが、演算子法については、第 8 章で紹介する。ここでは、特殊解を求める手法として、定数変化法と未定係数法のふたつを紹介したい。

5.4.1.　定数変化法

定数係数 2 階線形非同次微分方程式

$$y'' + ay' + by = R(x)$$

に対応した同次方程式は

$$y'' + ay' + by = 0$$

である。

140

第 5 章　2 階線形微分方程式

この方程式を**同伴方程式** (adjoint equation) あるいは随伴方程式と呼ぶ。

その一般解を

$$y = C_1 y_1 + C_2 y_2$$

としよう。ただし、C_1, C_2 は定数、y_1, y_2 は基本解である。

1 階の線形非同次微分方程式の場合と同様に考える。微分方程式の値が 0 ではなく関数 $R(x)$ となるのは、同次方程式の解に余分な関数が付加されるためと仮定し、非同次方程式の特殊解を

$$y = C_1(x)y_1 + C_2(x)y_2$$

と置くのである。

つまり、定数係数が x の関数であると仮定する。このため、この手法を**定数変化法** (method of variation of constant) と呼ぶのであった。

このような解を仮定したうえで、微分方程式に代入して $C_1(x), C_2(x)$ を求めればよいことになる。すると

$$y' = C_1{}'(x)y_1 + C_2{}'(x)y_2 + C_1(x)y_1{}' + C_2(x)y_2{}'$$

となる。続けて d^2y/dx^2 を計算すればよいのであるが、求めたい関数 $C_1(x), C_2(x)$ の 2 階導関数の項が出てきたのでは、新たな 2 階微分方程式の解法が必要となるので意味がない。そこで、つぎのような条件を課す。

$$C_1{}'(x)y_1 + C_2{}'(x)y_2 = 0$$

こうすると、2 階微分をとったときに未知関数の 2 階導関数が現れない。すなわち

$$y' = C_1(x)y_1{}' + C_2(x)y_2{}'$$

となるので 2 階導関数は

$$y'' = C_1{}'(x)y_1{}' + C_2{}'(x)y_2{}' + C_1(x)y_1{}'' + C_2(x)y_2{}''$$

と与えられる。

141

演習 5-8　$C_1'(x)y_1 + C_2'(x)y_2 = 0$　という条件のもとで

$$y = C_1(x)y_1 + C_2(x)y_2$$

を微分方程式

$$y'' + ay' + by = R(x)$$

に代入せよ。

解）　微分方程式に代入すると

$$C_1'(x)y_1' + C_2'(x)y_2' + C_1(x)y_1'' + C_2(x)y_2''$$

$$+a\{C_1(x)y_1' + C_2(x)y_2'\} + b\{C_1(x)y_1 + C_2(x)y_2\} = R(x)$$

となる。ここで、y_1 および y_2 が同次方程式

$$y'' + ay' + by = 0$$

の解であるから

$$y_1'' + ay_1' + by_1 = 0 \quad および \quad y_2'' + ay_2' + by_2 = 0$$

が成立する。これらを表記の方程式に代入して、整理すると

$$C_1'(x)\,y_1' + C_2'(x)\,y_2' = R(x)$$

となる。

結局、つぎに示す 2 式である

$$\begin{cases} C_1'(x)\,y_1 + C_2'(x)\,y_2 = 0 \\ C_1'(x)\,y_1' + C_2'(x)\,y_2' = R(x) \end{cases}$$

を連立して、$C_1'(x), C_2'(x)$ を求めれば非同次方程式の解が得られることになる。

　それでは、実際の定数係数 2 階線形非同次微分方程式において、定数変化法を利用して解を求めてみよう。

$$y'' - 4y' + 4y = xe^{2x}$$

142

第 5 章　2 階線形微分方程式

という 2 階線形微分方程式を解法してみる。

　まず、対応する同次方程式は

$$y'' - 4y' + 4y = 0$$

である。この特性方程式は

$$\lambda^2 - 4\lambda + 4 = (\lambda - 2)^2 = 0$$

となって、$\lambda = 2$ の重解を持つので、その基本解は

$$y_1 = e^{2x} \qquad y_2 = xe^{2x}$$

となり、一般解は、C_1, C_2 を定数として

$$y = C_1 y_1 + C_2 y_2 = C_1 e^{2x} + C_2 xe^{2x}$$

となる。ここで、これら定数係数が x の関数と見なすと

$$y = C_1(x)e^{2x} + C_2(x) xe^{2x}$$

が非同次方程式の特殊解となる。

演習 5-9　同次方程式の定数を関数と見なした $C_1(x)$, $C_2(x)$ が満足すべき条件を求めたうえで、非同次方程式の特殊解を求めよ。

　解）　これら関数の 2 次導関数が相殺するための条件は

$$C_1'(x)y_1 + C_2'(x)y_2 = C_1'(x)e^{2x} + C_2'(x)xe^{2x} = 0$$

となる。つぎの条件は $C_1'(x) y_1' + C_2'(x) y_2' = R(x)$ から

$$2C_1'(x) e^{2x} + C_2'(x) (e^{2x} + 2xe^{2x}) = xe^{2x}$$

となる。これら 2 式を連立すると

$$\begin{cases} C_1'(x) e^{2x} + C_2'(x) xe^{2x} = 0 & (1) \\ 2C_1'(x) e^{2x} + C_2'(x) (e^{2x} + 2xe^{2x}) = xe^{2x} & (2) \end{cases}$$

となる。

　(1) 式に 2 を乗じたもの (2) 式から引くと

$$C_2'(x) e^{2x} = xe^{2x} \qquad \text{から} \qquad C_2'(x) = \frac{dC_2(x)}{dx} = x$$

143

となるので

$$C_2(x) = \int x\,dx = \frac{x^2}{2}$$

と与えられる。特殊解を求めているので、積分定数は不要である。

また、$C_2'(x) = x$ を (1) 式に代入すると

$$C_1'(x)e^{2x} + x^2 e^{2x} = 0 \qquad \text{から} \qquad C_1'(x) = \frac{dC_1(x)}{dx} = -x^2$$

よって

$$C_1(x) = -\int x^2\,dx = -\frac{x^3}{3}$$

となる。こちらも積分定数は不要である。結局、求める特殊解は

$$y = \left(-\frac{x^3}{3}\right)e^{2x} + \frac{x^2}{2}\cdot xe^{2x} = \frac{1}{6}x^3 e^{2x}$$

となる。よって、非同次方程式の一般解は、同伴方程式の一般解に特殊解を加えればよいので

$$y = C_1 e^{2x} + C_2 xe^{2x} + \frac{1}{6}x^3 e^{2x}$$

となる。

演習 5-10　つぎの微分方程式の一般解を求めよ。
$$y'' + 4y' + 3y = 3e^{2x}$$

解）　同伴方程式の特性方程式は
$$\lambda^2 + 4\lambda + 3 = (\lambda+1)(\lambda+3) = 0$$
となって、$\lambda = -1$, $\lambda = -3$ となるので、その基本解は
$$y_1 = e^{-x} \qquad y_2 = e^{-3x}$$
となり、一般解は、C_1, C_2 を定数として
$$y = C_1 y_1 + C_2 y_2 = C_1 e^{-x} + C_2 e^{-3x}$$
と与えられる。ここで、定数 C_1, C_2 が x の関数と見なした

144

第 5 章　2 階線形微分方程式

$$y = C_1(x)\,e^{-x} + C_2(x)\,e^{-3x}$$

が非同次方程式の特殊解の候補となる。

まず、最初の条件として

$$C_1'(x)e^{-x} + C_2'(x)e^{-3x} = 0$$

が与えられる。つぎに

$$C_1'(x)\frac{d(e^{-x})}{dx} + C_2'(x)\frac{d(e^{-3x})}{dx} = 3e^{2x}$$

これを計算すると

$$-C_1'(x)e^{-x} - 3C_2'(x)e^{-3x} = 3e^{2x}$$

これら 2 式を連立すると

$$\begin{cases} C_1'(x)\,e^{-x} + C_2'(x)\,e^{-3x} = 0 & (1) \\ -C_1'(x)\,e^{-x} - 3C_2'(x)\,e^{-3x} = 3e^{2x} & (2) \end{cases}$$

となる。(1) 式に 3 を乗じたものを (2) 式に足すと

$$2C_1'(x)e^{-x} = 3e^{2x} \qquad から \qquad C_1'(x) = \frac{dC_1(x)}{dx} = \frac{3}{2}e^{3x}$$

となるので

$$C_1(x) = \frac{3}{2}\int e^{3x}dx = \frac{1}{2}e^{3x}$$

と与えられる。また、(1) 式に $C_1'(x) = (3/2)e^{3x}$ を代入すると

$$\frac{3}{2}e^{2x} + C_2'(x)\,e^{-3x} = 0 \qquad から \qquad C_2'(x) = \frac{dC_2(x)}{dx}e^{-3x} = -\frac{3}{2}e^{2x}$$

よって

$$\frac{dC_2(x)}{dx} = -\frac{3}{2}e^{5x} \qquad より \qquad C_2(x) = -\frac{3}{2}\int e^{5x}\,dx = -\frac{3}{10}e^{5x}$$

となる。したがって、求める特殊解は

$$y = \left(\frac{1}{2}e^{3x}\right)e^{-x} + \left(-\frac{3}{10}e^{5x}\right)e^{-3x} = \frac{1}{2}e^{2x} - \frac{3}{10}e^{2x} = \frac{1}{5}e^{2x}$$

となる。非同次方程式の一般解は、同伴方程式の一般解に、定数変化法により求めた特殊解を加えた

$$y = C_1 e^{-x} + C_2 e^{-3x} + \frac{1}{5} e^{2x}$$

となる。

以上のように、同次方程式の一般解における定数を関数と見なす定数変化法により非同次方程式の特殊解を得ることができるのである。

5.4.2. 定数変化法の定式化

定数変化法については、線形代数の手法を使うことによって、定式化がなされている。それを紹介したい。この手法では

$$\begin{cases} C_1{}'(x)\, y_1 + C_2{}'(x)\, y_2 = 0 \\ C_1{}'(x)\, y_1{}' + C_2{}'(x)\, y_2{}' = R(x) \end{cases}$$

という連立方程式を解けば、$C_1{}'(x),\ C_2{}'(x)$ が得られる。これを線形代数の行列とベクトルを使って表記すると

$$\begin{pmatrix} y_1 & y_2 \\ y_1{}' & y_2{}' \end{pmatrix} \begin{pmatrix} C_1{}'(x) \\ C_2{}'(x) \end{pmatrix} = \begin{pmatrix} 0 \\ R(x) \end{pmatrix}$$

となる。

演習 5-11　上記の行列とベクトルで表現した連立方程式を解法せよ。

解)　線形代数における**クラメルの公式** (Cramer's rule) を使うと、係数行列の行列式を分母とし、分子の行列式は、それぞれ 1 列ならびに 2 列めを定数ベクトルで置換することで

第 5 章　2 階線形微分方程式

$$C_1{}'(x) = \frac{\begin{vmatrix} 0 & y_2 \\ R & y_2{}' \end{vmatrix}}{\begin{vmatrix} y_1 & y_2 \\ y_1{}' & y_2{}' \end{vmatrix}} \qquad C_2{}'(x) = \frac{\begin{vmatrix} y_1 & 0 \\ y_1{}' & R \end{vmatrix}}{\begin{vmatrix} y_1 & y_2 \\ y_1{}' & y_2{}' \end{vmatrix}}$$

によって解が得られる。ここで、分子、分母の行列式の計算を行うと

$$\begin{vmatrix} y_1 & y_2 \\ y_1{}' & y_2{}' \end{vmatrix} = y_1 y_2{}' - y_1{}' y_2 \qquad \begin{vmatrix} 0 & y_2 \\ R & y_2{}' \end{vmatrix} = -y_2 R(x) \qquad \begin{vmatrix} y_1 & 0 \\ y_1{}' & R \end{vmatrix} = y_1 R(x)$$

となる。よって

$$C_1{}'(x) = \frac{-y_2 R(x)}{y_1 y_2{}' - y_1{}' y_2} \qquad C_2{}'(x) = \frac{y_1 R(x)}{y_1 y_2{}' - y_1{}' y_2}$$

となる。

　ここで、補遺 5-1 で紹介するように、係数行列の行列式を

$$\begin{vmatrix} y_1 & y_2 \\ y_1{}' & y_2{}' \end{vmatrix} = W(y_1, y_2)$$

と表記しよう。この行列式は**ロンスキー行列式** (Wronski determinant) と呼ばれ、W と表記するのが通例である[16]。このとき

$$C_1{}'(x) = \frac{-y_2 R(x)}{W(y_1, y_2)} \qquad C_2{}'(x) = \frac{y_1 R(x)}{W(y_1, y_2)}$$

となり、結局

$$C_1(x) = -\int \frac{y_2 R(x)}{W(y_1, y_2)} dx \qquad C_2(x) = \int \frac{y_1 R(x)}{W(y_1, y_2)} dx$$

と与えられる。

　したがって、非同次方程式の特殊解は

$$y = y_1 C_1(x) + y_2 C_2(x) = -y_1 \int \frac{y_2 R(x)}{W(y_1, y_2)} dx + y_2 \int \frac{y_1 R(x)}{W(y_1, y_2)} dx$$

---

[16] ロンスキー行列式については補遺 5-1 を参照いただきたい。

147

となる。この定式が一種の公式のように使われている。後ほど、変数係数の非同次微分方程式の解法においても、この公式を利用する。

演習 5-12　ロンスキー行列式を用いて、つぎの微分方程式の特殊解を求めよ。
$$y'' + 4y' + 3y = 3e^{2x}$$

　解）　同伴方程式の基本解は
$$y_1 = e^{-x} \qquad y_2 = e^{-3x}$$
であった。
$$y_1{}' = -e^{-x} \qquad y_2{}' = -3e^{-3x}$$
であるから、ロンスキー行列式は
$$W(y_1, y_2) = \begin{vmatrix} y_1 & y_2 \\ y_1{}' & y_2{}' \end{vmatrix} = \begin{vmatrix} e^{-x} & e^{-3x} \\ -e^{-x} & -3e^{-3x} \end{vmatrix} = e^{-x}(-3e^{-3x}) - (-e^{-x})e^{-3x} = -2e^{-4x}$$
となる。また、非同次項は $R(x) = 3e^{2x}$ であるから
$$C_1(x) = -\int \frac{y_2 R(x)}{W(y_1, y_2)} dx = -\int \frac{e^{-3x}(3e^{2x})}{-2e^{-4x}} dx = \frac{3}{2}\int e^{3x} dx = \frac{1}{2}e^{3x}$$
$$C_2(x) = \int \frac{y_1 R(x)}{W(y_1, y_2)} dx = \int \frac{e^{-x}(3e^{2x})}{-2e^{-4x}} dx = -\frac{3}{2}\int e^{5x} dx = -\frac{3}{10}e^{5x}$$
となる。
　よって特殊解は
$$y = y_1 C_1(x) + y_2 C_2(x) = e^{-x}\left(\frac{1}{2}e^{3x}\right) + e^{-3x}\left(-\frac{3}{10}e^{5x}\right) = \frac{1}{2}e^{2x} - \frac{3}{10}e^{2x} = \frac{1}{5}e^{2x}$$
となる。

　結局、表記の非同次方程式の一般解は
$$y = C_1 e^{-x} + C_2 e^{-3x} + \frac{1}{5}e^{2x}$$
と与えられ、当然ながら、演習 5-10 と同じ解が与えられる。

第 5 章　2 階線形微分方程式

5.5.　未定係数法

2 階線形非同次微分方程式の特殊解を求める方法として、未定係数法も知られている。この手法は、定数係数の場合に有効である。

$$\frac{d^2 y}{dx^2} + a\frac{dy}{dx} + by = R(x)$$

という非同次方程式において、非同次項の関数 $R(x)$ によって特殊解のかたちが予想できる場合に使える手法である。

5.5.1.　多項式

非同次項の関数 $R(x)$ が x に関する多項式の場合をまず取り上げる。微分方程式として

$$y'' + y' + y = x + x^2$$

を考える。非同次項は、$R(x) = x + x^2$ であり最高次数は 2 である。左辺の微分によって、これより高い次数となることはないから、この方程式の特殊解を

$$y = b_0 + b_1 x + b_2 x^2$$

と仮定する。

これら b_0, b_1, b_2 が **未定係数 (undetermined coefficients)** となる。

$$y' = b_1 + 2b_2 x \qquad および \qquad y'' = 2b_2$$

となるので微分方程式に代入すると

$$2b_2 + (b_1 + 2b_2 x) + b_0 + b_1 x + b_2 x^2 = x + x^2$$

となり、整理すると

$$(b_0 + b_1 + 2b_2) + (b_1 + 2b_2)x + b_2 x^2 = x + x^2$$

両辺において、x の次数が同じ項の係数を比較すると

$$b_0 + b_1 + 2b_2 = 0 \qquad b_1 + 2b_2 = 1 \qquad b_2 = 1$$

となり、結局、解の係数は

$$b_0 = -1 \qquad b_1 = -1 \qquad b_2 = 1$$

となる。よって、特殊解は

$$y = -1 - x + x^2$$

と与えられる。

この手法を未定係数法と呼んでいる。一般解を求めるには、表記の微分方程式

149

に対応した同伴方程式の解を求め、その解に未定数係数法で求めた特殊解を加えればよい。

演習 5-13　つぎの微分方程式の一般解を求めよ。
$$y'' + 3y' + 2y = 4x^3 - 1$$

解）　この非同次方程式の同伴方程式の特性方程式は
$$\lambda^2 + 3\lambda + 2 = 0 \qquad (\lambda + 1)(\lambda + 2) = 0$$
であるから $\lambda = -1, -2$ となり、その一般解は
$$y = C_1 e^{-x} + C_2 e^{-2x} \qquad (C_1, C_2 : \ 定数)$$
となる。

つぎに、非同次項の最大次数は 3 であるから、特殊解を
$$y = b_0 + b_1 x + b_2 x^2 + b_3 x^3$$
と仮定する。すると
$$y' = b_1 + 2b_2 x + 3b_3 x^2 \qquad\qquad y'' = 2b_2 + 6b_3 x$$
となる。微分方程式に代入すると
$$(2b_2 + 6b_3 x) + 3(b_1 + 2b_2 x + 3b_3 x^2) + 2(b_0 + b_1 x + b_2 x^2 + b_3 x^3) = -1 + 4x^3$$
整理すると
$$(2b_0 + 3b_1 + 2b_2) + (2b_1 + 6b_2 + 6b_3)x + (2b_2 + 9b_3)x^2 + 2b_3 x^3 = -1 + 4x^3$$
となる。

両辺の x の同じべき項の係数を比較すると
$$2b_0 + 3b_1 + 2b_2 = -1 \qquad 2b_1 + 6b_2 + 6b_3 = 0 \qquad 2b_2 + 9b_3 = 0 \qquad 2b_3 = 4$$
よって
$$b_3 = 2 \qquad b_2 = -9 \qquad b_1 = 21 \qquad b_0 = -23$$
となり、求める特殊解は
$$y = -23 + 21x - 9x^2 + 2x^3$$
となる。よって、表記の非同次方程式の一般解は
$$y = C_1 e^{-x} + C_2 e^{-2x} - 23 + 21x - 9x^2 + 2x^3$$
と与えられる。

第 5 章　2 階線形微分方程式

　定数係数の 2 階線形微分方程式の場合には、非同次項から、特殊解のかたちが容易に類推できるので、この手法が有効となる。また、非同次項の次数が高い場合にも、まったく同様の手法が使えることが明らかであろう。

　未定係数法は非同次項のかたちから、特殊解が予測できる関数の場合には有効となる。その例を紹介していこう。

5.5.2.　三角関数

　非同次項が $R(x) = \sin 2x$ の微分方程式

$$y'' + 3y' + 2y = \sin 2x$$

を取りあげる。ここで

$$R'(x) = 2\cos 2x \qquad R''(x) = -4\sin 2x$$

であるから、特殊解としては未定係数を A, B として

$$y = A\sin 2x + B\cos 2x$$

が予想できる。

演習 5-14　未定係数法によりつぎの微分方程式の特殊解を求めよ。

$$y'' + 3y' + 2y = \sin 2x$$

　解）　　特殊解を $y = A\sin 2x + B\cos 2x$ と仮定すると

$$y' = 2A\cos 2x - 2B\sin 2x$$

$$y'' = -4A\sin 2x - 4B\cos 2x$$

となるので、微分方程式に代入すると

$$y'' + 3y' + 2y$$
$$= -4A\sin 2x - 4B\cos 2x + 3(2A\cos 2x - 2B\sin 2x) + 2(A\sin 2x + B\cos 2x)$$
$$= (-4A - 6B + 2A)\sin 2x + (-4B + 6A + 2B)\cos 2x$$
$$= (-2A - 6B)\sin 2x + (6A - 2B)\cos 2x$$

となる。よって微分方程式が成立するためには

$$-2A - 6B = 1 \qquad 6A - 2B = 0$$

から

$$A = -1/20 \qquad B = -3/20$$

と未定係数が求められ、特殊解は

151

$$y = -\frac{1}{20}\sin 2x - \frac{3}{20}\cos 2x$$

となる。

したがって、表記の非同次微分方程式の一般解は

$$y = C_1 e^{-x} + C_2 e^{-2x} - \frac{1}{20}\sin 2x - \frac{3}{20}\cos 2x$$

となる。ここで、演習 5-13 と 5-14 で解法した 2 個の微分方程式は

$$y'' + 3y' + 2y = 4x^3 - 1$$
$$y'' + 3y' + 2y = \sin 2x$$

であるが、実は、このとき

$$y'' + 3y' + 2y = 4x^3 - 1 + \sin 2x$$

の特殊解は、上記の 2 個の微分方程式の特殊解の和となり、その一般解は

$$y = C_1 e^{-x} + C_2 e^{-2x} - 23 + 21x - 9x^2 + 2x^3 - \frac{1}{20}\sin 2x - \frac{3}{20}\cos 2x$$

と与えられる。

5.5.3. 指数関数

つぎに、非同次項が指数関数の場合を取りあげる。例として、演習 5-10 で解法した非同次方程式の

$$y'' + 4y' + 3y = 3e^{2x}$$

に未定係数法を適用してみる。

非同次項は $R(x) = 3e^{2x}$ であり

$$R'(x) = 6e^{2x} \qquad R''(x) = 12e^{2x}$$

であるから、特殊解は、A を未定係数として

$$y = Ae^{2x}$$

と予想できる。すると

$$y' = 2Ae^{2x} \qquad y'' = 4Ae^{2x}$$

となるから、表記の微分方程式の左辺に代入すると

$$4Ae^{2x} + 8Ae^{2x} + 3Ae^{2x} = 15Ae^{2x}$$

となり

152

第 5 章　2 階線形微分方程式

$$15A = 3 \quad から \quad A = \frac{1}{5} \quad となり、特殊解は \quad y = \frac{1}{5}e^{2x}$$

と与えられる。当然、演習 5-10 と同じ解が得られるが、未定係数法のほうが、はるかに簡単であることがわかる。

演習 5-15　つぎの微分方程式の特殊解を求めよ。
$$y'' + 4y' + 3y = 3e^{2x} + 8e^{3x}$$

解）　$y'' + 4y' + 3y = 8e^{3x}$ の特殊解を求めて、非同次項が $3e^{2x}$ の場合の特殊解との和をとればよい。

この特殊解は、A を未定係数として
$$y = Ae^{3x}$$
と予想できる。すると
$$y' = 3Ae^{3x} \qquad y'' = 9Ae^{3x}$$
となるから、表記の微分方程式の左辺に代入すると
$$9Ae^{3x} + 12Ae^{3x} + 3Ae^{3x} = 24Ae^{3x}$$
となり

$$24A = 8 \quad から \quad A = \frac{1}{3} \quad となり、特殊解は \quad y = \frac{1}{3}e^{3x}$$

となる。したがって、非同次項が $3e^{2x} + 8e^{3x}$ の場合の特殊解は
$$y = \frac{1}{5}e^{2x} + \frac{1}{3}e^{3x}$$

となる。

一方で、特殊解を
$$y = Ae^{2x} + Be^{3x}$$
と置いて、表記の微分方程式に代入して、未定係数の A, B を求めると
$$A = \frac{1}{5} \qquad B = \frac{1}{3}$$

となり、同じ結果が得られる。

153

5.5.4. 非同次項が関数の積の場合

それでは、未定数係数法の応用として、つぎの非同次方程式を解法してみよう。

$$y'' - 3y' + 2y = (1 + x)e^{3x}$$

非同次項が、指数関数と多項式の積となっている。このとき、特殊解は、未定係数を使って

$$y = (b_0 + b_1 x) \cdot A e^{3x}$$

と予想できる。ただし、定数 A は、b_0, b_1 に含むことができるので $A = 1$ と置き

$$y = (b_0 + b_1 x)e^{3x}$$

とすれば

$$y' = b_1 e^{3x} + 3(b_0 + b_1 x)e^{3x} = (3b_0 + b_1 + 3b_1 x)e^{3x}$$

$$y'' = 3b_1 e^{3x} + 3(3b_0 + b_1 + 3b_1 x)e^{3x} = (9b_0 + 6b_1 + 9b_1 x)e^{3x}$$

となる。ここで、すべての項に共通因子として e^{3x} がついているので、この因子を除くと

$$(9b_0 + 6b_1 + 9b_1 x) - 3(3b_0 + b_1 + 3b_1 x) + 2(b_0 + b_1 x) = 1 + x$$

という関係が得られ、さらに整理すると

$$2b_0 + 3b_1 + 2b_1 x = 1 + x$$

となる。両辺を比較すると

$$2b_0 + 3b_1 = 1 \qquad 2b_1 = 1 \qquad から \qquad b_1 = \frac{1}{2} \qquad b_0 = -\frac{1}{4}$$

が得られる。よって、特殊解として

$$y = \left(-\frac{1}{4} + \frac{1}{2}x \right)e^{3x}$$

が得られる。

演習 5-16 つぎの微分方程式の一般解を求めよ。

$$y'' - 4y' + 4y = (1 + x + x^2)e^{3x}$$

解） 同伴方程式

$$y'' - 4y' + 4y = 0$$

の解を求める。すると、特性方程式は

154

第 5 章　2 階線形微分方程式

$$\lambda^2 - 4\lambda + 4 = (\lambda - 2)^2 = 0$$

となって重解となるので、一般解は、C_1, C_2 を定数として

$$y = C_1 e^{2x} + C_2 x e^{2x}$$

となる。つぎに特殊解を求める。

非同次方程式の特殊解の候補として

$$y = (b_0 + b_1 x + b_2 x^2) e^{3x}$$

を考える。すると

$$y' = (b_1 + 2b_2 x) e^{3x} + 3(b_0 + b_1 x + b_2 x^2) e^{3x} = \left\{ (3b_0 + b_1) + (3b_1 + 2b_2)x + 3b_2 x^2 \right\} e^{3x}$$

$$y'' = \left\{ (3b_1 + 2b_2) + 6b_2 x \right\} e^{3x} + 3 \left\{ (3b_0 + b_1) + (3b_1 + 2b_2)x + 3b_2 x^2 \right\} e^{3x}$$

$$= \left\{ (9b_0 + 6b_1 + 2b_2) + (9b_1 + 12b_2)x + 9b_2 x^2 \right\} e^{3x}$$

となるから、もとの微分方程式に代入して、共通の e^{3x} の因子を除くと

$$\left\{ (9b_0 + 6b_1 + 2b_2) + (9b_1 + 12b_2)x + 9b_2 x^2 \right\} - 4 \left\{ (3b_0 + b_1) + (3b_1 + 2b_2)x + 3b_2 x^2 \right\}$$

$$+ 4(b_0 + b_1 x + b_2 x^2) = 1 + x + x^2$$

という関係が得られる。左辺を x のべきで整理すると

$$(b_0 + 2b_1 + 2b_2) + (b_1 + 4b_2)x + b_2 x^2 = 1 + x + x^2$$

となる。

ここで、同じべき項の係数の比較から

$$b_0 + 2b_1 + 2b_2 = 1 \qquad b_1 + 4b_2 = 1 \qquad b_2 = 1$$

という関係が得られ、係数は

$$b_2 = 1 \qquad b_1 = -3 \qquad b_0 = 5$$

となる。よって特殊解は

$$y = (5 - 3x + x^2) e^{3x}$$

となり、微分方程式の一般解は

$$y = C_1 e^{2x} + C_2 x e^{2x} + (5 - 3x + x^2) e^{3x}$$

となる。

それでは、つぎに非同次項に $\sin x$ あるいは $\cos x$ が多項式に乗じられている

場合の解法について紹介しよう。

この場合には、オイラーの公式

$$\exp(ikx) = \cos kx + i \sin kx$$

を利用することになる。

まず微分方程式として

$$y'' + a\,y' + b\,y = (a_0 + a_1 x + a_2 x^2 + a_3 x^3)\cos kx$$

$$y'' + a\,y' + b\,y = (a_0 + a_1 x + a_2 x^2 + a_3 x^3)\sin kx$$

を考えてみよう。このとき

$$y'' + a\,y' + b\,y = (a_0 + a_1 x + a_2 x^2 + a_3 x^3)\exp(ikx)$$

という微分方程式を考える。

すると、この微分方程式の実数部が $\cos kx$ の方の微分方程式の解となり、虚数部が $\sin kx$ の方の微分方程式の解となるのである。

具体例で確かめてみよう。

$$y'' - y = x\sin x$$

という微分方程式を解法する際に

$$y'' - y = x\exp(ix) = x\cos x + ix\sin x$$

という非同次の 2 階線形微分方程式を考える。

この方程式の特殊解として

$$y = (b_0 + b_1 x)\exp(ix) = (b_0 + b_1 x)e^{ix}$$

を仮定すると

$$y' = b_1\,e^{ix} + i(b_0 + b_1 x)e^{ix} = (b_1 + ib_0)e^{ix} + ib_1\,xe^{ix}$$

$$y'' = i(b_1 + ib_0)e^{ix} + ib_1\,e^{ix} - b_1\,xe^{ix} = (-b_0 + 2ib_1)e^{ix} - b_1\,xe^{ix}$$

となる。

これを非同次方程式に代入すると

$$(-b_0 + 2ib_1)e^{ix} - b_1\,xe^{ix} - (b_0 + b_1 x)e^{ix} = xe^{ix}$$

となり、e^{ix} 以外の項をまとめると

$$(-b_0 + 2ib_1) - b_1 x - (b_0 + b_1 x) = x$$

整理すると

$$(2b_1 i - 2b_0) - 2b_1 x = x$$

となる。両辺を比較すると

第5章 2階線形微分方程式

$$-2b_1 = 1 \quad \text{から} \quad b_1 = -\frac{1}{2} \quad \text{つぎに} \quad b_0 = b_1 i = -\frac{i}{2}$$

となるので、特殊解は

$$y = -\frac{1}{2}(i + x)e^{ix}$$

と与えられる。

　オイラーの公式を利用して、この式を変形すると

$$y = -\frac{1}{2}(i + x)(\cos x + i\sin x) = -\frac{1}{2}(x\cos x - \sin x) - \frac{1}{2}i(\cos x + x\sin x)$$

となる。得られた特殊解の虚数部は

$$y = -\frac{1}{2}(\cos x + x\sin x)$$

となる。

演習5-17　次式が非同次方程式 $y'' - y = x\sin x$ の特殊解となることを確かめよ。

$$y = -\frac{1}{2}(\cos x + x\sin x)$$

　解）

$$y' = \frac{1}{2}\sin x - \frac{1}{2}\sin x - \frac{1}{2}x\cos x = -\frac{1}{2}x\cos x$$

$$y'' = -\frac{1}{2}\cos x + \frac{1}{2}x\sin x$$

となるから

$$y'' - y = -\frac{1}{2}\cos x + \frac{1}{2}x\sin x - \left\{-\frac{1}{2}(\cos x + x\sin x)\right\} = x\sin x$$

となって、特殊解となることがわかる。

　同様に、実数部の

$$y = -\frac{1}{2}(x\cos x - \sin x)$$

157

は $y'' - y = x \cos x$ の特殊解となる。

後は、同伴方程式の一般解に、これら特殊解を加えることで非同次方程式の一般解が得られる。

以上のように、非同次項から特殊解のかたちが予測できる場合には、未定係数法は威力を発揮することになる。

5. 6.　変数係数 2 階線形微分方程式

すでに紹介したように、変数係数を有する 2 階線形同次微分方程式

$$\frac{d^2 y}{dx^2} + P(x)\frac{dy}{dx} + Q(x)y = 0$$

の解法には確立されたものがない。

一方で、理工系への応用に際しては、重要な微分方程式は変数係数を有する場合が多い。たとえば、水素原子のシュレーディンガー方程式に登場するのは変数係数 2 階線形微分方程式である。このため、いかに難攻不落の微分方程式を解法するかが研究者の腕の見せ所となっている。

ここでは、解法可能な変数係数の 2 階線形微分方程式を紹介する。

5. 6. 1.　オイラーの微分方程式

$$y'' + \frac{a_1}{x}y' + \frac{a_0}{x^2}y = 0$$

のようなかたちをした微分方程式を**オイラーの微分方程式** (Euler differential equation) と呼んでいる。ただし、一般には、両辺に x^2 を乗じて

$$x^2 y'' + a_1 xy' + a_0 y = 0$$

とするのが通例である。

この方程式は、$x = e^t$ と置いて、x から t に変数変換することにより、定数係数の線形微分方程式に変換することができ解法が可能となる。

$x = e^t$ と置くと

$$\frac{dx}{dt} = e^t \qquad より \qquad \frac{dt}{dx} = \frac{1}{e^t} = e^{-t}$$

となる。よって

158

第 5 章　2 階線形微分方程式

$$\frac{dy}{dx} = \frac{dy}{dt}\frac{dt}{dx} = e^{-t}\frac{dy}{dt} \qquad \text{から} \qquad x\frac{dy}{dx} = e^t e^{-t}\frac{dy}{dt} = \frac{dy}{dt}$$

となって、変数係数が消えてくれるのである。つぎに

$$\frac{d^2y}{dx^2} = \frac{d}{dx}\left(\frac{dy}{dx}\right) = \frac{d}{dt}\left(\frac{dy}{dx}\right)\frac{dt}{dx} = \frac{d}{dt}\left(e^{-t}\frac{dy}{dt}\right)\frac{dt}{dx} = \left(-e^{-t}\frac{dy}{dt} + e^{-t}\frac{d^2y}{dt^2}\right)e^{-t}$$

$$= -e^{-2t}\frac{dy}{dt} + e^{-2t}\frac{d^2y}{dt^2}$$

から

$$x^2\frac{d^2y}{dx^2} = -e^{2t}e^{-2t}\frac{dy}{dt} + e^{2t}e^{-2t}\frac{d^2y}{dt^2} = -\frac{dy}{dt} + \frac{d^2y}{dt^2}$$

となって、こちらも変数係数が消えてくれる。

このおかげで、オイラーの微分方程式は

$$\frac{d^2y}{dt^2} + (a_1 - 1)\frac{dy}{dt} + a_0\, y = 0$$

のように、定数係数の微分方程式に変換できることがわかる。ただし、$x = e^t$ という変数変換ができるのは、$x > 0$ の場合だけであることに注意する必要がある。

演習 5-18　つぎの微分方程式を解法せよ。
$$x^2 y'' + 4xy' + 2y = 0 \quad (x > 0)$$

解）　オイラーの微分方程式であるから $x = e^t$ と置く。すると

$$y' = \frac{dy}{dx} = \frac{dy}{dt}\frac{dt}{dx} = e^{-t}\frac{dy}{dt}$$

$$y'' = \frac{d^2y}{dx^2} = \frac{d}{dx}\left(\frac{dy}{dx}\right) = \frac{d}{dx}\left(e^{-t}\frac{dy}{dt}\right) = \frac{d}{dt}\left(e^{-t}\frac{dy}{dt}\right)\frac{dt}{dx}$$

$$= -\left\{e^{-t}\frac{dy}{dt} + e^{-t}\frac{d^2y}{dt^2}\right\}e^{-t} = -e^{-2t}\frac{dy}{dt} + e^{-2t}\frac{d^2y}{dt^2}$$

であるから、微分方程式の左辺に代入すると

$$x^2\frac{d^2y}{dx^2} + 4x\frac{dy}{dx} + 2y = e^{2t}\left\{-e^{-2t}\frac{dy}{dt} + e^{-2t}\frac{d^2y}{dt^2}\right\} + 4\,e^t e^{-t}\frac{dy}{dt} + 2y$$

159

$$= -\frac{dy}{dt} + \frac{d^2 y}{dt^2} + 4\frac{dy}{dt} + 2y = \frac{d^2 y}{dt^2} + 3\frac{dy}{dt} + 2y$$

となる。よって表記の微分方程式は

$$\frac{d^2 y}{dt^2} + 3\frac{dy}{dt} + 2y = 0$$

のような定数係数の 2 階線形微分方程式となる。

この解法は簡単である。まず、特性方程式は

$$\lambda^2 + 3\lambda + 2 = 0 \qquad \text{から} \qquad (\lambda + 1)(\lambda + 2) = 0$$

より $\lambda = -1$, $\lambda = -2$ となるので、解は

$$y = C_1 e^{-t} + C_2 e^{-2t} \qquad (C_1, C_2 : \ \text{定数})$$

と与えられる。

$x = e^t$ であったから、結局、一般解は

$$y = \frac{C_1}{x} + \frac{C_2}{x^2}$$

となる。

5.6.2. 階数低下法

変数係数の 2 階線形同次微分方程式

$$\frac{d^2 y}{dx^2} + P(x)\frac{dy}{dx} + Q(x)y = 0$$

には、2 個の基本解がある。これらを y_1, y_2 とすると、一般解は

$$y = C_1 y_1 + C_2 y_2$$

と与えられる。

よって、互いに線形独立な基本解を何らかの方法で 2 個見つければ微分方程式は解法できる。ひとつの方法は、適当な初等関数を代入して様子を見ることである。初等関数としては、x, x^2, x^3 や三角関数 $\sin kx, \cos kx$ 指数関数 e^{kx} などが解の候補となる。

ただし、基本解を 2 個とも探すのは容易ではない。ここで、何らかの方法で基本解のひとつ $y_1 = v(x)$ がわかったものとしよう。このとき、もうひとつの解を $y_2 = u(x)$ と仮定し、$y = u(x)v(x)$ を微分方程式に代入することで、$u(x)$ に関する 1 階 1 次微分方程式に還元することができる。

第 5 章　2 階線形微分方程式

つまり、階数を 2 階から 1 階に低下することができるのである。このため本手法を**階数低下法** (reduction of order) と呼んでいる。それを確かめてみよう。

まず、$y_1 = v(x)$ が解であるから

$$v'' + Pv' + Qv = 0$$

が成立する。

ここで $y = uv$ を表記の微分方程式に代入してみよう。すると

$$y' = (uv)' = u'v + uv'$$
$$y'' = (u'v + uv')' = u''v + 2u'v' + uv''$$

となる。

演習 5-19　$y = uv$ を下記の微分方程式に代入して u に関する方程式を求めよ。
$$y'' + Py' + Qy = 0$$

解)　$y'' = u''v + 2u'v' + uv''$, $y' = u'v + uv'$ であるから

$$(u''v + 2u'v' + uv'') + P(u'v + uv') + Quv = 0$$

となる。整理すると

$$u''v + (2v' + Pv)u' + u(v'' + Pv' + Qv) = 0$$

となるが

$$v'' + Pv' + Qv = 0$$

であるから

$$u''v + (2v' + Pv)u' = 0$$

という式が得られる。

ここで $t = u'$ と置けば

$$v\frac{dt}{dx} + (2v' + Pv)t = 0$$

となり、1 階 1 次の微分方程式となる。

よって、t を求めれば、もう 1 個の基本解である u を求めることができる。したがって、問題は 1 個の基本解をいかに見つけるかにある。実は、変数係数 $P(x)$, $Q(x)$ に表 5-1 のような関係があるとき、表に示した基本解を持つことが知られ

ている。この関係を利用して変数係数の微分方程式の解法が行われる。

表 5-1 変数係数微分方程式の基本解

$P(x), Q(x)$ の条件	基本解のひとつ
$P + xQ = 0$	$y_1 = x$
$1 + P + Q = 0$	$y_1 = e^x$
$1 - P + Q = 0$	$y_1 = e^{-x}$
$\lambda^2 + \lambda P + Q = 0$	$y_1 = e^{\lambda x}$
$\lambda(\lambda-1) + \lambda xP + x^2Q = 0$	$y_1 = x^\lambda$

それでは、実際に基本解かどうかを確かめてみよう。まず、条件
$$P(x) + xQ(x) = 0$$
の場合を確かめてみる。すると
$$P(x) = -xQ(x)$$
となるから、微分方程式は
$$y'' - xQy' + Qy = 0$$
となる。ここで、$y = x$ が基本解であることを確かめる。
$$y'' = 0 \qquad y' = 1$$
となり、微分方程式に代入すると
$$y'' - xQy' + Qy = 0 - xQ + Qx = 0$$
となって、確かに解であることがわかる。

演習 5-20 $1 + P + Q = 0$ のとき、$y = e^x$ が基本解となることを確かめよ。

解) $1 + P + Q = 0$ のとき、微分方程式は
$$y'' - (Q+1)y' + Qy = 0$$
となる。$y = e^x$ とすると
$$y'' = e^x \qquad y' = e^x$$
となり、微分方程式の左辺に代入すると

162

第 5 章　2 階線形微分方程式

$$y'' - (Q+1)y' + Qy = e^x - (Q+1)e^x + Qe^x = 0$$

となり、基本解であることが確かめられる。

　同様にして、$1 - P + Q = 0$ のとき、微分方程式は

$$y'' + (Q+1)y' + Qy = 0$$

となるが、解を $y = e^{-x}$ とすると

$$y'' = e^{-x} \qquad y' = -e^{-x}$$

となり、微分方程式の左辺に代入すると

$$y'' + (Q+1)y' + Qy = e^{-x} - (Q+1)e^{-x} + Qe^{-x} = 0$$

から、基本解であることが確かめられる。

演習 5-21　$\lambda^2 + \lambda P + Q = 0$ のとき、$y = e^{\lambda x}$ が基本解となることを確かめよ。

　解）　$\lambda^2 + \lambda P + Q = 0$ のとき、微分方程式は

$$y'' + Py' - (\lambda^2 + \lambda P)y = 0$$

となる。解を $y = e^{\lambda x}$ とすると

$$y'' = \lambda^2 e^{\lambda x} \qquad y' = \lambda e^{\lambda x}$$

となるから、微分方程式の左辺に代入すると

$$\lambda^2 e^{\lambda x} + P\lambda e^{\lambda x} - (\lambda^2 + \lambda P)e^{\lambda x} = 0$$

となり、基本解であることが確かめられる。

　最後に、$\lambda(\lambda-1) + \lambda x P + x^2 Q = 0$ の場合を考えてみよう。この場合

$$Q = -\lambda(\lambda-1)x^{-2} - \lambda x^{-1}A$$

となるから、微分方程式は

$$y'' + Py' - \left\{\lambda(\lambda-1)x^{-2} + \lambda x^{-1}A\right\}y = 0$$

となる。解を $y = x^{\lambda}$ とすると

$$y'' = \lambda(\lambda-1)x^{\lambda-2} \qquad y' = \lambda x^{\lambda-1}$$

となるから、微分方程式の左辺に代入すると

163

$$\lambda(\lambda-1)x^{\lambda-2} + \lambda x^{\lambda-1}P - \left\{\lambda(\lambda-1)x^{-2} + \lambda x^{-1}P\right\}x^{\lambda} = 0$$

となり、確かに、基本解であることが確かめられる。

それでは、表 5-1 の関係が得られていることを前提に、微分方程式の解法を進めていこう。

演習 5-22　つぎの変数係数 2 階線形同次微分方程式を解法せよ。

$$y'' - \frac{3}{x}y' + \frac{3}{x^2}y = 0$$

解）　基本式　$y'' + P(x)y' + Q(x)y = 0$　において

$$P(x) = -3/x \qquad Q(x) = 3/x^2$$

となるので

$$P(x) + xQ(x) = -\frac{3}{x} + x\cdot\frac{3}{x^2} = -\frac{3}{x} + \frac{3}{x} = 0$$

が成立する。よって $y_1 = x$ が基本解となる。ここで

$$y = u(x)x$$

と置いて微分方程式に代入してみる。すると

$$y' = u'x + u \qquad y'' = u''x + 2u'$$

となるので

$$(u''x + 2u') - \frac{3}{x}(u'x + u) + \frac{3}{x^2}ux = 0$$

となり、整理すると

$$xu'' - u' = 0$$

となる。ここで、$t = u'$ と置くと

$$x\frac{dt}{dx} - t = 0$$

となって 1 階 1 次の微分方程式となる。変数分離形であるから

$$x\frac{dt}{dx} = t \qquad \text{から} \qquad \frac{dt}{t} = \frac{dx}{x}$$

となる。両辺を積分すると

164

第 5 章　2 階線形微分方程式

$$\int \frac{dt}{t} = \int \frac{dx}{x} \quad から \quad \log|t| = \log|x| + C \quad (C : \; 定数)$$

したがって

$$t = \pm e^C x = C_1 x$$

となる。ただし、C_1 は $\pm e^C$ の定数である。よって

$$t = \frac{du}{dx} = C_1 x$$

より

$$u = \int C_1 x \, dx = \frac{C_1}{2} x^2 + C_2 \qquad (C_2 : \; 定数)$$

となり

$$y_2 = ux = \frac{C_1}{2} x^3 + C_2 x$$

となる。

これに $y_1 = x$ を加えれば一般解が得られるが、すでに上記の解に x が含まれているので、この解そのものが、表記の変数係数 2 階線形同次微分方程式の一般解となる。

演習 5-23　$y = e^x$ が、つぎの変数係数 2 階線形同次微分方程式の基本解のひとつであることを確かめよ。

$$(x-1)y'' - xy' + y = 0$$

解）　与式を変形すると

$$y'' - \frac{x}{x-1} y' + \frac{1}{x-1} y = 0$$

となり、基本式 $y'' + P(x)y' + Q(x)y = 0$ において

$$P(x) = -\frac{x}{x-1} \qquad Q(x) = \frac{1}{x-1}$$

となる。ここで

165

$$1 + P + Q = 1 - \frac{x}{x-1} + \frac{1}{x-1} = 0$$

となるから表 5-1 を参照すれば、 $y = e^x$ が基本解となることがわかる。ここで

$$y' = e^x \qquad y'' = e^x$$

であるから、表記の微分方程式に代入すると

$$(x-1)y'' - xy' + y = (x-1)e^x - xe^x + e^x = 0$$

となって、確かに基本解であることが確かめられる。

実は、この微分方程式は

$$P(x) + xQ(x) = -\frac{x}{x-1} + \frac{x}{x-1} = 0$$

という条件も満足する。

よって、もう 1 個の基本解が $y = x$ と与えられる。したがって、一般解は

$$y = C_1 e^x + C_2 x$$

となる。ただし、C_1, C_2 は定数である。

以上のように、表 5-1 示した変数係数 $P(x), Q(x)$ の条件から、ひとつの基本解がわかれば、後は、階数低下法により、もう 1 個の基本解を求めることができるので、変数係数の場合の一般解が得られるのである。

また、表 5-1 の条件に合わない場合でも、適当な初等関数を代入して基本解を探ることも可能である。もちろん、基本解を得るのが難しい場合もある。その場合には、第 6 章で紹介する級数解法を利用して解法を行うことになる。

5. 7.　変数係数の非同次微分方程式

それでは、変数係数を有する 2 階線形非同次微分方程式

$$y'' + P(x)y' + Q(x)y = R(x)$$

の解法についても、紹介しておこう。

5. 7. 1.　変数係数の場合の階数低下法

基本として、非同次方程式の同伴方程式

$$y'' + P(x)y' + Q(x)y = 0$$

166

第 5 章　2 階線形微分方程式

のひとつの基本解 $y_1 = v(x)$ が与えられているものとする。

この際、同次方程式と同様に

$$y = u(x)\,v(x)$$

を非同次方程式に代入すると

$$u''v + (2v' + Pv)u' = R$$

となる（演習 5-19 参照）。ここで $t = u'$ と置けば

$$t' + (2v' + Pv)t = R$$

となって、階数が低下し t に関する 1 階の非同次方程式となる。あとは、第 2 章で紹介した方法によって解法が可能となる。つまり、同次方程式の基本解が 1 個わかっていれば、非同次方程式の解法も可能となるのである。

具体例で見てみよう。つぎの変数係数 2 階線形非同次微分方程式を解法してみる。

$$xy'' + (1 - 2x)y' + (x - 1)y = 2xe^x$$

まず、同次方程式の同伴方程式の基本解を求める。

演習 5-24　つぎの変数係数 2 階線形同次微分方程式の基本解を求めよ。
$$xy'' + (1 - 2x)y' + (x - 1)y = 0$$

解）　与式を変形すると

$$y'' + \frac{1 - 2x}{x}y' + \frac{x - 1}{x}y = 0$$

となる。よって、基本式 $y'' + P(x)y' + Q(x)y = 0$ において

$$P(x) = \frac{1 - 2x}{x} \qquad Q(x) = \frac{x - 1}{x}$$

の場合に相当する。ここで

$$1 + P + Q = 1 + \frac{1 - 2x}{x} + \frac{x - 1}{x} = \frac{x + 1 - 2x + x - 1}{x} = 0$$

であるから表 5-1 より、$y_1 = e^x$ が基本解のひとつとなることがわかる。

167

同次方程式の基本解の 1 個が得られたので、それを足掛かりにして非同次方程式の一般解を求めてみよう。

演習 5-25　$y = u(x)\,e^x$ を非同次方程式に代入して $u(x)$ に求められる条件を導出せよ。

　解)

$$y' = u'e^x + ue^x \qquad\qquad y'' = u''e^x + 2u'e^x + ue^x$$

となるので、表記の非同次微分方程式は

$$xy'' + (1-2x)y' + (x-1)y$$

$$= x(u''e^x + 2u'e^x + ue^x) + (1-2x)(u'e^x + ue^x) + (x-1)ue^x = 2xe^x$$

となる。e^x で除したのち整理すると

$$x(u'' + 2u' + u) + (1-2x)(u' + u) + (x-1)u = 2x$$

から

$$xu'' + u' = 2x \qquad\qquad u'' + \frac{1}{x}u' = 2$$

という関数 u に関する微分方程式が得られる。

後は、u に関する微分方程式を解けばよい。ここで、$t = u'$ と置いて階数を低下させると

$$t' + \frac{1}{x}t = 2$$

となる。これは、非同次の 1 階 1 次微分方程式であるから解法が可能である。

演習 5-26　　第 2 章で導出した公式を用いて上記の非同次方程式を解法せよ。

　解)　　公式を復習すると、非同次方程式

$$\frac{dt}{dx} + P(x)t = R(x)$$

の解は

168

第 5 章　2 階線形微分方程式

$$t = \exp\left(-\int P(x)\,dx\right)\left\{\int R(x)\exp\left(\int P(x)\,dx\right)dx + C\right\} \qquad (C: \ 定数)$$

と与えられるというものであった。

$P(x) = 1/x, \ R(x) = 2$ であるから

$$t = \exp\left(-\int \frac{1}{x}\,dx\right)\left\{\int 2\exp\left(\int \frac{1}{x}\,dx\right)dx + C_1\right\}$$

となる。ただし C_1 は定数である。

ここで、$x > 0$ としよう。すると

$$\int \frac{1}{x}\,dx = \log x$$

から

$$\exp\left(-\int \frac{1}{x}\,dx\right) = \exp(-\log x) = \frac{1}{\exp(\log x)} = \frac{1}{x} \qquad \exp\left(\int \frac{1}{x}\,dx\right) = \exp(\log x) = x$$

となるので

$$t = \frac{1}{x}\left(\int 2x\,dx + C_1\right) = \frac{1}{x}(x^2 + C_1) = x + \frac{C_1}{x}$$

となる。

この結果をもとに、もとの非同次方程式の解 y を求めてみよう。まず、$t = u'$ であるから

$$u = \int\left(x + \frac{C_1}{x}\right)dx = \frac{x^2}{2} + C_1\log x + C_2 \qquad (C_2: \ 定数)$$

となる。

したがって、もとの非同次方程式の解 y は

$$y = ue^x = e^x\left(\frac{x^2}{2} + C_1\log x + C_2\right) = C_1 e^x \log x + C_2 e^x + \frac{1}{2}x^2 e^x$$

となる。ただし、これは $x > 0$ の場合の解である。

$x < 0$ の場合には

$$\int \frac{1}{x}\,dx = \log(-x)$$

とすればよく、解は

$$u = \frac{x^2}{2} + C_1 \log(-x) + C_2$$

となるので

$$y = ue^x = e^x\left(\frac{x^2}{2} + C_1 \log(-x) + C_2\right) = C_1 e^x \log(-x) + C_2 e^x + \frac{1}{2}x^2 e^x$$

と与えられる。

このように、非同次方程式の同伴方程式の基本解がわかれば、非同次方程式に直接、階数低下法を適用することで、一般解が得られるのである。

ところで、定数係数 2 階線形非同次微分方程式の特殊解を求める場合に定数変化法が適用可能であることを 5.4.1 ならびに 5.4.2 項で紹介した。実は、この手法は変数係数の場合にも、そのまま適用することが可能となる。それを次に紹介しよう。

5.7.2. 変数係数の場合の定数変化法

2 階線形非同次微分方程式

$$y'' + P(x)y' + Q(x)y = R(x)$$

の解法に、定数変化法を適用する。

まず、同伴方程式

$$y'' + P(x)y' + Q(x)y = 0$$

の基本解を y_1, y_2 として一般解が

$$y = C_1 y_1 + C_2 y_2$$

と与えられているものとする。

この解の定数 C_1, C_2 を関数と見なして

$$y = C_1(x)y_1 + C_2(x)y_2$$

と置いて、非同次方程式の特殊解を求めればよい。

これ以降のプロセスは、定数係数の場合とまったく同様であり、ロンスキー行列式を使うと非同次方程式の特殊解は

$$y = y_1 C_1(x) + y_2 C_2(x) = -y_1 \int \frac{y_2 R(x)}{W(y_1, y_2)}dx + y_2 \int \frac{y_1 R(x)}{W(y_1, y_2)}dx$$

と与えられる。

第 5 章　2 階線形微分方程式

演習 5-27　つぎの変数係数 2 階線形非同次微分方程式を解法せよ。
$$(x-1)y'' - xy' + y = (x-1)e^{2x}$$

解）　演習 5-23 より、上記非同次方程式の同伴方程式
$$(x-1)y'' - xy' + y = 0$$
は
$$y_1 = x \qquad y_2 = e^x$$
の基本解を有する。よって、同伴方程式の一般解は
$$y = C_1 x + C_2 e^x \qquad (C_1, C_2 : 定数)$$
となる。

ここで、表記の非同次方程式の特殊解を求めるために、定数変化法を用いて
$$y = C_1(x)x + C_2(x)e^x$$
と置く。ロンスキー行列式は
$$W(y_1, y_2) = \begin{vmatrix} y_1 & y_2 \\ y_1' & y_2' \end{vmatrix} = \begin{vmatrix} x & e^x \\ 1 & e^x \end{vmatrix} = xe^x - e^x = (x-1)e^x$$

となる。また、非同次項は $R(x) = (x-1)e^{2x}$ であるから
$$C_1(x) = -\int \frac{y_2 R(x)}{W(y_1, y_2)} dx = -\int \frac{e^x(x-1)e^{2x}}{(x-1)e^x} dx = -\int e^{2x} dx = -\frac{1}{2}e^{2x}$$
$$C_2(x) = \int \frac{y_1 R(x)}{W(y_1, y_2)} dx = \int \frac{x(x-1)e^{2x}}{(x-1)e^x} dx = \int xe^x dx = xe^x - \int e^x dx = (x-1)e^x$$

と与えられる。よって特殊解は
$$y = y_1 C_1(x) + y_2 C_2(x) = x\left(-\frac{1}{2}e^{2x}\right) + e^x(x-1)e^x = -\frac{1}{2}xe^{2x} + (x-1)e^{2x} = \left(\frac{1}{2}x - 1\right)e^{2x}$$

となる。結局、非同次方程式の一般解は
$$y = C_1 x + C_2 e^x + \left(\frac{1}{2}x - 1\right)e^{2x}$$

と与えられる。

以上のように、基本解が 2 個わかっている場合には、定数変化法を利用して、非同次方程式の一般解を求めることができる。

171

補遺 5-1　線形微分方程式と線形空間

　本章は、2 階線形微分方程式の解法について紹介している。その解法を考える
うえで、一般的な n 階線形同次微分方程式の解がつくる**線形空間** (linear space)
という概念を理解しておいたほうがよい。そこで、本補遺でその説明を行う。

A5-1. 1.　n 階線形微分方程式

　n **階の線形微分方程式** (linear differential equation of order n) の一般式は

$$\frac{d^n y}{dx^n} + p_{n-1}(x)\frac{d^{n-1}y}{dx^{n-1}} + ... + p_2(x)\frac{d^2 y}{dx^2} + p_1(x)\frac{dy}{dx} + p_0(x)y = R(x)$$

となる。ここで、$R(x) = 0$ のとき

$$\frac{d^n y}{dx^n} + p_{n-1}(x)\frac{d^{n-1}y}{dx^{n-1}} + ... + p_2(x)\frac{d^2 y}{dx^2} + p_1(x)\frac{dy}{dx} + p_0(x)y = 0$$

を**同次方程式** (homogeneous equation) と呼んでいる。

　一方、$R(x) \neq 0$ のとき、この項は y に関して 0 次となるので、次数がこの項
だけ異なるため**非同次方程式** (inhomogeneous equation) と呼び、$R(x)$ を**非同次項**
(inhomogeneous term) と呼んでいる。

　また、すべての**係数** (coefficients)、つまり

$$p_{n-1}(x), p_{n-2}(x), ... , p_1(x) , p_0(x)$$

が**定数** (constant) の場合を**定数係数線形微分方程式** (linear differential equation
with constant coefficients) と呼んでいる。

A5-1. 2.　線形同次微分方程式の解

　線形同次微分方程式の解には、非常に重要な性質がある。同次方程式のひとつ

172

第5章　2階線形微分方程式

の解が $y = y_1(x)$ としよう。このとき、C_1 を任意定数とすると

$$y = C_1 y_1(x)$$

も微分方程式の解となる。同次方程式に代入すると

$$C_1 \frac{d^n y_1}{dx^n} + C_1 p_{n-1}(x) \frac{d^{n-1} y_1}{dx^{n-1}} + ... + C_1 p_1(x) \frac{dy_1}{dx} + C_1 p_0(x) y_1$$

$$= C_1 \left(\underbrace{\frac{d^n y_1}{dx^n} + p_{n-1}(x) \frac{d^{n-1} y_1}{dx^{n-1}} + ... + p_1(x) \frac{dy_1}{dx} + p_0(x) y_1}_{=0} \right)$$

となるが、括弧内が微分方程式を満たすので、この値は 0 となるからである。非同次の場合には、$C_1 y_1(x)$ は解とならない。

　同様にして、2 階線形同次微分方程式の解を

$$y = y_1(x), \qquad y = y_2(x)$$

とすると

$$y = C_1 y_1(x) + C_2 y_2(x) \qquad (C_1, C_2：\text{ 任意定数})$$

も微分方程式の解となる。同様にして

$$y = y_1(x), \quad y = y_2(x), ..., \quad y = y_n(x)$$

が微分方程式の解ならば

$$y = C_1 y_1(x) + C_2 y_2(x) + ... + C_n y_n(x) \qquad (C_1, C_2, ..., C_n：\text{ 任意定数})$$

も微分方程式の解となる。

　この場合、n はもとの方程式の階数よりも多くても構わないが、解全体を網羅するために必要な解の数は n 個である。ただし、解全体を網羅するためには、n 個の解は互いに**線形独立** (linearly independent) でなければならない。たとえば、n 階線形同次微分布方程式の解に

$$y_5(x) = C_2 y_2(x) + C_4 y_4(x)$$

という関係がある場合には、$y_5(x)$ は線形独立ではない。このとき、解 $y_5(x)$ は**線形従属** (linearly dependent) であると呼ぶ。

　ここで、解の集合

$$y = y_1(x), \quad y = y_2(x), ..., \quad y = y_n(x)$$

がすべて線形独立であるためには

$$a_1 y_1 + a_2 y_2 + a_3 y_3 + ... + a_{n-1} y_{n-1} + a_n y_n = 0$$

が成立するのが

173

$$a_1 = a_2 = a_3 = \ldots = a_{n-1} = a_n = 0$$

のときのみであるという条件を満足すればよい。

たとえば、3階微分方程式の場合

$$a_1 y_1 + a_2 y_2 + a_3 y_3 = 0$$

という条件を満たす係数が

$$a_1 = a_2 = a_3 = 0$$

以外にあるとすると

$$y_3 = -\frac{a_1}{a_3} y_1 - \frac{a_2}{a_3} y_2$$

となって、必ず、ある解が他の解の線形結合となってしまうからである。

演習 A5-1-1　関数 $e^x = \exp(x)$ と $e^{-x} = \exp(-x)$ が線形独立であることを示せ。

解）　a_1, a_2 を任意の定数とすると

$$a_1 e^x + a_2 e^{-x} = 0$$

を満たすためには

$$a_1 = a_2 = 0$$

となることを証明すればよい。

しかし、このままでは、与えられた式は1個で変数が2個あるから対処できない。ここで、もう1個式を増やそう。上の等式の両辺を x で微分する。すると

$$a_1 e^x - a_2 e^{-x} = 0$$

という等式ができる。

そして、これら式を連立して係数を求める。上の式と下の式を足すと

$$2a_1 e^x = 0$$

が得られる。$e^x \neq 0$ であるから、この等式を満足するのは $a_1 = 0$ である。同様にして $a_2 = 0$ となり、関数 e^x と e^{-x} が線形独立であることが証明できる。

A5-1. 3.　ロンスキー行列式

それでは、いまの手法を利用して、y_1, y_2, y_3 が線形独立の条件を考えてみよう。

第 5 章　2 階線形微分方程式

$$a_1 y_1 + a_2 y_2 + a_3 y_3 = 0$$

という等式が成立するのは、$a_1 = a_2 = a_3 = 0$ の場合のみというのが、線形独立のための条件であった。しかし、このままでは等式が 1 個しかない。そこで、両辺の x に関する微分をとると

$$a_1 y_1' + a_2 y_2' + a_3 y_3' = 0$$

と新たな式ができる。さらに微分をとると

$$a_1 y_1'' + a_2 y_2'' + a_3 y_3'' = 0$$

となって、3 変数に対して、3 個の式ができる。これで係数を求めることができる。ところで、これら 3 式は、**行列** (matrix) を使って表現すると

$$\begin{pmatrix} y_1 & y_2 & y_3 \\ y_1' & y_2' & y_3' \\ y_1'' & y_2'' & y_3'' \end{pmatrix} \begin{pmatrix} a_1 \\ a_2 \\ a_3 \end{pmatrix} = \begin{pmatrix} 0 \\ 0 \\ 0 \end{pmatrix}$$

となる。ここで線形代数を少し思い出してほしい。

この連立同次 1 次方程式が

$$a_1 = a_2 = a_3 = 0$$

という**自明な解** (trivial solution) 以外の解を有する場合、係数行列の**行列式** (determinant) が

$$\begin{vmatrix} y_1 & y_2 & y_3 \\ y_1' & y_2' & y_3' \\ y_1'' & y_2'' & y_3'' \end{vmatrix} = 0$$

という条件を満足する必要がある。この行列式を

$$W(y_1, y_2, \ldots, y_n)$$

と表記し、**ロンスキー行列式** (Wronski determinant) と呼んでいる。**ロンスキアン** (Wronskian) とも呼ぶ。日本語ではわからないが、ロンスキー行列式を W とするのは、英名が Wronski のように W で始まっているからである。

175

演習 A5-1-2　ロンスキー行列式を利用して、関数 x, x^2, x^3 が線形独立かどうか確かめよ。

解）　これら関数が線形独立であるためには

$$a_1 x + a_2 x^2 + a_3 x^3 = 0$$

が成立するのが

$$a_1 = a_2 = a_3 = 0$$

のときであることを示せばよい。

ここで、ロンスキー行列式を計算しよう。1列めの成分で余因子展開すると

$$\begin{vmatrix} x & x^2 & x^3 \\ 1 & 2x & 3x^2 \\ 0 & 2 & 6x \end{vmatrix} = x \begin{vmatrix} 2x & 3x^2 \\ 2 & 6x \end{vmatrix} - 1 \begin{vmatrix} x^2 & x^3 \\ 2 & 6x \end{vmatrix}$$

$$= x(12x^2 - 6x^2) - (6x^3 - 2x^3) = 2x^3$$

となって 0 とはならないので線形独立であることがわかる。

演習 A5-1-3　ロンスキー行列式を利用して、関数 $x, x^2, 3x^2+2x$ が線形独立かどうか確かめよ。

解）　これら関数が線形独立であるためには

$$a_1 x + a_2 x^2 + a_3 (3x^2 + 2x) = 0$$

が成立するのが $a_1 = a_2 = a_3$ のみという条件が付される。

ここで、ロンスキー行列式を計算しよう。3行めの成分で余因子展開すると

$$\begin{vmatrix} x & x^2 & 3x^2 + 2x \\ 1 & 2x & 6x + 2 \\ 0 & 2 & 6 \end{vmatrix} = -2 \begin{vmatrix} x & 3x^2 + 2x \\ 1 & 6x + 2 \end{vmatrix} + 6 \begin{vmatrix} x & x^2 \\ 1 & 2x \end{vmatrix}$$

$$= -2(6x^2 + 2x - 3x^2 - 2x) + 6(2x^2 - x^2) = 0$$

となって 0 となるので線形独立ではない。

関数 $3x^2+2x$ は、他の成分である x と x^2 の線形結合となっているから、線形独立でないことは自明であろう。

176

第 5 章　2 階線形微分方程式

A5-1. 4.　解の線形空間

n 階の同次線形微分方程式には n 個の線形独立な解が存在する。このとき、解の数が $n+1$ 個になれば必ず 1 個の解は線形従属となる。それを確かめてみよう。

$$\frac{d^3 y}{dx^3} + p_2(x)\frac{d^2 y}{dx^2} + p_1(x)\frac{dy}{dx} + p_0(x)y = 0$$

という 3 階同次線形微分方程式を考えてみよう。この解として

$$y = y_1(x), \quad y = y_2(x), \quad y = y_3(x), \quad y = y_4(x)$$

として 4 個の解があるとする。するとロンスキー行列式は

$$W(y_1, y_2, y_3, y_4) = \begin{vmatrix} y_1 & y_2 & y_3 & y_4 \\ y_1{}' & y_2{}' & y_3{}' & y_4{}' \\ y_1{}'' & y_2{}'' & y_3{}'' & y_4{}'' \\ y_1{}''' & y_2{}''' & y_3{}''' & y_4{}''' \end{vmatrix}$$

となる。

コラム　行列式の性質

ある行に他の行の定数倍したものを足しても値は変わらない。

$$\begin{vmatrix} a_{11} & a_{12} & a_{13} & a_{14} \\ a_{21} & a_{22} & a_{23} & a_{24} \\ a_{31} & a_{32} & a_{33} & a_{34} \\ a_{41} & a_{42} & a_{43} & a_{44} \end{vmatrix} = \begin{vmatrix} a_{11} & a_{12} & a_{13} & a_{14} \\ a_{21} & a_{22} & a_{23} & a_{24} \\ a_{31} & a_{32} & a_{33} & a_{34} \\ a_{41}+k\,a_{11} & a_{42}+k\,a_{12} & a_{43}+k\,a_{13} & a_{44}+k\,a_{14} \end{vmatrix}$$

ここで、微分方程式の解は

$$y''' = -p_2(x)y'' - p_1(x)y' - p_0(x)y$$

を満足する。上記のロンスキー行列式において

$$第 4 行 - p_0(x) \times 第 1 行 - p_1(x) \times 第 2 行 - p_2(x) \times 第 3 行$$

という操作を行うと

$$W(y_1, y_2, y_3, y_4) = \begin{vmatrix} y_1 & y_2 & y_3 & y_4 \\ y_1' & y_2' & y_3' & y_4' \\ y_1'' & y_2'' & y_3'' & y_4'' \\ y_1''' & y_2''' & y_3''' & y_4''' \end{vmatrix} = \begin{vmatrix} y_1 & y_2 & y_3 & y_4 \\ y_1' & y_2' & y_3' & y_4' \\ y_1'' & y_2'' & y_3'' & y_4'' \\ 0 & 0 & 0 & 0 \end{vmatrix} = 0$$

となって、必ずロンスキー行列式は 0 となる。したがって、線形従属となることがわかる。

この考えは、n 階の場合にも簡単に拡張できる。よって、n 階の同次線形微分方程式では、解の数が $n+1$ 個になれば、必ず線形従属となることがわかる。

一方、n 階の微分方程式の場合には、n 個の解を n 個の係数を掛けて線形結合した式を n 階微分することによって n 個の異なる等式をつくることができるから、互いに線形従属とはならない解を見つけることができるはずである。よって**n 階の同次線形微分方程式**では、**n 個の線形独立な解**が存在することになる。

同次方程式の解を全部あつめて集合 V をつくると、V は**線形空間** (linear space) を形成することが知られている。

A5-1. 5.　線形空間とベクトル

ここで線形空間について簡単に復習してみよう。線形空間の代表例は 2 次元空間のベクトルである。この場合、線形独立な成分は 2 個あり、基本は

$$\begin{pmatrix} x \\ y \end{pmatrix} = \begin{pmatrix} 1 \\ 0 \end{pmatrix} \quad と \quad \begin{pmatrix} x \\ y \end{pmatrix} = \begin{pmatrix} 0 \\ 1 \end{pmatrix}$$

となる。

この成分 2 個の線形結合で、すべての 2 次元ベクトルを表示することができる。つまり、C_1 と C_2 を任意定数とすると、すべての 2 次元ベクトルは

$$\begin{pmatrix} x \\ y \end{pmatrix} = C_1 \begin{pmatrix} 1 \\ 0 \end{pmatrix} + C_2 \begin{pmatrix} 0 \\ 1 \end{pmatrix}$$

と表現できる。

同様にして 3 次元ベクトルも線形空間を形成し、すべてのベクトルは

第 5 章　2 階線形微分方程式

$$\begin{pmatrix} x \\ y \\ z \end{pmatrix} = C_1 \begin{pmatrix} 1 \\ 0 \\ 0 \end{pmatrix} + C_2 \begin{pmatrix} 0 \\ 1 \\ 0 \end{pmatrix} + C_3 \begin{pmatrix} 0 \\ 0 \\ 1 \end{pmatrix}$$

で表現できる。これらは単位ベクトルで表現しているが、互いに平行ではない 3 個のベクトルならば、同様に表現することが可能である。たとえば

$$\begin{pmatrix} x \\ y \end{pmatrix} = C_1 \begin{pmatrix} 1 \\ 1 \end{pmatrix} + C_2 \begin{pmatrix} 0 \\ -1 \end{pmatrix}$$

というベクトルでも、線形空間をすべて埋め尽くすことができる。

　微分方程式の解の場合は、線形空間の成分はベクトルではなく関数となる。そして、n 階の同次線形微分方程式の場合は、n 個の線形独立な解があれば、すべての解空間を、これら n 個の線形結合として表現することができる。これら n 個の線形独立な解を**基本解** (fundamental solution) と呼んでいる。ベクトルの場合と同様に、基本解の組み合わせは一通りとは限らない。

　つまり、n 階の同次線形微分方程式の解空間は n 個の基本解の線形結合で埋められていることになる。それでは 2 階の同次線形微分方程式

$$\frac{d^2 y}{dx^2} + p_1(x)\frac{dy}{dx} + p_0(x)y = 0$$

の場合に解の集合が線形空間をつくっているかどうかを確かめてみよう。線形空間の場合 y_1 と y_2 が V の成分ならば、その線形和

$$C_1 y_1 + C_2 y_2$$

も V の成分である必要がある。この証明は簡単で、そのまま微分方程式の左辺に代入すると

$$\frac{d^2(C_1 y_1 + C_2 y_2)}{dx^2} + p_1(x)\frac{d(C_1 y_1 + C_2 y_2)}{dx} + p_0(x)(C_1 y_1 + C_2 y_2)$$

となるが、これを変形すると

$$C_1 \left(\frac{d^2 y_1}{dx^2} + p_1(x)\frac{dy_1}{dx} + p_0(x)y_1 \right) + C_2 \left(\frac{d^2 y_2}{dx^2} + p_1(x)\frac{dy_2}{dx} + p_0(x)y_2 \right)$$

となる。このとき、それぞれのカッコ内は微分方程式の解であるから

$$\frac{d^2(C_1 y_1 + C_2 y_2)}{dx^2} + p_1(x)\frac{d(C_1 y_1 + C_2 y_2)}{dx} + p_0(x)(C_1 y_1 + C_2 y_2) = 0$$

となって $C_1 y_1 + C_2 y_2$ も V の成分となることがわかる。n 階の場合にも同様に証

明することができる。

このように、同次線形微分方程式の解の集合は線形空間を形成することがわかる。そして、n 階の同次線形微分方程式の線形独立な n 個の解を

$$\{\, y = y_1(x), \quad y = y_2(x), \dots, \quad y = y_n(x) \,\}$$

とすると、これが基本解であり、すべての解は、これら基本解の線形結合

$$y = C_1 y_1 + C_2 y_2 + C_3 y_3 + \dots + C_{n-1} y_{n-1} + C_n y_n$$

で表すことができる。ただし、$C_1, C_2, C_3, \dots, C_n$ は任意定数である。これら n 個の任意定数を含んだ解を n 階線形同次微分方程式の一般解と呼んでいる。

A5-1.6. 非同次線形微分方程式

線形同次微分方程式の解の求め方と解の集合が形成する線形空間の考え方を説明した。それでは

$$\frac{d^n y}{dx^n} + p_{n-1}(x)\frac{d^{n-1} y}{dx^{n-1}} + \dots + p_2(x)\frac{d^2 y}{dx^2} + p_1(x)\frac{dy}{dx} + p_0(x)y = R(x)$$

のような非同次の微分方程式の解法はどうすればよいのであろうか。

まず、この非同次線形微分方程式に対応した同次方程式は

$$\frac{d^n y}{dx^n} + p_{n-1}(x)\frac{d^{n-1} y}{dx^{n-1}} + \dots + p_2(x)\frac{d^2 y}{dx^2} + p_1(x)\frac{dy}{dx} + p_0(x)y = 0$$

となる。これを非同次方程式の同伴方程式と呼ぶ。

ここで、同次方程式の一般解を

$$y = C_1 y_1(x) + C_2 y_2(x) + C_3 y_3(x) + \dots + C_{n-1} y_{n-1}(x) + C_n y_n(x)$$

とすると、この解は上の同次微分方程式を満たしている。

ここで、仮に非同次方程式を満足する解 $v(x)$ が、何らかの方法で見つかったとしよう。すると

$$y = C_1 y_1(x) + C_2 y_2(x) + \dots + C_{n-1} y_{n-1}(x) + C_n y_n(x) + v(x)$$

は非同次方程式を満たすはずである。なぜなら

$$y = C_1 y_1(x) + C_2 y_2(x) + \dots + C_{n-1} y_{n-1}(x) + C_n y_n(x)$$

は非同次方程式に代入しても 0 の値しか示さない。残った項の $v(x)$ は、非同次方程式を満たすので、$R(x)$ を与える。結局、左辺に代入すると

$$0 + R(x) = R(x)$$

180

第 5 章　2 階線形微分方程式

となって、非同次方程式を満足するのである。しかも、この解は n 個の任意定数
を含んでいるから、n 階の非同次方程式の一般解となる。

　よって、n 階微分方程式においても、非同次方程式を満足する解が 1 個でも見
つかれば、それを同次方程式の一般解に足し合わせることで

　（非同次方程式の一般解）＝（同次方程式の一般解）＋（非同次方程式の特殊解）

のように非同次方程式の一般解が得られるのである。

補遺 5-2　級数展開

　数学を理工学に利用する際、非常に便利な手法として**級数展開** (series expansion) がある。本章で登場するオイラーの公式は、級数展開を利用して証明することができる。また、第 6 章で紹介する微分方程式の解法にも級数展開が利用される。そこで、本補遺では、級数展開の基本を紹介しておく。

A5-2. 1.　級数展開

　級数展開とは、関数 $f(x)$ を、つぎのような**無限べき級数** (infinite power series) に展開する手法である。

$$f(x) = a_0 + a_1 x + a_2 x^2 + a_3 x^3 + a_4 x^4 + a_5 x^5 + \dots$$

いったん、関数がこういうかたちに変形できれば、取り扱いが便利である。たとえば、微分と積分が簡単にできる。それではどのような方法で、関数の展開を行うのか。それを次に示す。

　まず、上記の級数展開の式に $x = 0$ を代入する。すると、x を含んだ項がすべて消えるので

$$f(0) = a_0$$

となって、**最初の定数項** (first constant term) が求められる。

　つぎに、$f(x)$ を x に関して微分すると

$$f'(x) = a_1 + 2a_2 x + 3a_3 x^2 + 4a_4 x^3 + 5a_5 x^4 + \dots$$

となる。この式に $x = 0$ を代入すれば $f'(0) = a_1$ となって、a_2 以降の項はすべて消えて、a_1 のみが求められる。

　同様に順次微分を行いながら、$x = 0$ を代入していくと、それ以降の係数が求められる。たとえば

$$f''(x) = 2a_2 + 3 \cdot 2a_3 x + 4 \cdot 3a_4 x^2 + 5 \cdot 4a_5 x^3 + \dots$$
$$f'''(x) = 3 \cdot 2a_3 + 4 \cdot 3 \cdot 2a_4 x + 5 \cdot 4 \cdot 3a_5 x^2 + \dots$$

第 5 章　2 階線形微分方程式

であるから、$x = 0$ を代入すれば、それぞれ a_2, a_3 が求められる。

よって、係数は

$$a_0 = f(0) \qquad a_1 = f'(0) \qquad a_2 = \frac{1}{1 \cdot 2} f''(0) \qquad a_3 = \frac{1}{1 \cdot 2 \cdot 3} f'''(0) \ ... \ a_n = \frac{1}{n!} f^n(0)$$

と与えられ、展開式は

$$f(x) = f(0) + f'(0)x + \frac{1}{2!} f''(0)x^2 + \frac{1}{3!} f'''(0)x^3 + ... + \frac{1}{n!} f^{(n)}(0)x^n + ...$$

となる。これをまとめて書くと**一般式** (general form)

$$f(x) = \sum_{n=0}^{\infty} \frac{1}{n!} f^{(n)}(0) x^n$$

が得られる。

A5-2. 2.　指数関数

それでは、指数関数 $f(x) = e^x$ の級数展開を行ってみよう。この場合

$$\frac{df(x)}{dx} = \frac{de^x}{dx} = e^x \qquad \frac{d^2 f(x)}{dx^2} = \frac{d}{dx}\left(\frac{df(x)}{dx}\right) = \frac{de^x}{dx} = e^x$$

となって e の場合は、$f^{(n)}(x) = e^x$ となる。ここで $x = 0$ を代入すると、すべて $f^{(n)}(0) = e^0 = 1$ となる。よって、e の展開式は

$$e^x = 1 + x + \frac{1}{2!}x^2 + \frac{1}{3!}x^3 + \frac{1}{4!}x^4 + ... + \frac{1}{n!}x^n + ...$$

と与えられることになる。

ここで、e^x の展開式を利用すると**自然対数** (natural logarithm) の**底** (base) である e の値を求めることができる。e^x の展開式に $x = 1$ を代入すると、

$$e = 1 + 1 + \frac{1}{2} + \frac{1}{6} + \frac{1}{24} + ...$$

これを計算すると

$$e = 2.718281828.......$$

が得られる。

このように、級数展開を利用すると、**無理数** (irrational number) のネイピア数 e の値を求めることも可能となる。

183

A5-2. 3. 三角関数

それでは、つぎに、**三角関数** (trigonometric function) を級数展開してみよう。
$f(x) = \sin x$ の場合

$$f'(x) = \cos x, \qquad f''(x) = -\sin x, \qquad f'''(x) = -\cos x$$
$$f^{(4)}(x) = \sin x, \qquad f^{(5)}(x) = \cos x, \qquad f^{(6)}(x) = -\sin x$$

となり、4回微分するともとに戻る。その後、順次同じサイクルを繰り返す。

ここで、$\sin 0 = 0, \ \cos 0 = 1$ であるから、

$$\sin x = x - \frac{1}{3!}x^3 + \frac{1}{5!}x^5 - \frac{1}{7!}x^7 + \ldots + (-1)^n \frac{1}{(2n+1)!}x^{2n+1} + \ldots$$

と展開できることになる。x が十分小さい場合は x^3 以降の項が無視できるので、
近似式 $\sin x \cong x$ が成立することが、この展開式からわかる。

つぎに $f(x) = \cos x$ の級数展開式を求めてみよう。この場合の導関数は

$$f'(x) = -\sin x, \qquad f''(x) = -\cos x, \qquad f'''(x) = \sin x,$$
$$f^{(4)}(x) = \cos x, \qquad f^{(5)}(x) = -\sin x, \qquad f^{(6)}(x) = -\cos x$$

で与えられ、$\sin 0 = 0, \ \cos 0 = 1$ であるから、

$$\cos x = 1 - \frac{1}{2!}x^2 + \frac{1}{4!}x^4 - \frac{1}{6!}x^6 + \ldots + (-1)^n \frac{1}{(2n)!}x^{2n} + \ldots$$

となる。

A5-2. 4. テイラー展開

本補遺で紹介したべき級数展開では

$$f(x) = a_0 + a_1 x + a_2 x^2 + a_3 x^3 + a_4 x^4 + a_5 x^5 + \ldots$$

と仮定したが、より一般的には

$$f(x) = b_0 + b_1(x-a) + b_2(x-a)^2 + b_3(x-a)^3 + \ldots + b_n(x-a)^n + \ldots$$

という級数が使われる。これを $x = a$ のまわりの展開と呼ぶ。よって、冒頭の級
数は、この一般式において、$a = 0$ と置いたものである。

この級数において、各係数を求めると、まず

$$f(a) = b_0$$

となる。つぎに、与式を微分すると

第 5 章　2 階線形微分方程式

$$f'(x) = b_1 + 2b_2(x-a) + 3b_3(x-a)^2 + \ldots + nb_n(x-a)^{n-1} + \ldots$$

となり　$f'(a) = b_1$ となる。つぎに

$$f''(x) = 2b_2 + 3 \cdot 2b_3(x-a) + 4 \cdot 3b_4(x-a)^2 + \ldots + n(n-1)b_n(x-a)^{n-2} + \ldots$$

から　$f''(a) = 2b_2$ となる。以下同様にして

$$f(x) = f(a) + f'(a)(x-a) + \frac{1}{2!}f''(a)(x-a)^2 + \ldots + \frac{1}{n!}f^{(n)}(a)(x-a)^n + \ldots$$

となる。これを**テイラー展開** (Taylor expansion) と呼んでいる。また、上記級数をテイラー級数と呼ぶ。

これに対し、$a = 0$ の場合を**マクローリン展開** (Maclaurin expansion) と区別して呼ぶ場合もある。級数解法においては、マクローリン展開を用いるのが主流である。

補遺 5-3　オイラーの公式

オイラーの公式は

$$e^{\pm i\theta} = \exp(\pm i\theta) = \cos\theta \pm i\sin\theta$$

のように、虚数 i を介して指数関数と三角関数を関係づける公式である。

本補遺では、オイラーの公式の導出と、その意味について解説する。まず、オイラーの公式の θ に π を代入してみよう。すると

$$e^{i\pi} = \cos\pi + i\sin\pi = -1 + i\cdot 0 = -1$$

という値が得られる。

つまり、自然対数の底である e を $i\pi$ 乗したら -1 になるという摩訶不思議な関係である。e も π も無理数であるうえ、i は想像の産物である。にもかかわらず、その組み合わせから -1 という有理数が得られるというのだから神秘的である。さらに、この式を変形すると

$$e^{i\pi} + 1 = 0$$

と書くことができる。

この式を、**オイラーの等式** (Euler's identity) と呼び、数学で最も美しい式あるいは奇跡の式とも呼んでいる。なぜなら、たったひとつの式に、数学において重要となる 5 個の数であるネイピア数 e、虚数 i、円周率 π、1 と 0 がすべて含まれているからである。

それでは、オイラーの公式の導出方法を紹介する。補遺 5-2 で導出した e^x と $\sin x, \cos x$ の級数展開式を並べて示すと

$$e^x = \exp(x) = 1 + x + \frac{1}{2!}x^2 + \frac{1}{3!}x^3 + \frac{1}{4!}x^4 + \frac{1}{5!}x^5 + ... + \frac{1}{n!}x^n + ...$$

$$\sin x = x - \frac{1}{3!}x^3 + \frac{1}{5!}x^5 - \frac{1}{7!}x^7 + ... + (-1)^n \frac{1}{(2n+1)!}x^{2n+1} + ...$$

第 5 章　2 階線形微分方程式

$$\cos x = 1 - \frac{1}{2!}x^2 + \frac{1}{4!}x^4 - \frac{1}{6!}x^6 + ... + (-1)^n \frac{1}{(2n)!}x^{2n} + ...$$

となる。

　これら $e^x,\ \sin x,\ \cos x$ の展開式を見ると、共通項が多く、同じべき項の係数はすべて等しい。惜しむらくは $\sin$ と $\cos$ では $(-1)^n$ の係数により符号が順次反転するので、単純に $\exp$ と対応させることができない。せっかく、うまい関係を築けそうなのに、いま一歩でそれができないのである。ところが、虚数 i を使うと、この三者がみごとに関係づけられるのである。

　ここで、指数関数 $e^x = \exp(x)$ の級数展開式に $x = ix$ を代入してみよう。すると

$$\exp(ix) = 1 + ix + \frac{1}{2!}(ix)^2 + \frac{1}{3!}(ix)^3 + \frac{1}{4!}(ix)^4 + \frac{1}{5!}(ix)^5 + ... + \frac{1}{n!}(ix)^n + ...$$

$$= 1 + ix - \frac{1}{2!}x^2 - \frac{i}{3!}x^3 + \frac{1}{4!}x^4 + \frac{i}{5!}x^5 - \frac{1}{6!}x^6 - \frac{i}{7!}x^7 + ...$$

となる。右辺を、実数部と虚数部に整理すると

$$\exp(ix) = 1 - \frac{1}{2!}x^2 + \frac{1}{4!}x^4 - \frac{1}{6!}x^6 + ... + i\left(x - \frac{1}{3!}x^3 + \frac{1}{5!}x^5 - \frac{1}{7!}x^7 + ...\right)$$

となる。

　このとき、$\exp(ix)$ の実数部は

$$1 - \frac{1}{2!}x^2 + \frac{1}{4!}x^4 - \frac{1}{6!}x^6 + ... + (-1)^n \frac{1}{(2n)!}x^{2n} + ...$$

となり、まさに $\cos x$ の展開式となっている。一方、虚数部は

$$x - \frac{1}{3!}x^3 + \frac{1}{5!}x^5 - \frac{1}{7!}x^7 + ... + (-1)^n \frac{1}{(2n+1)!}x^{2n+1} + ...$$

とり、まさに $\sin x$ の展開式である。

　したがって

$$e^{ix} = \exp(ix) = \cos x + i\sin x$$

という関係が成立することがわかる。

　これがオイラーの公式である。実数では、関係づけることが難しかった指数関数と三角関数が、虚数を介入することで見事に結びつけることが可能となったのである。

この公式の x に $-x$ を代入すると

$$e^{-ix} = \exp(-ix) = \cos x - i \sin x$$

という関係も得られる。

ここで

$$e^{+ix} = \exp(+ix) = \cos x + i \sin x$$

であるから、辺々を加減することで

$$\cos x = \frac{e^{ix} + e^{-ix}}{2} \qquad \sin x = \frac{e^{ix} - e^{-ix}}{2i}$$

という関係が得られる。

実数の三角関数と複素指数関数が関連づけられるのである。これらも有用かつ驚くべき関係式である。

第 6 章　級数解法

第 5 章で紹介したように、変数係数の 2 階線形微分方程式の解法は確立されていない。一方、理工分野への応用においては、変数係数の微分方程式が数多く登場する。その際、威力を発揮するのが本章で紹介する**級数解法** (series solution) なのである。現代科学の扉を開いた手法と言っても過言ではない。

この手法は、補遺 5-2 で紹介した**べき級数展開** (power series expansion) を利用して微分方程式の解を求める手法である。それを紹介しよう。

6.1.　級数解法

級数解法の原理を理解する目的で、つぎの定数係数の 2 階線形同次微分方程式の解法に挑戦してみよう。

$$\frac{d^2 y}{dx^2} - y = 0$$

もちろん、この微分方程式には、$y = \exp(\lambda x)$ というかたちの基本解があることはわかっているが、ここでは、この方程式の解を

$$y = a_0 + a_1 x + a_2 x^2 + a_3 x^3 + ... + a_n x^n + ...$$

のような**無限級数** (infinite series) と仮定する。両辺を x に関して微分すると

$$\frac{dy}{dx} = a_1 + 2a_2 x + 3a_3 x^2 + ... + na_n x^{n-1} + ...$$

$$\frac{d^2 y}{dx^2} = 2a_2 + 3 \cdot 2a_3 x + 4 \cdot 3a_4 x^2 + ... + n \cdot (n-1)a_n x^{n-2} + ...$$

この結果を表記の微分方程式に代入してみる。すると

$$\frac{d^2 y}{dx^2} - y = 2a_2 + 3 \cdot 2a_3 x + 4 \cdot 3a_4 x^2 + ... + n \cdot (n-1)a_n x^{n-2} + ...$$

$$-(a_0 + a_1 x + a_2 x^2 + a_3 x^3 + ... + a_{n-2} x^{n-2} + ...) = 0$$

となる。

　x のべき級数に整理しなおすと

$$(2\cdot1a_2 - a_0) + (3\cdot2a_3 - a_1)x + (4\cdot3a_4 - a_2)x^2 + ... + (n\cdot(n-1)a_n - a_{n-2})x^{n-2} + ... = 0$$

となる。

　この等式が成立するためには、すべての項の係数が 0 となる必要があるので

$$2\cdot1a_2 - a_0 = 0$$
$$3\cdot2a_3 - a_1 = 0$$
$$4\cdot3a_4 - a_2 = 0$$
$$.....$$
$$n\cdot(n-1)a_n - a_{n-2} = 0$$

が成立する。すると

$$a_2 = \frac{1}{2\cdot1}a_0$$

$$a_3 = \frac{1}{3\cdot2}a_1$$

$$a_4 = \frac{1}{4\cdot3}a_2 = \frac{1}{1\cdot2\cdot3\cdot4}a_0 = \frac{1}{4!}a_0$$

$$a_5 = \frac{1}{5\cdot4}a_3 = \frac{1}{2\cdot3\cdot4\cdot5}a_1 = \frac{1}{5!}a_1$$

となり、一般式としては

$$a_{2n} = \frac{1}{2n!}a_0 \qquad ならびに \qquad a_{2n+1} = \frac{1}{(2n+1)!}a_1$$

となる。よって微分方程式の解としては

$$y = a_0\left(1 + \frac{x^2}{2!} + \frac{x^4}{4!} + ... + \frac{x^{2n}}{2n!} + ...\right) + a_1\left(x + \frac{x^3}{3!} + \frac{x^5}{5!} + ... + \frac{x^{2n+1}}{(2n+1)!} + ...\right)$$

が得られる。ただし、a_0 および a_1 は任意定数となる。

　ところで、表記の微分方程式は 2 階線形同次微分方程式であり

$$y_1 = 1 + \frac{x^2}{2!} + \frac{x^4}{4!} + ... + \frac{x^{2n}}{2n!} + ... \qquad y_2 = x + \frac{x^3}{3!} + \frac{x^5}{5!} + ... + \frac{x^{2n+1}}{(2n+1)!} + ...$$

は、互いに線形独立であるので、それぞれが微分方程式の基本解となる。

　しかし、前章で紹介したように、基本解としては別の組み合わせも考えられる。

第 6 章　級数解法

ここで、一般解において、仮に $a_0 = a_1$ とすると

$$y = a_0\left(1 + x + \frac{x^2}{2!} + \frac{x^3}{3!} + \frac{x^4}{4!} + ... + \frac{x^n}{n!} + ...\right)$$

となる。これは、指数関数を級数展開したものと一致する。よって

$$y = a_0 \exp(x) = a_0 e^x$$

を基本解とすることができる。

同様にして、$a_0 = -a_1$ の場合には

$$y = -a_1\left(1 - x + \frac{x^2}{2!} - \frac{x^3}{3!} + \frac{x^4}{4!} + ... + (-1)^n\frac{x^n}{n!} + ...\right)$$

となる。よって

$$y = -a_1 \exp(-x) = -a_1 e^{-x}$$

を基本解とすることができる

これら解は、それぞれ線形独立であるから、表記の 2 階線形同次微分方程式の 2 個の基本解となる。実際に、表記の微分方程式の特性方程式は

$$\lambda^2 - 1 = 0 \qquad \text{から} \qquad \lambda = \pm 1$$

となり、一般解として

$$y = C_1 e^x + C_2 e^{-x}$$

が得られる。ただし、C_1, C_2 は任意定数である。

演習 6-1　つぎの微分方程式を級数解を仮定して解法せよ。

$$\frac{dy}{dx} = y$$

解）　微分方程式の解を

$$y = a_0 + a_1 x + a_2 x^2 + a_3 x^3 + ... + a_n x^n + ...$$

のような無限級数と仮定する。まず、両辺を x に関して微分すると

$$\frac{dy}{dx} = a_1 + 2a_2 x + 3a_3 x^2 + ... + na_n x^{n-1} + ...$$

ここで微分方程式

$$\frac{dy}{dx} - y = 0$$

191

にこれら級数を代入して整理すると

$$(a_1 - a_0) + (2a_2 - a_1)x + (3a_3 - a_2)x^2 + ... + (na_n - a_{n-1})x^{n-1} + ... = 0$$

となる。

　この等式が成立するのは、同じ x のべき項の係数がすべて 0 のときであるから

$$a_1 = a_0$$
$$2a_2 = a_1$$
$$3a_3 = a_2$$
$$.....$$
$$na_n = a_{n-1}$$

となる。よって

$$a_2 = \frac{1}{2}a_1 = \frac{1}{2}a_0$$

$$a_3 = \frac{1}{3}a_2 = \frac{1}{3}\frac{1}{2}a_0 = \frac{1}{3!}a_0$$

$$.....$$

$$a_n = \frac{1}{n}a_{n-1} = \frac{1}{n}\frac{1}{(n-1)!}a_0 = \frac{1}{n!}a_0$$

となり、求める解は a_0 を定数として

$$y = a_0\left(1 + x + \frac{1}{2!}x^2 + \frac{1}{3!}x^3 + ... + \frac{1}{n!}x^n + ...\right)$$

が一般解となる。

　ところで、表記の微分方程式は変数分離形であり

$$\frac{dy}{dx} = y \qquad \frac{dy}{y} = dx$$

より、両辺を積分すると

$$\log|y| = x + C \qquad (C：定数)$$

から

$$y = \pm e^{x+C} = \pm e^C e^x = Ae^x$$

第6章 級数解法

のように解析解が簡単に得られる。ただし、A は $A = \pm e^c$ の定数である。

ここで、級数解法によって求めた解を見ると

$$\exp x = 1 + x + \frac{1}{2!}x^2 + \frac{1}{3!}x^3 + ... + \frac{1}{n!}x^n + ...$$

という展開式となっているの、一般解は

$$y = a_0 e^x$$

となり、解析的に得られた解と一致する。

6.2. 変数係数微分方程式

定数係数の線形微分方程式であれば、わざわざ級数解法などを用いなくとも簡単に解を求めることができる。この手法が威力を発揮するのは、**通常の方法では解法が困難な変数係数の微分方程式**である。それを確かめてみよう。

演習 6-2 つぎの変数係数 2 階線形同次微分方程式の一般解を求めよ。

$$\frac{d^2 y}{dx^2} - xy = 0$$

解) 微分方程式の解として級数

$$y = a_0 + a_1 x + a_2 x^2 + a_3 x^3 + ... + a_n x^n + ...$$

を仮定すると

$$\frac{dy}{dx} = a_1 + 2a_2 x + 3a_3 x^2 + ... + na_n x^{n-1} + ...$$

$$\frac{d^2 y}{dx^2} = 2a_2 + 2 \cdot 3a_3 x + 3 \cdot 4a_4 x^2 + 4 \cdot 5a_5 x^3 + ... + n(n+1)a_{n+1} x^{n-1} + ...$$

となる。また

$$xy = a_0 x + a_1 x^2 + a_2 x^3 + a_3 x^4 + ... + a_{n-1} x^n + a_n x^{n+1} + ...$$

となるから、同じべきを比較すると

$$a_2 = 0 \qquad a_0 = 2 \cdot 3a_3 \qquad a_1 = 3 \cdot 4a_4 \qquad a_2 = 4 \cdot 5a_5 = 0 \qquad a_3 = 5 \cdot 6a_6$$
$$... \quad a_{n-3} = (n-1)na_n \qquad a_{n-2} = n(n+1)a_{n+1}$$

となる。

193

ここで、場合分けをしていくと

$$a_0, a_3, a_6, a_9, \ldots \qquad a_1, a_4, a_7, a_{10}, \ldots \qquad a_2, a_5, a_8, a_{11}, \ldots$$

の 3 項に分けられる。ここで、a_2 の列はすべて 0 となり、任意定数としては a_0 と a_1 が残る。そして

$$a_2 = 0 \qquad a_3 = \frac{1}{2 \cdot 3} a_0 = \frac{1}{3!} a_0 \qquad a_4 = \frac{1}{3 \cdot 4} a_1 = \frac{2}{4!} a_1 \qquad a_5 = 0$$

$$a_6 = \frac{1}{5 \cdot 6} a_3 = \frac{1}{2 \cdot 3 \cdot 5 \cdot 6} a_0 = \frac{4}{6!} a_0 \qquad a_7 = \frac{1}{6 \cdot 7} a_4 = \frac{1}{3 \cdot 4 \cdot 6 \cdot 7} a_1 = \frac{2 \cdot 5}{7!} a_1 \qquad a^8 = 0$$

という関係が得られるので

$$y = a_0 + a_1 x + a_2 x^2 + a_3 x^3 + \ldots + a_n x^n + \ldots$$

は

$$y = a_0 \left(1 + \frac{1}{3!} x^3 + \frac{4}{6!} x^6 + \ldots \right) + a_1 \left(x + \frac{2}{4!} x^4 + \frac{2 \cdot 5}{7!} x^7 + \ldots \right)$$

となる。

このように、級数解法においては、未定係数のべき級数を微分方程式に代入して係数間の関係を導出することで解が得られる。原理的には、どのような微分方程式にも適用可能であるから、変数係数の微分方程式にも対応が可能となるのである。ただし、仮定する級数解に関しては単純なべき級数ではうまくいかない場合もある。それをつぎに紹介しよう。

6.3. フロベニウスの方法

いままでは微分方程式の解として

$$y = f(x) = a_0 + a_1 x + a_2 x^2 + a_3 x^3 + \ldots + a_n x^n + \ldots$$

という級数を仮定してきたが、すでに見てきたように

$$y = x^2 \exp x$$

のようなかたちの解が存在することもある。

このとき、この解を級数で表すと

$$y = x^2 \left(1 + x + \frac{1}{2!} x^2 + \frac{1}{3!} x^3 + \ldots + \frac{1}{n!} x^n + \ldots \right) = x^2 + x^3 + \frac{1}{2!} x^4 + \frac{1}{3!} x^5 + \ldots + \frac{1}{n!} x^{n+2} + \ldots$$

第 6 章　級数解法

となり、べきが x^2 の項から始まる。

このような場合を想定し、級数解として
$$y = x^C f(x) = a_0 x^C + a_1 x^{1+C} + a_2 x^{2+C} + a_3 x^{3+C} + ... + a_n x^{n+C} + ...$$
のように 0 次ではなく、C 次から始まる級数を仮定する。このような級数を**フロベニウス級数** (Frobenius series) と呼んでいる。一般の級数解法は、この級数において $C = 0$ と置いた場合に相当する。

演習 6-3　つぎの変数係数 2 階線形同次微分方程式の解をフロベニウス級数と仮定した場合、C に課される条件を求めよ。
$$4x\frac{d^2 y}{dx^2} + 2\frac{dy}{dx} + y = 0$$

解）　微分方程式の解として
$$y = x^C f(x) = a_0 x^C + a_1 x^{C+1} + a_2 x^{C+2} + a_3 x^{C+3} + ... + a_n x^{C+n} + ...$$
というフロベニウス型の級数を仮定する。すると

$$\frac{dy}{dx} = Ca_0 x^{C-1} + (C+1)a_1 x^C + (C+2)a_2 x^{C+1} + (C+3)a_3 x^{C+2} + ... + (C+n)a_n x^{C+n-1} + ...$$

$$\frac{d^2 y}{dx^2} = (C-1)Ca_0 x^{C-2} + C(C+1)a_1 x^{C-1} + ... + (C+n-1)(C+n)a_n x^{C+n-2} + ...$$

となるので、微分方程式に代入すると
$$4(C-1)Ca_0 x^{C-1} + 4C(C+1)a_1 x^C + ... + 4(C+n-1)(C+n)a_n x^{C+n-1} + ...$$
$$+2Ca_0 x^{C-1} + 2(C+1)a_1 x^C + 2(C+2)a_2 x^{C+1} + ... + 2(C+n)a_n x^{C+n-1} + ...$$
$$+a_0 x^C + a_1 x^{C+1} + a_2 x^{C+2} + a_3 x^{C+3} + ... + a_n x^{C+n} + ... = 0$$
となる。ここで、x の同じべき項の係数を取り出してみよう。

まず x^{C-1} の項の係数は
$$4C(C-1)a_0 + 2Ca_0 = 4C\left(C - \frac{1}{2}\right)a_0$$

x^C の項の係数は
$$a_0 + 2(C+1)a_1 + 4C(C+1)a_1$$

x^{C+1} の項の係数は

195

$$a_1 + 2(C+2)a_2 + 4(C+1)(C+2)a_2$$

となっている。

以下同様にして、一般式として x^{C+n-1} の項の係数を求めると

$$a_{n-1} + 2(C+n)a_n + 4(C+n-1)(C+n)a_n$$

となる。

級数解が、微分方程式を満たすには、すべての係数が 0 となる必要があるから

$$4C\left(C - \frac{1}{2}\right)a_0 = 0$$

$$a_0 + 2(C+1)a_1 + 4C(C+1)a_1 = 0$$

$$a_1 + 2(C+2)a_2 + 4(C+1)(C+2)a_2 = 0$$

$$\cdots\cdots$$

$$a_{n-1} + 2(C+n)a_n + 4(C+n-1)(C+n)a_n = 0$$

という条件を満足する必要がある。

ここで、最初の式において $a_0 \neq 0$ とすると

$$C = 0 \qquad \text{あるいは} \qquad C = 1/2$$

という条件が課される。

ここで、$C = 0$ はべき級数の場合に相当し、フロベニウス級数を仮定しなくとも得られる級数解である。このときの係数間の関係は

$$a_1 = \frac{-a_0}{4C(C+1) + 2(C+1)}$$

$$a_2 = \frac{-a_1}{4(C+1)(C+2) + 2(C+2)}$$

$$a_3 = \frac{-a_2}{4(C+2)(C+3) + 2(C+3)}$$

$$\cdots\cdots$$

$$a_n = \frac{-a_{n-1}}{4(C+n-1)(C+n) + 2(C+n)}$$

となる。

ここで、$C = 0$ の場合の解をまず求めてみよう。すると

第6章　級数解法

$$a_1 = \frac{-a_0}{2}$$

$$a_2 = \frac{-a_1}{8+4} = -\frac{a_1}{12} = \frac{a_0}{24}$$

$$a_3 = \frac{-a_2}{24+6} = -\frac{a_2}{30} = -\frac{a_0}{720}$$

となっていくが、一般式を少し変形してみよう。すると

$$a_n = \frac{-a_{n-1}}{4(n-1)n+2n} = -\frac{a_{n-1}}{2n(2n-1)} = \frac{a_{n-2}}{2n(2n-1)2(n-1)\{2(n-1)-1\}}$$

$$= \frac{a_{n-2}}{2n(2n-1)(2n-2)(2n-3)} = -\frac{a_{n-3}}{2n(2n-1)(2n-2)(2n-3)(2n-4)(2n-5)}$$

となって、結局

$$a_n = (-1)^n \frac{a_0}{(2n)!}$$

という一般式をつくることができる。したがって

$$y = a_0 \left(1 - \frac{x}{2!} + \frac{x^2}{4!} - \frac{x^3}{6!} + ... + (-1)^n \frac{x^n}{(2n)!} + ... \right)$$

が基本解となる。

演習 6-4　つぎの変数係数 2 階線形微分方程式のフロベニウス級数解を求めよ。

$$4xy'' + 2y' + y = 0$$

解）　求める解は

$$y = x^C f(x) = a_0 x^C + a_1 x^{C+1} + a_2 x^{C+2} + a_3 x^{C+3} + ... + a_n x^{C+n} + ...$$

において $C = 1/2$ の場合に相当する。係数間の関係は

$$a_1 = \frac{-a_0}{4C(C+1)+2(C+1)}$$

$$a_2 = \frac{-a_1}{4(C+1)(C+2)+2(C+2)}$$

$$a_3 = \frac{-a_2}{4(C+2)(C+3)+2(C+3)}$$

.....

197

$$a_n = \frac{-a_{n-1}}{4(C+n-1)(C+n) + 2(C+n)}$$

であったから

$$a_1 = \frac{-a_0}{2(1/2+1) + 2(1/2+1)} = -\frac{a_0}{6}$$

$$a_2 = \frac{-a_1}{4(1/2+1)(1/2+2) + 2(1/2+2)} = -\frac{a_1}{20} = \frac{a_0}{120}$$

$$a_3 = \frac{-a_2}{4(1/2+2)(1/2+3) + 2(1/2+3)} = -\frac{a_2}{42} = -\frac{a_0}{5040}$$

となっていくが、ここでも一般式を見てみよう。この場合

$$a_n = \frac{-a_{n-1}}{4\left(\frac{1}{2}+n-1\right)\left(\frac{1}{2}+n\right) + 2\left(\frac{1}{2}+n\right)} = \frac{-a_{n-1}}{(2n-1)(2n+1) + (2n+1)}$$

$$= \frac{-a_{n-1}}{2n(2n+1)} = \frac{a_{n-2}}{(2n+1)2n\{2(n-1)+1\}2(n-1)} = \frac{a_{n-2}}{(2n+1)2n(2n-1)(2n-2)}$$

と変形でき、一般式として

$$a_n = (-1)^n \frac{a_0}{(2n+1)!}$$

が得られる。したがって、基本解は

$$y = a_0 x^{\frac{1}{2}}\left(1 - \frac{x}{3!} + \frac{x^2}{5!} - \frac{x^3}{7!} + \dots + (-1)^n \frac{x^n}{(2n+1)!} + \dots\right)$$

となる。

　よって、表記の変数係数2階線形同次微分方程式の基本解は $C=0$ の場合の

$$y_1 = 1 - \frac{x}{2!} + \frac{x^2}{4!} - \frac{x^3}{6!} + \dots + (-1)^n \frac{x^n}{(2n)!} + \dots$$

と、$C=1/2$ の場合の

$$y_2 = x^{\frac{1}{2}}\left(1 - \frac{x}{3!} + \frac{x^2}{5!} - \frac{x^3}{7!} + \dots + (-1)^n \frac{x^n}{(2n+1)!} + \dots\right)$$

の2個となる。

第 6 章　級数解法

よって、一般解は、C_1, C_2 を任意定数として

$$y = C_1\, y_1 + C_2\, y_2 = C_1\left(1 - \frac{x}{2!} + \frac{x^2}{4!} - \frac{x^3}{6!} + ... + (-1)^n \frac{x^n}{(2n)!} + ...\right)$$

$$+ C_2\, x^{\frac{1}{2}}\left(1 - \frac{x}{3!} + \frac{x^2}{5!} - \frac{x^3}{7!} + ... + (-1)^n \frac{x^n}{(2n+1)!} + ...\right)$$

となる。

ところで、一般解は無限級数のままでもよいが、実は、少し工夫すると**初等関数** (elementary function) に置き換えることができる場合も多い。ここで、三角関数の無限級数を思い出すと

$$\cos x = 1 - \frac{1}{2!}x^2 + \frac{1}{4!}x^4 - \frac{1}{6!}x^6 + ... + (-1)^n \frac{1}{(2n)!}x^{2n} + ...$$

$$\sin x = x - \frac{1}{3!}x^3 + \frac{1}{5!}x^5 - \frac{1}{7!}x^7 + ... + (-1)^n \frac{1}{(2n+1)!}x^{2n+1} + ...$$

であった。よって、x のかわりに $x^{1/2}$ を代入すると

$$\cos x^{\frac{1}{2}} = 1 - \frac{1}{2!}x + \frac{1}{4!}x^2 - \frac{1}{6!}x^3 + ... + (-1)^n \frac{1}{(2n)!}x^n + ...$$

$$\sin x^{\frac{1}{2}} = x^{\frac{1}{2}} - \frac{1}{3!}x^{\frac{3}{2}} + \frac{1}{5!}x^{\frac{5}{2}} - \frac{1}{7!}x^{\frac{7}{2}} + ... + (-1)^n \frac{1}{(2n+1)!}x^{\frac{2n+1}{2}} + ...$$

$$= x^{\frac{1}{2}}\left(1 - \frac{1}{3!}x + \frac{1}{5!}x^2 - \frac{1}{7!}x^3 + ... + (-1)^n \frac{1}{(2n+1)!}x^n + ...\right)$$

となって、上の一般式の級数と一致する。よって一般解は

$$y = C_1 \cos x^{\frac{1}{2}} + C_2 \sin x^{\frac{1}{2}} = C_1 \cos \sqrt{x} + C_2 \sin \sqrt{x}$$

とすることができるのである。

演習 6-5　つぎの変数係数 2 階線形同次微分方程式の解をフロベニウス級数と仮定した場合、C に課される条件を求めよ。

$$x^2 \frac{d^2 y}{dx^2} - 2x \frac{dy}{dx} + (x^2 + 2)y = 0$$

解）　微分方程式の級数解として

$$y = a_0 x^C + a_1 x^{C+1} + a_2 x^{C+2} + a_3 x^{C+3} + ... + a_n x^{C+n} + ... \quad (a_0 \neq 0)$$

を仮定する。すると

$$\frac{dy}{dx} = Ca_0 x^{C-1} + (C+1)a_1 x^C + (C+2)a_2 x^{C+1} + (C+3)a_3 x^{C+2} + ... + (C+n)a_n x^{C+n-1} + ...$$

$$\frac{d^2 y}{dx^2} = C(C-1)a_0 x^{C-2} + (C+1)Ca_1 x^{C-1} + ... + (C+n)(C+n-1)a_n x^{C+n-2} + ...$$

となるので、微分方程式に代入すると

$$C(C-1)a_0 x^C + (C+1)Ca_1 x^{C+1} + (C+2)(C+1)a_2 x^{C+2} + ... + (C+n)(C+n-1)a_n x^{C+n} + ...$$
$$-2Ca_0 x^C - 2(C+1)a_1 x^{C+1} - 2(C+2)a_2 x^{C+2} - 2(C+3)a_3 x^{C+3} - ... - 2(C+n)a_n x^{C+n} + ...$$
$$+a_0 x^{C+2} + a_1 x^{C+3} + a_2 x^{C+4} + a_3 x^{C+5} + ... + a_n x^{C+n+2} + ...$$
$$+2a_0 x^C + 2a_1 x^{C+1} + 2a_2 x^{C+2} + 2a_3 x^{C+3} + ... + 2a_n x^{C+n} + ... = 0$$

となる。

まず x^C の項の係数は

$$C(C-1)a_0 - 2Ca_0 + 2a_0 = (C^2 - 3C + 2)a_0$$
$$= (C-1)(C-2)a_0$$

となる。つぎに x^{C+1} の項の係数を見てみよう。すると

$$C(C+1)a_1 - 2(C+1)a_1 + 2a_1 = (C^2 - C)a_1$$
$$= C(C-1)a_1$$

x^{C+2} の項の係数は

$$(C+1)(C+2)a_2 - 2(C+2)a_2 + a_0 + 2a_2 = a_0 + C(C+1)a_2$$

となる。x^{C+3} の項の係数は

$$(C+2)(C+3)a_3 - 2(C+3)a_3 + a_1 + 2a_3 = a_1 + (C+1)(C+2)a_3$$

となる。

以下同様にして係数の一般式は

$$(C+n-1)(C+n)a_n - 2(C+n)a_n + a_{n-2} + 2a_n = a_{n-2} + (C+n-2)(C+n-1)a_n$$

となる。よって係数としては

$$(C-1)(C-2)a_0 = 0$$
$$C(C-1)a_1 = 0$$
$$a_0 + C(C+1)a_2 = 0$$
$$a_1 + (C+1)(C+2)a_3 = 0$$
$$.....$$

第 6 章　級数解法

$$a_{n-2} + (C+n-2)(C+n-1)a_n = 0$$

という条件を満足する必要がある。

まず、最初の条件式から

$$C = 1 \qquad \text{あるいは} \qquad C = 2$$

となる必要がある。

ここで、$C = 1$ の場合の係数間の関係は

$$a_0 + 1 \cdot 2 a_2 = 0$$

$$a_1 + 2 \cdot 3 a_3 = 0$$

$$.....$$

$$a_{n-2} + (n-1)n a_n = 0$$

となるので

$$a_2 = -\frac{1}{1 \cdot 2} a_0$$

$$a_3 = -\frac{1}{2 \cdot 3} a_1$$

$$a_4 = -\frac{1}{3 \cdot 4} a_2 = \frac{1}{1 \cdot 2 \cdot 3 \cdot 4} a_0$$

$$a_5 = -\frac{1}{4 \cdot 5} a_3 = \frac{1}{2 \cdot 3 \cdot 4 \cdot 5} a_1$$

$$.....$$

$$a_n = -\frac{1}{(n-1)n} a_{n-2}$$

となる。よって係数の一般式は偶数と奇数に分けて表記する必要があり

$n = 2m$ のときは

$$a_{2m} = \frac{(-1)^m}{(2m)!} a_0$$

となり

$$y = a_0 \left(x - \frac{1}{2!} x^3 + \frac{1}{4!} x^5 - \frac{1}{6!} x^7 + ... + \frac{(-1)^m}{(2m)!} x^{2m+1} + ... \right)$$

という基本解が得られる。

201

$n = 2m+1$ のときは

$$a_{2m+1} = \frac{(-1)^m}{(2m+1)!}a_1$$

となる。よって

$$y = a_1\left(x^2 - \frac{1}{3!}x^4 + \frac{1}{5!}x^6 - \frac{1}{7!}x^8 + \ldots + \frac{(-1)^m}{(2m+1)!}x^{2m+2} + \ldots\right)$$

という基本解が得られる。

演習 6-6　つぎの微分方程式の $C = 2$ に対応したフロベニウス級数解を求めよ。

$$x^2 y'' - 2xy' + (x^2 + 2)y = 0$$

解）　$C = 2$ のとき

$$(C^2 - C)a_1 = C(C-1)a_1 = 0$$

という条件を満足するためには

$$a_1 = 0$$

でなければならないことがわかる。

そのうえで、各係数間の関係を求めていくと

$$a_2 = -\frac{1}{2 \cdot 3}a_0$$

$$a_3 = -\frac{1}{3 \cdot 4}a_1 = 0$$

$$a_4 = -\frac{1}{4 \cdot 5}a_2 = \frac{1}{2 \cdot 3 \cdot 4 \cdot 5}a_0$$

$$a_5 = -\frac{1}{5 \cdot 6}a_3 = 0$$

$$\ldots\ldots$$

となるので、奇数項はすべて 0 となる。よって係数としては偶数項のみが残り、その一般式は

$$a_{2m} = \frac{(-1)^m}{(2m+1)!}a_0$$

と与えられる。よって

202

第 6 章　級数解法

$$y = a_0\left(x^2 - \frac{1}{3!}x^4 + \frac{1}{5!}x^6 - \frac{1}{7!}x^8 + ... + \frac{(-1)^m}{(2m+1)!}x^{2m+2} + ...\right)$$

が基本解となる。

　実は、よく見ると、この基本解は、$C = 1$ として求めた解と同じものである。したがって、表記の微分方程式の一般解は、C_1, C_2 を定数として

$$y = C_1\left(x - \frac{1}{2!}x^3 + \frac{1}{4!}x^5 - \frac{1}{6!}x^7 + ... + \frac{(-1)^m}{(2m)!}x^{2m+1} + ...\right)$$

$$+ C_2\left(x^2 - \frac{1}{3!}x^4 + \frac{1}{5!}x^6 - \frac{1}{7!}x^8 + ... + \frac{(-1)^m}{(2m+1)!}x^{2m+2} + ...\right)$$

となる。

　ところで、表記の微分方程式の基本解は

$$y_1 = x - \frac{1}{2!}x^3 + ... + \frac{(-1)^m}{(2m)!}x^{2m+1} + ... = x\left(1 - \frac{1}{2!}x^2 + ... + \frac{(-1)^m}{(2m)!}x^2 + ...\right) = x\cos x$$

$$y_2 = x^2 - \frac{1}{3!}x^4 + ... + \frac{(-1)^m}{(2m+1)!}x^{2m+2} + ... = x\left(x - \frac{1}{3!}x^3 + ... + \frac{(-1)^m}{(2m+1)!}x^{2m+1} + ...\right)$$

$$= x\sin x$$

となるから、一般解は

$$y = C_1\, x\sin x + C_2\, x\cos x$$

と表記することもできる。

6.4.　解の存在

　フロベニウス級数の導入によって、級数解法の適用範囲が飛躍的に拡大したが、かといって、この方法が万能というわけではない。

　それを確かめるために、つぎの変数係数 2 階線形微分方程式の解法をフロベニウス法で行ってみよう。

$$\frac{d^2 y}{dx^2} - \frac{1}{x^2}\frac{dy}{dx} = 0$$

　級数解として

$$y = a_0 x^C + a_1 x^{C+1} + a_2 x^{C+2} + a_3 x^{C+3} + ... + a_n x^{C+n} + ...$$

203

を仮定すると

$$\frac{dy}{dx} = Ca_0x^{C-1} + (C+1)a_1x^C + (C+2)a_2x^{C+1} + ... + (C+n)a_nx^{C+n-1} + ...$$

$$\frac{d^2y}{dx^2} = C(C-1)a_0x^{C-2} + (C+1)Ca_1x^{C-1} + ... + (C+n)(C+n-1)a_nx^{C+n-2} + ...$$

となる。

　微分方程式に代入すると

$$C(C-1)a_0x^{C-2} + (C+1)Ca_1x^{C-1} + ... + (C+n)(C+n-1)a_nx^{C+n-2} + ...$$
$$-Ca_0x^{C-3} - (C+1)a_1x^{C-2} - (C+2)a_2x^{C-1} - ... - (C+n)a_nx^{C+n-3} - ... = 0$$

となる。べきで整理すると

$$-Ca_0x^{C-3} + \left\{C(C-1)a_0 - (C+1)a_1\right\}x^{C-2} + \left\{(C+1)Ca_1 - (C+2)a_2\right\}x^{C-1} + ... = 0$$

となる。よって、最低次数は x^{C-3} となり、その係数は

$$Ca_0 = 0$$

となる。つぎは x^{C-2} で、その係数は

$$C(C-1)a_0 - (C+1)a_1 = 0$$

となる。x^{C-1} の係数は

$$(C+1)Ca_1 - (C+2)a_2 = 0$$

となる。ここで、最初の式より

$$C = 0 \qquad あるいは \qquad a_0 = 0$$

となる。

演習 6-7　$C = 0$ の場合の係数の関係を求めよ。

　解）　$C(C-1)a_0 - (C+1)a_1 = 0$ に $C = 0$ を代入すると

$$-a_1 = 0 \qquad より \qquad a_1 = 0$$

となる。つぎに

$$(C+1)Ca_1 - (C+2)a_2 = 0$$

に $C = 0$ を代入すると

$$-2a_2 = 0 \qquad より \qquad a_2 = 0$$

204

第 6 章　級数解法

となり、以下同様に

$$a_1 = a_2 = a_3 = \ldots = a_n = 0$$

となる。

したがって、級数解は存在しない。つぎに、$a_0 = 0$ のときは

$$a_1 = a_2 = a_3 = \ldots = a_n = 0$$

となり、この場合も解は存在しないことになる。

この理由を考えてみよう。

$$\frac{d^2y}{dx^2} - \frac{1}{x^2}\frac{dy}{dx} = 0 \qquad \text{つまり} \qquad \frac{d^2y}{dx^2} = \frac{1}{x^2}\frac{dy}{dx}$$

において、仮に、フロベニウス解を

$$y = a_0 x^3 + a_1 x^4 + a_2 x^5 + \ldots$$

と仮定すると

$$\frac{d^2y}{dx^2} = 3 \cdot 2 a_0 x + 4 \cdot 3 a_1 x^2 + 5 \cdot 4 a_2 x^3 + \ldots$$

$$\frac{1}{x^2}\frac{dy}{dx} = 3 a_0 + 4 a_1 x + 5 a_2 x^2 + \ldots$$

となるが、d^2y/dx^2 には x のべきが 0 次の項がない。一方、$(1/x^2)dy/dx$ には 0 次の項がある。このため、$a_0 = 0$ となるが、すると、d^2y/dx^2 の x のべきが 1 次の項の係数が 0 となり、その結果、$(1/x^2)\,dy/dx$ にある 1 次の項との対応から $a_1 = 0$ となる。以下同様にして、すべての係数が 0 となるので、結局、フロベニウス解が存在しないことになる。

$$y = a_0 x^2 + a_1 x^3 + a_2 x^4 + \ldots$$

という解を仮定しても

$$y = a_0 x^4 + a_1 x^5 + a_2 x^6 + \ldots$$

を仮定しても、やはり、同様に解が存在しないことが確認できる。

これを、一般化してみよう。

$$\frac{d^2y}{dx^2} + p(x)\frac{dy}{dx} + q(x)y = 0$$

という微分方程式において

205

$$p(x) = \frac{1}{x^2}$$

の場合には、最低次数の項が x^{C-3} となってしまい、ここから係数を決定する条件が始まってしまう。すると係数が定まらないのである。同様に

$$q(x) = \frac{1}{x^3}$$

の場合にも解が存在しない。

したがって、分母の次数が $p(x)$ は $1/x$ よりも高次、$q(x)$ は $1/x^2$ よりも高次の項を持たないことがフロベニウス解が存在する条件となる。

6.5. 級数解法の理工分野への応用

いろいろな理工系の専門分野において、解明しようとする現象を微分方程式で表現すると、2 階線形微分方程式が登場する。このとき、定数係数の微分方程式であれば、解法が確立されているので問題はない。

一方、変数係数の 2 階線形微分方程式も登場する。20 世紀最大の科学的成果と呼ばれている**量子力学** (quantum mechanics) では、シュレーディンガー方程式によって、水素原子の電子軌道を明らかにすることができた。この方程式を変数分離したときに得られるのが、変数係数の 2 階線形微分方程式である。シュレーディンガーが運が良かったのは、登場する微分方程式が、すべて過去の数学者によって解法されていたことである。この結果、いとも簡単に波動関数を求めることができ、それがすべての元素の原子構造の理解につながっている。

そして、それら解法には級数解法が使われていたのである。そこで、物理数学において金字塔と呼ばれる代表的な変数係数 2 階線形微分方程式と、これら方程式の級数展開を利用した解法を紹介する。

6.6. ベッセルの微分方程式

つぎの変数係数 2 階線形同次微分方程式

$$x^2 \frac{d^2 y}{dx^2} + x \frac{dy}{dx} + (x^2 - m^2)y = 0$$

をベッセルの微分方程式 (Bessel's differential equation)と呼んでいる。

この方程式は、ケプラー (Kepler) の惑星運動に関する方程式であるケプラー問題 (Kepler's problem)を解く過程で得られた歴史的な微分方程式である。その後、数多くの分野で同じかたちをした微分方程式が登場するため、理工系分野では重宝される存在となっている。

ところで、この方程式を解析的に解こうとしても、なかなかうまく行かない。ここで頼りになるのが、級数解法である。一般には、m は任意の実数であるが、簡単化のために、まず $m = 0$ の場合の解法に挑戦してみよう。

6. 6. 1. ゼロ次のベッセル関数

$m = 0$ の場合のベッセルの微分方程式は

$$x^2 \frac{d^2 y}{dx^2} + x \frac{dy}{dx} + x^2 y = 0$$

となる。この方程式の解を

$$y = a_0 + a_1 x + a_2 x^2 + a_3 x^3 + \ldots + a_n x^n + \ldots$$

と仮定する。べき級数の導関数は

$$\frac{dy}{dx} = a_1 + 2a_2 x + 3a_3 x^2 + \ldots + na_n x^{n-1} + (n+1)a_{n+1} x^n + \ldots$$

$$\frac{d^2 y}{dx^2} = 2a_2 + 3 \cdot 2a_3 x + \ldots + n(n-1)a_n x^{n-2} + (n+1)na_{n+1} x^{n-1} + \ldots$$

と与えられる。これを、ベッセルの微分方程式に代入する。それぞれの項は

$$x^2 \frac{d^2 y}{dx^2} = 2a_2 x^2 + 3 \cdot 2a_3 x^3 + \ldots + n(n-1)a_n x^n + (n+1)na_{n+1} x^{n+1} + \ldots$$

$$x \frac{dy}{dx} = a_1 x + 2a_2 x^2 + 3a_3 x^3 + \ldots + na_n x^n + (n+1)a_{n+1} x^{n+1} + \ldots$$

$$x^2 y = a_0 x^2 + a_1 x^3 + a_2 x^4 + a_3 x^5 + \ldots + a_n x^{n+2} + \ldots$$

となる。

演習 6-8　級数が微分方程式の解となるためには、これらを足しあわせてできるべき級数において次数が同じ項の係数が、すべてゼロでなければならないという条件から、係数間の関係を求め、級数解を求めよ。

解）　x の係数は a_1 のみであるので　$a_1 = 0$ が得られる。つぎに x^2 の係数は

$$4a_2 + a_0 = 2^2 a_2 + a_0 = 0$$

となる。以下同様にして、$x^3, x^4, \ldots$ の係数がすべて 0 と置くと

$$(3 \cdot 2 + 3)a_3 + a_1 = 3^2 a_3 + a_1 = 0$$

$$(4 \cdot 3 + 4)a_4 + a_2 = 4^2 a_4 + a_2 = 0$$

$$(5 \cdot 4 + 5)a_5 + a_3 = 5^2 a_5 + a_3 = 0$$

$$\ldots\ldots$$

$$\{(n-1) \cdot (n-2) + (n-1)\}a_{n-1} + a_{n-3} = (n-1)^2 a_{n-1} + a_{n-3} = 0$$

$$\{n \cdot (n-1) + n\}a_n + a_{n-2} = n^2 a_n + a_{n-2} = 0$$

$$\{(n+1) \cdot n + (n+1)\}a_{n+1} + a_{n-1} = (n+1)^2 a_{n+1} + a_{n-1} = 0$$

$$\ldots\ldots$$

となる。ここで $a_1 = 0$ であるから、$a_3 = 0$ となり、同様にして

$$a_{2n+1} = 0 \qquad (n = 0, 1, 2, 3, \ldots)$$

となることがわかる。つぎに 2 番め以降の式から

$$a_2 = -\frac{a_0}{2^2} \qquad a_4 = -\frac{a_2}{4^2} = \frac{a_0}{2^2 4^2} \qquad a_6 = -\frac{a_4}{6^2} = -\frac{a_0}{2^2 4^2 6^2} \ldots$$

という関係が得られ、結局求める解は

$$y = a_0 - \frac{a_0}{2^2}x^2 + \frac{a_0}{2^2 4^2}x^4 - \frac{a_0}{2^2 4^2 6^2}x^6 + \ldots$$

となる。

　これが $m = 0$ の場合のベッセル関数であり、ゼロ次のベッセル関数と呼ばれている。一般的には、$a_0 = 1$ と置いて

$$J_0(x) = 1 - \left(\frac{x}{2}\right)^2 + \frac{1}{(2!)^2}\left(\frac{x}{2}\right)^4 + \ldots + \frac{(-1)^k}{(k!)^2}\left(\frac{x}{2}\right)^{2k} + \ldots$$

という一般式で表記する。

　この関数をグラフに示すと、図 6-1 に示すように、$x = 0$ では大きさが 1 であり、それが振動しながら次第に振幅が小さくなっていく様子がわかる。

　また、波の周期は、ほぼ $2\pi (6.28)$ であることもわかる。つまり、三角関数に似た周期を有し、その振動が減衰していく。多くの物理現象などで同様の変化が見られることから、応用上重要な関数となっているのである。

第 6 章　級数解法

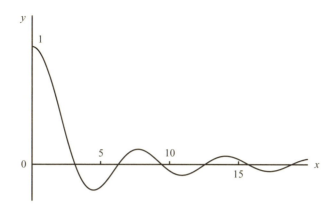

図 6-1　ゼロ次のベッセル関数 $y = J_0(x)$ のグラフ

6.6.2.　$m \neq 0$ のベッセル微分方程式の解

それでは、同様の手法を用いて、より一般的なベッセル微分方程式に挑戦してみよう。つまり

$$x^2 \frac{d^2y}{dx^2} + x\frac{dy}{dx} + (x^2 - m^2)y = 0$$

の場合を取り扱う。ただし、m は正の整数とする。前節の

$$x^2 y'' = 2a_2 x^2 + 3 \cdot 2a_3 x^3 + \ldots + n(n-1)a_n x^n + (n+1)na_{n+1} x^{n+1} + \ldots$$
$$xy' = a_1 x + 2a_2 x^2 + 3a_3 x^3 + \ldots + na_n x^n + (n+1)a_{n+1} x^{n+1} + \ldots$$
$$x^2 y = a_0 x^2 + a_1 x^3 + a_2 x^4 + a_3 x^5 + \ldots + a_n x^{n+2} + \ldots$$

に、つぎの $-m^2 y$ を加えればよい。

$$-m^2 y = -m^2 a_0 - m^2 a_1 x - m^2 a_2 x^2 - m^2 a_3 x^3 - \ldots - m^2 a_n x^n - \ldots$$

このとき、級数解は、すべての x^n のべきの項の係数がゼロという条件を満たす。まず $-m^2 a_0 = 0$ より $a_0 = 0$ となる。つぎに x の項では

$$a_1 - m^2 a_1 = a_1 (1 - m^2) = 0$$

となる。ここで、2 通りのケースがある。つまり $a_1 = 0$ あるいは $1 - m^2 = 0$ である。ここでは、まず、$m = 1$ の場合を見ていこう。

演習 6-9　$m = 1$ と置いて、すべてのべき x^n の係数が 0 という条件から、係数間の関係を導出し、級数解を求めよ。

解） x^2 より高次の係数は

$$2a_2 + 2a_2 - a_2 + a_0 = 0$$
$$3 \cdot 2a_3 + 3a_3 - a_3 + a_1 = 0$$
$$4 \cdot 3a_4 + 4a_4 - a_4 + a_2 = 0$$

$$\cdots\cdots$$

$$n(n-1)a_n + na_n - a_n + a_{n-2} = 0$$

となる。ここで、$a_0 = 0$ であるから偶数べきの項 a_{2n} は、すべて 0 となり、奇数べきの項だけが残る。このとき

$$(n+1)(n-1)a_n + a_{n-2} = 0$$

から

$$a_n = -\frac{1}{(n+1)(n-1)}a_{n-2} \quad (n \geq 3)$$

という漸化式が得られる。n は奇数であるから

$$a_3 = -\frac{1}{4 \cdot 2}a_1 \qquad a_5 = -\frac{1}{6 \cdot 4}a_3 = \frac{1}{(6 \cdot 4)(4 \cdot 2)}a_1$$

$$a_7 = -\frac{1}{8 \cdot 6}a_5 = -\frac{1}{(8 \cdot 6)(6 \cdot 4)(4 \cdot 2)}a_1$$

と続いて一般式の係数は k を整数 $(1, 2, 3, \ldots)$ として

$$a_{2k+1} = (-1)^k \frac{1}{2^{2k}(k+1)!k!}a_1$$

と与えられる。よって、求める解は

$$y = a_1 x - \frac{a_1}{4 \cdot 2}x^3 + \frac{a_1}{(6 \cdot 4)(4 \cdot 2)}x^5 + \ldots + (-1)^k \frac{a_1}{2^{2k}(k+1)!k!}x^{2k+1} + \ldots$$

となる。

これを 1 次のベッセル関数と呼んでいる。より一般的には、$a_1 = 1/2$ と置いて

$$J_1(x) = \frac{x}{2} - \frac{1}{2!}\left(\frac{x}{2}\right)^3 + \frac{1}{2!\,3!}\left(\frac{x}{2}\right)^5 + \ldots + \frac{(-1)^k}{k!(1+k)!}\left(\frac{x}{2}\right)^{2k+1} + \ldots$$

とする。1 次のベッセル関数 $J_1(x)$ のグラフは、図 6-2 に示すように、原点では振幅が 0 で、それが振動を繰り返しながら、次第に減衰していく。よって 0 次のベッセル関数を補完することができる。

210

第6章　級数解法

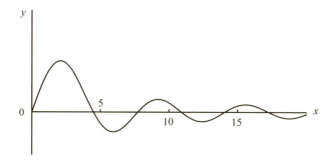

図6-2　1次のベッセル関数 $y = J_1(x)$ のグラフ

つぎに、最初の条件で $m=1$ ではなく、$a_1 = 0$ とすると、つぎの選択肢として、$a_2 = 0$ あるいは $4-m^2 = 0$ のいずれかとなり、後者を選択すると、それは $m=2$ となって、その級数解を求めると、2次のベッセル関数となる。

このまま続けてもよいのであるが、ある程度規則性がわかっているので、より一般的な解を求めることを考えてみよう。

6.6.3. 一般のベッセル関数

以上の操作を見ると、最初の条件であらかじめ a_{n-1} までの項をゼロとして a_n の項がゼロではないとすると、$n^2 - m^2 = 0$ でなければならないので、$m = n$ となる。これについては後で確認する。

すると、級数展開は
$$y = a_n x^n + a_{n+1} x^{n+1} + a_{n+2} x^{n+2} + \ldots + a_{n+k} x^{n+k} + \ldots \quad (a_n \neq 0)$$
のようなフロベニウス級数を仮定する必要があり、微分方程式に代入すると
$$y' = a_n n x^{n-1} + a_{n+1}(n+1) x^n + a_{n+2}(n+2) x^{n-1} + \ldots + a_{n+k}(n+k) x^{n+k-1} + \ldots$$
$$y'' = a_n n(n-1) x^{n-2} + a_{n+1}(n+1)n x^{n-1} + \ldots + a_{n+k}(n+k)(n+k-1) x^{n+k-2} + \ldots$$
となる。煩雑になるので、これ以降は一般式を使って計算をする。すると

$$x^2 y'' = \sum_{k=0}^{\infty} a_{n+k}(n+k)(n+k-1) x^{n+k}$$

$$xy' = \sum_{k=0}^{\infty} a_{n+k}(n+k) x^{n+k}$$

211

$$(x^2 - m^2)y = \sum_{k=0}^{\infty} a_{n+k} x^{n+k+2} - m^2 \sum_{k=0}^{\infty} a_{n+k} x^{n+k}$$

ここで、x^n の項の係数を見ると

$$\left\{ n(n-1) + n - m^2 \right\} a_n = (n^2 - m^2) a_n = 0$$

であり、a_n はゼロではないから、係数が 0 となるためには $m = \pm n$ が条件となる。これは、0次1次の場合と同様である。次に、x^{n+1} の項の係数は

$$\left\{ (n+1)n + (n+1) - m^2 \right\} a_{n+1} = 0$$

となるが、$m = n$ を代入すると

$$\left\{ (n+1)n + (n+1) - n^2 \right\} a_{n+1} = (2n+1) a_{n+1} = 0$$

であり、$2n+1$ は 0 とはならないので $a_{n+1} = 0$ でなければならない。これ以降の項の係数を一般式で示すと

$$\left\{ (n+k+2)(n+k+1) + (n+k+2) - n^2 \right\} a_{n+k+2} + a_{n+k} = 0 \qquad (k = 0, 1, 2, ...)$$

となる。これを整理すると

$$\left\{ (n+k+2)^2 - n^2 \right\} a_{n+k+2} + a_{n+k} = 0$$

から

$$(2n+k+2)(k+2) a_{n+k+2} + a_{n+k} = 0$$

となり、結局

$$a_{n+k+2} = -\frac{1}{(2n+k+2)(k+2)} a_{n+k}$$

という漸化式ができる。ここで a_{n+1} は 0 であるから、k が奇数の項はすべて 0 となることがわかる。

演習 6-10　以上の関係を踏まえたうえで、a_n を使って、ベッセル関数の係数の一般式を求めよ。

212

第 6 章　級数解法

解）　k は偶数であるから、$k = 0$ のとき

$$a_{n+2} = -\frac{1}{(2n+2)2}a_n = -\frac{1}{2^2(n+1)}a_n$$

となる。つぎに $k = 2$ ならびに $k = 4$ は

$$a_{n+4} = -\frac{1}{(2n+4)4}a_{n+2} = -\frac{1}{2^2(n+2)2}a_{n+2} = \frac{1}{2^4 2(n+1)(n+2)}a_n$$

$$a_{n+6} = -\frac{1}{(2n+6)6}a_{n+4} = -\frac{1}{2^2(n+3)3}a_{n+4} = -\frac{1}{2^6 2\cdot 3(n+1)(n+2)(n+3)}a_n$$

と順次計算でき、結局

$$a_{n+2k} = \frac{(-1)^k}{2^{2k}\cdot k!\dfrac{(n+k)!}{n!}}a_n = \frac{(-1)^k n!}{2^{2k}\cdot k!(n+k)!}a_n$$

と与えられる。

よってベッセル関数は

$$y = \sum_{k=0}^{\infty}\frac{(-1)^k n!}{2^{2k}\cdot k!(n+k)!}a_n x^{n+2k}$$

となる。これが一般式である。ただし、実際には任意係数 (a_n) を適当に指定して、別なかたちの式で表すことも多い。

演習 6-11　任意係数を $a_n = \dfrac{1}{2^n n!}$ とおいてベッセル関数の一般式に代入せよ。

解）

$$y = \sum_{k=0}^{\infty}\frac{(-1)^k n!}{2^{2k}\cdot k!(n+k)!}a_n x^{n+2k} = \sum_{k=0}^{\infty}\frac{(-1)^k n!}{2^{2k}\cdot k!(n+k)!}\left(\frac{1}{2^n n!}\right)x^{n+2k}$$

となるので、整理すると

$$y = \sum_{k=0}^{\infty}\frac{(-1)^k}{k!(n+k)!}\left(\frac{x}{2}\right)^{n+2k}$$

となる。

213

このときのベッセル関数を

$$J_n(x) = \frac{1}{0!n!}\left(\frac{x}{2}\right)^n - \frac{1}{1!(n+1)!}\left(\frac{x}{2}\right)^{n+2} + \frac{1}{2!(n+2)!}\left(\frac{x}{2}\right)^{n+4} + ... + \frac{(-1)^k}{k!(n+k)!}\left(\frac{x}{2}\right)^{n+2k} + ...$$

と書いて、n 次の第 1 種ベッセル関数 (Bessel function of the first kind of order n)
と呼ぶ。第 1 種と呼ぶのは、（ここでは紹介しないが）別解として、この級数を
変形した第 2 種が存在するからである。

n に具体的な数値を与えると、$n = 0$ ならびに $n = 1$ では

$$J_0(x) = 1 - \left(\frac{x}{2}\right)^2 + \frac{1}{(2!)^2}\left(\frac{x}{2}\right)^4 + ... + \frac{(-1)^k}{(k!)^2}\left(\frac{x}{2}\right)^{2k} + ...$$

$$J_1(x) = \frac{x}{2} - \frac{1}{2!}\left(\frac{x}{2}\right)^3 + \frac{1}{2!\,3!}\left(\frac{x}{2}\right)^5 + ... + \frac{(-1)^k}{k!(1+k)!}\left(\frac{x}{2}\right)^{2k+1} + ...$$

となり、先ほど求めた $m = 0, 1$ に対応したベッセル関数が得られる。

ここで紹介したベッセル関数は拡張性が高く、n を負の整数に拡張したり、整
数のかわりに実数に拡張したりすることもできる。また、変数を複素数とすると、
変形ベッセル関数が得られる。ただし、基本的な考え方は変わらない。どのよう
な場面で使うかによって、便利なようにかたちを変えるだけである。

6.7. ルジャンドルの微分方程式

ベッセル微分方程式と並んで有名なものに、**ルジャンドルの微分方程式**
(Legendre's differential equation) がある。このルジャンドル方程式から派生して得
られるルジャンドル陪微分方程式の解であるルジャンドル陪多項式が、水素原子
の角度関数に対応するため、大きな注目を集めている。

ルジャンドル方程式とは

$$(1-x^2)\frac{d^2y}{dx^2} - 2x\frac{dy}{dx} + m(m+1)y = 0$$

のような変数係数の 2 階線形同次微分方程式である。ここで、m はゼロまたは正
の整数である。この方程式も解析解を得ることが難しいので、級数解法に頼るこ
とになる。

第6章　級数解法

6.7.1.　ルジャンドル方程式の解

ルジャンドル方程式の解として

$$y = a_0 + a_1 x + a_2 x^2 + a_3 x^3 + ... + a_n x^n + ...$$

のようなべき級数を仮定する。すると

$$y' = a_1 + 2a_2 x + 3a_3 x^2 + ... + na_n x^{n-1} + (n+1)a_{n+1} x^n + ...$$

$$y'' = 2a_2 + 3\cdot2a_3 x + ... + n(n-1)a_n x^{n-2} + (n+1)na_{n+1} x^{n-1} + ...$$

と与えられる。

これを、ルジャンドルの微分方程式に代入する。それぞれの項は

$$y'' = 2a_2 + 3\cdot2a_3 x + ... + n(n-1)a_n x^{n-2} + (n+1)na_{n+1} x^{n-1} + ...$$

$$-x^2 y'' = -2a_2 x^2 - 3\cdot2a_3 x^3 - ... - n(n-1)a_n x^n - (n+1)na_{n+1} x^{n+1} - ...$$

$$-2xy' = -2a_1 x - 4a_2 x^2 - 6a_3 x^3 - ... - 2na_n x^n - 2(n+1)a_{n+1} x^{n+1} - ...$$

$$m(m+1)y = m(m+1)a_0 + m(m+1)a_1 x + m(m+1)a_2 x^2 + ... + m(m+1)a_n x^n + ...$$

となる。

演習 6-12　以上の 4 式を、すべて加えてできる多項式のすべての係数がゼロとなる条件から、係数間に成立する漸化式を求めよ。

　解）　　まず、定数項は

$$m(m+1)a_0 + 2a_2 = 0$$

となる。つぎに x の係数は

$$\{m(m+1) - 2\}a_1 + 3\cdot2a_3 = 0$$

となり、以下同様にして、x に関するべき項の係数が 0 という条件から

$$\{m(m+1) - 4 - 2\}a_2 + 4\cdot3a_4 = 0$$

$$\{m(m+1) - 6 - 3\cdot2\}a_3 + 5\cdot4a_5 = 0$$

$$.....$$

$$\{m(m+1) - 2n - n\cdot(n-1)\}a_n + (n+2)\cdot(n+1)a_{n+2} = 0$$

という関係が得られる。一般式を整理すると

$$(n+2)(n+1)a_{n+2} + \{m(m+1) - n(n+1)\}a_n = 0$$

よって

$$a_{n+2} = -\frac{\{m(m+1) - n(n+1)\}}{(n+2)(n+1)}a_n = -\frac{(m-n)(m+n+1)}{(n+2)(n+1)}a_n$$

215

という漸化式が得られる。

ただし、偶数項と奇数項があり、さらに a_0 と a_1 は任意の定数となる。

6.7.2. ルジャンドル多項式

ルジャンドルの微分方程式の級数解の漸化式をもう一度示すと

$$a_{n+2} = -\frac{(m-n)(m+n+1)}{(n+2)(n+1)}a_n$$

ここで、$n = 1, 2, 3, 4, \ldots$ とべき係数を増やしていって、$n = m$ に到達すると、この漸化式の分子にある $(m-n)$ の項が $m-n=0$ となるため、a_{m+2} の項は

$$a_{m+2} = -\frac{(m-m)(m+m+1)}{(m+2)(m+1)}a_m = 0$$

となって 0 となる。この漸化式に従うと

$$a_{m+2} = a_{m+4} = a_{m+6} = \ldots = 0$$

であるから、これ以降のすべての項が 0 になる。つまり、級数は a_m までの項しか存在しない。よって、ルジャンドル方程式の解は無限級数ではなく、項数が m の多項式となる。

最高次の項が m であるから、漸化式を逆にたどってみる。すると

$$a_m = -\frac{\{m-(m-2)\}\{m+(m-2)+1\}}{\{(m-2)+2\}\{(m-2)+1\}}a_{m-2} = -\frac{2(2m-1)}{m(m-1)}a_{m-2}$$

であるから

$$a_{m-2} = -\frac{m(m-1)}{2(2m-1)}a_m$$

という漸化式が得られる。そのつぎの項は、最初の漸化式を使って

$$a_{m-2} = -\frac{\{m-(m-4)\}\{m+(m-4)+1\}}{\{(m-4)+2\}\{(m-4)+1\}}a_{m-4} = -\frac{4(2m-3)}{(m-2)(m-3)}a_{m-4}$$

となるので

$$a_{m-4} = -\frac{(m-2)(m-3)}{4(2m-3)}a_{m-2}$$

これを a_m で示すと

第 6 章　級数解法

$$a_{m-4} = -\frac{(m-2)(m-3)}{4(2m-3)}a_{m-2} = \frac{m(m-1)(m-2)(m-3)}{2\cdot 4(2m-1)(2m-3)}a_m$$

となる。　同じ操作をくり返すとつぎの項は

$$a_{m-6} = -\frac{(m-4)(m-5)}{6(2m-5)}a_{m-4} = -\frac{m(m-1)(m-2)(m-3)(m-4)(m-5)}{2\cdot 4\cdot 6(2m-1)(2m-3)(2m-5)}a_m$$

となり、以下同様となる。このとき m が偶数であれば、偶数項だけで a_0 の項まででいき、m が奇数であれば、奇数項だけで a_1 の項までいきつくことになる。

このとき、最後までたどりつくと、分子は結局 $m!$ になる。そこで a_m としてつぎのかたちを考える。

$$a_m = \frac{(2m-1)(2m-3)(2m-5)\cdots 3\cdot 1}{m!} = \frac{(2m)!}{2^m(m!)^2}$$

すると、ルジャンドル方程式の解は

$$P_m(x) = \frac{(2m)!}{2^m(m!)^2}\left[x^m - \frac{m(m-1)}{2(2m-1)}x^{m-2} + \frac{m(m-1)(m-2)(m-3)}{2\cdot 4(2m-1)(2m-3)}x^{m-4} - \ldots\right]$$

となる。

これを**ルジャンドル多項式** (Legendre polynomial) と呼んでいる。

演習 6-13　ルジャンドル多項式の $m = 1, 2, 3, 4$ に対応した 4 項を求めよ。

解）　上記の $P_m(x)$ に $m = 1, 2, 3, 4$ を代入すれば

$$P_1(x) = \frac{2!}{2^1(1!)^2}x^1 = x$$

$$P_2(x) = \frac{4!}{2^2(2!)^2}\left(x^2 - \frac{2\cdot 1}{2\cdot 3}\right) = \frac{1}{2}(3x^2 - 1)$$

$$P_3(x) = \frac{6!}{2^3(3!)^2}\left(x^3 - \frac{3\cdot 2}{2\cdot 5}x\right) = \frac{1}{2}(5x^3 - 3x)$$

$$P_4(x) = \frac{8!}{2^4(4!)^2}\left(x^4 - \frac{4\cdot 3}{2\cdot 7}x^2 + \frac{4\cdot 3\cdot 2\cdot 1}{2\cdot 4\cdot 7\cdot 5}\right) = \frac{1}{8}(35x^4 - 30x^2 + 3)$$

となる。

ちなみに、$m=0$ のとき多項式の一般式である $P_m(x)$ において $m=0$ と置くと

$$P_0(x) = \frac{0!}{2^0 (0!)^2} x^0 = 1$$

となる。ルジャンドル多項式をグラフに描くと図6-3のようになる。

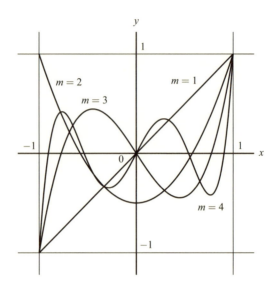

図6-3　ルジャンドル関数 $P_m(x)$ において、$m=1,2,3,4$ のグラフ

6.8. エルミートの微分方程式

つぎの変数係数2階線形同次微分方程式

$$\frac{d^2y}{dx^2} - 2x\frac{dy}{dx} + (m-1)y = 0$$

を、**エルミートの微分方程式** (Hermitian differential equation) と呼んでいる。

6.8.1. 級数解法

変数係数2階微分方程式であるから級数解法を適用して解を求めてみよう。

第 6 章 級数解法

演習 6-14　級数解法によりエルミートの微分方程式を解法せよ。
$$y'' - 2xy' + (m-1)y = 0$$

解）　級数解として
$$y = a_0 + a_1 x + a_2 x^2 + \ldots + a_n x^n + \ldots$$
を仮定し、微分方程式に代入する。
$$y' = a_1 + 2a_2 x + 3a_3 x^2 + \ldots + na_n x^{n-1} + \ldots$$
$$y'' = 2a_2 + 3 \cdot 2a_3 x + 4 \cdot 3a_4 x^2 + \ldots + n(n-1)a_n x^{n-2} + \ldots$$
であるから、これらを微分方程式に代入すると
$$2a_2 + 3 \cdot 2a_3 x + \ldots + n(n-1)a_n x^{n-2} + \ldots - 2x(a_1 + 2a_2 x + 3a_3 x^2 + \ldots + na_n x^{n-1} + \ldots)$$
$$+ (m-1)(a_0 + a_1 x + a_2 x^2 + \ldots + a_n x^n + \ldots) = 0$$
となる。

　この方程式が成立するためには、それぞれのべき項の係数が 0 でなければならない。よって、係数は
$$2a_2 + (m-1)a_0 = 0 \qquad\qquad 3 \cdot 2a_3 - 2a_1 + (m-1)a_1 = 0$$
$$4 \cdot 3a_4 - 4a_2 + (m-1)a_2 = 0 \qquad 5 \cdot 4a_5 - 6a_3 + (m-1)a_3 = 0$$
$$\ldots\ldots \quad (n+2)(n+1)a_{n+2} - 2na_n + (m-1)a_n = 0$$
を満足しなければならない。すると
$$a_2 = \frac{1-m}{2}a_0 \qquad a_3 = \frac{3-m}{3 \cdot 2}a_1 \qquad a_4 = \frac{5-m}{4 \cdot 3}a_2 = \frac{(5-m)(1-m)}{4 \cdot 3 \cdot 2}a_0$$
$$a_5 = \frac{7-m}{5 \cdot 4}a_3 = \frac{(7-m)(3-m)}{5 \cdot 4 \cdot 3 \cdot 2}a_1 = \frac{(7-m)(3-m)}{5!}a_1 \ \ldots\ldots$$
から
$$y = a_0 + a_1 x + \frac{1-m}{2!}a_0 x^2 + \frac{3-m}{3!}a_1 x^3 + \frac{(5-m)(1-m)}{4!}a_0 x^4 + \frac{(7-m)(3-m)}{5!}a_1 x^5 + \ldots$$
となる。

　したがって
$$y = a_0\left(1 + \frac{1-m}{2!}x^2 + \frac{(5-m)(1-m)}{4!}x^4 + \ldots\right) + a_1\left(x + \frac{3-m}{3!}x^3 + \frac{(7-m)(3-m)}{5!}a_1 x^5 + \ldots\right)$$

219

となる。これは、2個の任意定数を含むから2階微分方程式の一般解となる。

6.8.2. エルミート多項式

得られた解は無限級数であるが、理工学への応用としては、つぎに示す多項式が活躍する。それを見てみよう。

ここで、$m=1$ とすると a_0 項は2項目以降がすべて0となる。よって、$a_1=0$ とすれば

$$y = a_0\left(1 + \frac{1-m}{2!}x^2 + ...\right) = a_0$$

となる。これを $H_0(x)$ と表記する。H はエルミート (Hermite) の頭文字であり、エルミート多項式と称される。

つぎに、$m=3$ とする a_1 項は2項目以降がすべて0となる。よって、$a_0=0$ とすれば、有限な解が得られ

$$H_1(x) = a_1\left(x + \frac{3-m}{3!}x^3 + ...\right) = a_1 x$$

となる。

つぎに、$m=5$ とすると、a_0 項は3項目以降がすべて0となる。よって、$a_1=0$ とすれば

$$H_2(x) = a_0\left(1 + \frac{1-m}{2!}x^2 + \frac{(5-m)(1-m)}{4!}x^4 + ...\right) = a_0\left(1 - \frac{4}{2!}x^2\right) = a_0(1-2x^2)$$

が得られる。これを $H_2(x)$ と表記する。

演習 6-15　エルミート微分方程式の解で、$m=7, 9$ に対応したエルミート多項式 $H_3(x)$ および $H_4(x)$ を求めよ。

解)　$m=7$ のとき、$a_0=0$ とすると

$$H_3(x) = a_1\left(x + \frac{3-m}{3!}x^3 + \frac{(7-m)(3-m)}{5!}x^5 + ...\right) = a_1\left(x + \frac{3-7}{3!}x^3\right) = a_1\left(x - \frac{2}{3}x^3\right)$$

$m=9$ のとき、$a_1=0$ とすると

$$H_4(x) = a_0\left(1 + \frac{1-m}{2!}x^2 + \frac{(5-m)(1-m)}{4!}x^4 + \frac{(9-m)(5-m)}{6!}x^4 + ...\right)$$

第 6 章　級数解法

$$= a_0\left(1 - \frac{8}{2!}x^2 + \frac{4\cdot 8}{4!}x^4\right) = a_0\left(1 - 4x^2 + \frac{4}{3}x^4\right)$$

となる。

エルミート多項式は、調和振動子を量子力学的に取り扱うときに波動関数の一部として登場するため、理工系では重宝されている。

6.9.　ラゲールの微分方程式

つぎのかたちをした変数係数 2 階線形同次微分方程式を**ラゲールの微分方程式** (Laguerre differential equation) と呼んでいる。

$$x\frac{d^2y}{dx^2} + (1-x)\frac{dy}{dx} + my = 0$$

この微分方程式の解を求める際にも級数解法が適用される。いま、この微分方程式の解を

$$y = a_0 + a_1x + a_2x^2 + a_3x^3 + \dots + a_nx^n + \dots = \sum_{n=0}^{\infty} a_nx^n$$

のような無限べき級数と仮定する。ここでは、一般式を利用して、級数解を求めてみよう。すると

$$y' = a_1 + 2a_2x + 3a_3x^2 + 4a_4x^3 + \dots + na_nx^{n-1} + \dots = \sum_{n=1}^{\infty} na_nx^{n-1}$$

$$y'' = 2a_2 + 3\cdot 2a_3x + 4\cdot 3a_4x^2 + \dots + n(n-1)a_nx^{n-2} + \dots = \sum_{n=2}^{\infty} n(n-1)a_nx^{n-2}$$

となる。

これら一般式による表記の式を、もとのラゲール微分方程式に代入してみよう。すると

$$x\sum_{n=2}^{\infty} n(n-1)a_nx^{n-2} + \sum_{n=1}^{\infty} na_nx^{n-1} - x\sum_{n=1}^{\infty} na_nx^{n-1} + m\sum_{n=0}^{\infty} a_nx^n = 0$$

となる。よって

$$\sum_{n=2}^{\infty} n(n-1)a_nx^{n-1} + \sum_{n=1}^{\infty} na_nx^{n-1} - \sum_{n=1}^{\infty} na_nx^n + m\sum_{n=0}^{\infty} a_nx^n = 0$$

221

となる。

演習 6-16 上記の式が成立するという条件から、係数間の関係を導出し、微分方程式の解を求めよ。

解） x の同じべき項の係数を整理する。無限級数であるから

$$\sum_{n=2}^{\infty} n(n-1)a_n x^{n-1} = \sum_{n=1}^{\infty} (n+1)na_{n+1}x^n$$

$$\sum_{n=1}^{\infty} na_n x^{n-1} = \sum_{n=0}^{\infty} (n+1)a_{n+1}x^n$$

という関係にあることに注意すると

$$\sum_{n=1}^{\infty} (n+1)na_{n+1}x^n + \sum_{n=0}^{\infty} (n+1)a_{n+1}x^n - \sum_{n=1}^{\infty} na_n x^n + m\sum_{n=0}^{\infty} a_n x^n = 0$$

と整理できる。ここで、和の開始を $n=1$ とそろえるために $n=0$ の項だけ外に出すと

$$a_1 + ma_0 + \sum_{n=1}^{\infty} (n+1)na_{n+1}x^n + \sum_{n=1}^{\infty} (n+1)a_{n+1}x^n - \sum_{n=1}^{\infty} na_n x^n + m\sum_{n=1}^{\infty} a_n x^n = 0$$

となる。さらに整理すると

$$a_1 + ma_0 + \sum_{n=1}^{\infty} \left\{ (n+1)na_{n+1} + (n+1)a_{n+1} - na_n + ma_n \right\} x^n = 0$$

とまとめられる。

この等式が成立するためには

$$a_1 + ma_0 = 0$$

$$(n+1)na_{n+1} + (n+1)a_{n+1} - na_n + ma_n = 0$$

となる必要がある。すると、最初の式から

$$a_1 = -ma_0$$

つぎの式から

$$(n+1)(n+1)a_{n+1} - (n-m)a_n = 0$$

となるので

$$a_{n+1} = \frac{n-m}{(n+1)^2} a_n$$

222

第 6 章　級数解法

という関係が得られる。よって

$$a_1 = -ma_0$$

$$a_2 = \frac{1-m}{2^2}a_1 = (-1)^2\frac{m(m-1)}{2^2}a_0$$

$$a_3 = (-1)^3\frac{m(m-1)(m-2)}{2^2 \cdot 3^2}a_0$$

$$a_4 = (-1)^4\frac{m(m-1)(m-2)(m-3)}{2^2 \cdot 3^2 \cdot 4^2}a_0$$

と与えられる。一般式にすると

$$a_n = (-1)^n\frac{m!}{(n!)^2(m-n)!}a_0$$

となる。結局、求める解は

$$y = a_0\left\{1 - mx + \frac{m(m-1)}{4}x^2 - \frac{m(m-1)(m-2)}{36}x^3 + ...\right\}$$

となる。

　ここで、m が正の整数としよう。すると、たとえば $m=2$ では 4 項目以降が 0 となるので、この級数は

$$y = a_0\left(1 - 2x + \frac{2 \cdot 1}{4}x^2\right) = a_0\left(1 - 2x + \frac{1}{2}x^2\right)$$

のように多項式となる。これを**ラゲール多項式** (Laguerre polynomial) と呼んでいる。

演習 6-17　$m=3$ に対応したラゲール多項式を求めよ。

　解）　a_4 以降の係数が 0 となるから

$$y = a_0\left\{1 - mx + \frac{m(m-1)}{4}x^2 - \frac{m(m-1)(m-2)}{36}x^3\right\}$$

$$= a_0\left(1 - 3x + \frac{3 \cdot 2}{4}x^2 - \frac{3 \cdot 2 \cdot 1}{36}x^3\right) = a_0\left(1 - 3x + \frac{3}{2}x^2 - \frac{1}{6}x^3\right)$$

となる。

　理工系分野で応用される場合には、ラゲール多項式は一般式で登場する場合が多い。いま得られた解をもとに、$a_0 = 1$ として、一般式で書くと

$$L_m(x) = \sum_{r=0}^{m} (-1)^r \frac{m!}{(r!)^2 (m-r)!} x^r$$

となる。

演習 6-18　上記のラゲール多項式を求める公式に $m = 2$ および $m = 3$ を代入し、先ほど求めた結果と比較せよ。

　解）

$$L_2(x) = \sum_{r=0}^{2} (-1)^r \frac{2!}{(r!)^2 (2-r)!} x^r$$

$$= 1 + (-1)\frac{2!}{(1!)^2 (2-1)!} x + (-1)^2 \frac{2!}{(2!)^2 (2-2)!} x^2 = 1 - 2x + \frac{1}{2}x^2$$

同様にして

$$L_3(x) = \sum_{r=0}^{3} (-1)^r \frac{3!}{(r!)^2 (3-r)!} x^r$$

となるが、$r = 0, 1, 2, 3$ に対応した項は

$$(-1)^0 \frac{3!}{(0!)^2 3!} x^0 = 1 \qquad (-1)^1 \frac{3!}{(1!)^2 2!} x = -3x \qquad (-1)^2 \frac{3!}{(2!)^2 1!} x^2 = \frac{3}{2}x^2$$

$$(-1)^3 \frac{3!}{(3!)^2 0!} x^3 = \frac{1}{6}x^3$$

となるから

$$L_3(x) = 1 - 3x + \frac{3}{2}x^2 - \frac{1}{6}x^3$$

となる。

　よって、ラゲール多項式の上記公式と解が一致することが確かめられる。量子力学において、水素原子の波動関数に登場するのは、ラゲール多項式をさらに k

第 6 章 級数解法

階微分して得られるラゲール陪多項式であるが、基本的な手法は変わらない。

　以上で紹介したように、級数解法は、変数係数の 2 階線形微分方程式の解法に威力を発揮する。そして、それによって、現代科学の扉が開かれたのである。

第7章 解法可能な高階微分方程式

一般に 3 階以上の高階微分方程式を解くのは困難な場合が多いが、ある種の高階微分方程式は解法が可能である。それを本章では紹介する。

解法可能な高階微分方程式のもっとも簡単な例は

$$\frac{d^n y}{dx^n} = y^{(n)} = f(x)$$

のように n 階の導関数が x のみの関数で与えられているものである。この場合、両辺を x に関して積分することで

$$\frac{d^{n-1} y}{dx^{n-1}} = y^{(n-1)} = \int f(x)\,dx + C_1 \qquad (C_1:\ \text{定数})$$

のように階数を下げることができる。この操作を繰り返せば

$$\frac{d^{n-2} y}{dx^{n-2}} = \int \left(\int f(x)\,dx + C_1 \right) dx = \int \left(\int f(x)\,dx \right) dx + C_1 x + C_2 \qquad (C_2:\ \text{定数})$$

のように、左辺の導関数の階数が下がっていくので、解法が可能となる。

演習 7-1　つぎの 3 階微分方程式の解を求めよ。

$$x\frac{d^3 y}{dx^3} = 1$$

解）　　与式を変形すると

$$\frac{d^3 y}{dx^3} = \frac{1}{x}$$

両辺を x に関して積分すると

$$\frac{d^2 y}{dx^2} = \int \frac{1}{x}\,dx = \log|x| + C_1 \qquad (C_1:\ \text{定数})$$

以下、順次積分していくと

第 7 章　解法可能な高階微分方程式

$$\frac{dy}{dx} = \int \log|x|\,dx + \int C_1\,dx = x\log|x| - x + C_1 x + C_2 \qquad (C_2 : \ 定数)$$

したがって、一般解は

$$y = \frac{x^2}{2}\left(\log|x| - \frac{1}{2}\right) - \frac{x^2}{2} + \frac{C_1}{2}x^2 + C_2 x + C_3$$

$$= \frac{x^2}{2}\log|x| + \frac{1}{4}(2C_1 - 3)x^2 + C_2 x + C_3 \qquad (C_3 : \ 定数)$$

$$= \frac{x^2}{2}\log|x| + C_1' x^2 + C_2 x + C_3 \qquad \left(C_1' = \frac{1}{4}(2C_1 - 3)\right)$$

となる。

---

3 階の微分方程式の一般解では 3 個の任意定数が必要となる。上記の積分では

$$\frac{d}{dx}\left\{\frac{x^2}{2}\left(\log|x| - \frac{1}{2}\right)\right\} = x\left(\log|x| - \frac{1}{2}\right) + \frac{x^2}{2}\frac{1}{x} = x\log|x|$$

$$\frac{d}{dx}(x\log|x| - x) = \log|x| + x\frac{1}{x} - 1 = \log|x|$$

から、それぞれの右辺にある被積分関数の原始関数を求めていることに注意されたい。

7.1. 定数係数高階線形微分方程式

定数係数の 2 階線形同次微分方程式の解法についてはすでに紹介している。実は、同様の手法が 3 階以上の場合にも適用可能である。原理は同じなので、3 階の例で説明しよう。つぎの微分方程式

$$\frac{d^3 y}{dx^3} - 4\frac{d^2 y}{dx^2} + 3\frac{dy}{dx} = 0$$

の解法を考える。このとき、2 階の場合と同じように

$$y = \exp(\lambda x) = e^{\lambda x}$$

という解を仮定し、微分方程式に代入する。すると

$$\frac{dy}{dx} = \lambda e^{\lambda x} \qquad \frac{d^2 y}{dx^2} = \lambda^2 e^{\lambda x} \qquad \frac{d^3 y}{dx^3} = \lambda^3 e^{\lambda x}$$

227

となるので

$$\lambda^3 e^{\lambda x} - 4\lambda^2 e^{\lambda x} + 3\lambda e^{\lambda x} = 0 \quad \text{から} \quad (\lambda^3 - 4\lambda^2 + 3\lambda)e^{\lambda x} = 0$$

となり、特性方程式

$$\lambda^3 - 4\lambda^2 + 3\lambda = 0$$

を満足する λ を求めれば、解が得られることになる。

因数分解すると

$$\lambda^3 - 4\lambda^2 + 3\lambda = \lambda(\lambda^2 - 4\lambda + 3) = \lambda(\lambda - 1)(\lambda - 3) = 0$$

となるから、$\lambda = 0, 1, 3$ という解が得られる。

したがって、表記の微分方程式の 3 個の基本解は

$$y_1 = e^0 = 1 \qquad y_2 = e^x \qquad y_3 = e^{3x}$$

となり、C_1, C_2, C_3 を任意定数として

$$y = C_1 + C_2\, e^x + C_3\, e^{3x}$$

が一般解となる。

定数係数の n 階線形同次微分方程式であれば、まったく同様の手法を使うことで**代数方程式** (algebraic equation) の解を求める問題に還元できる。

演習 7-2　ロンスキー行列式を用いて、得られた基本解が線形独立となることを確かめよ。

解）　ロンスキー行列式は

$$W(y_1, y_2, y_3) = \begin{vmatrix} y_1 & y_2 & y_3 \\ y_1{}' & y_2{}' & y_3{}' \\ y_1{}'' & y_2{}'' & y_3{}'' \end{vmatrix}$$

であった。ここで $y_1 = 1,\ y_2 = e^x,\ y_3 = e^{3x}$ の 1 階および 2 階導関数は

$$y_1{}' = 0, \quad y_2{}' = e^x, \quad y_3{}' = 3e^{3x}$$

$$y_1{}'' = 0, \quad y_2{}'' = e^x, \quad y_3{}'' = 9e^{3x}$$

であるから、ロンスキー行列式は

第 7 章　解法可能な高階微分方程式

$$W(y_1, y_2, y_3) = \begin{vmatrix} 1 & e^x & e^{3x} \\ 0 & e^x & 3e^{3x} \\ 0 & e^x & 9e^{3x} \end{vmatrix} = \begin{vmatrix} e^x & 3e^{3x} \\ e^x & 9e^{3x} \end{vmatrix} = 9e^{4x} - 3e^{4x} = 6e^{4x} \neq 0$$

となる。ただし、1 列めの成分で余因子展開を行った。ロンスキー行列式が 0 で
はないので、y_1, y_2, y_3 は線形独立である。

　定数係数の n 階線形同次微分方程式には、n 個の線形独立な基本解が存在す
る。これら基本解が求められれば、その線形結合で一般解が得られることになる。

演習 7-3　つぎの定数係数 4 階線形同次微分方程式の 4 個の基本解を求めよ。

$$\frac{d^4 y}{dx^4} + 4\frac{d^2 y}{dx^2} - 5y = 0$$

　解)　　この微分方程式の特性方程式は

$$\lambda^4 + 4\lambda^2 - 5 = 0$$

となる。したがって

$$\lambda^4 + 4\lambda^2 - 5 = (\lambda^2 - 1)(\lambda^2 + 5) = (\lambda + 1)(\lambda - 1)(\lambda^2 + 5) = 0$$

となり

$$\lambda = \pm 1, \ \pm\sqrt{5}i$$

となる。よって、基本解は

$$y_1 = e^x \qquad y_2 = e^{-x} \qquad y_3 = \exp(+i\sqrt{5}\,x) \qquad y_4 = \exp(-i\sqrt{5}\,x)$$

の 4 個となる。

　このままでは、y_3 と y_4 は複素数解であるが、オイラーの公式を利用すれば実数
解を得ることもできる。
　オイラーの公式から

$$y_3 = \exp(+i\sqrt{5}x) = \cos\sqrt{5}x + i\sin\sqrt{5}x$$
$$y_4 = \exp(-i\sqrt{5}x) = \cos\sqrt{5}x - i\sin\sqrt{5}x$$

229

となるが、基本解の線形結合も、新たな基本解となるから

$$y_3' = \frac{y_3 + y_4}{2} = \cos\sqrt{5}x \qquad y_4' = \frac{y_3 - y_4}{2i} = \sin\sqrt{5}x$$

という実数解を基本解として採用することができる。

このとき一般解は

$$y = C_1 e^x + C_2 e^{-x} + C_3 \cos\sqrt{5}x + C_4 \sin\sqrt{5}x$$

となる。ただし、C_1, C_2, C_3, C_4 は任意定数である。

以上のように、定数係数の線形同次微分方程式は高階であっても、特性方程式が代数方程式となるので、それが解法さえできれば基本解を得ることができる。ただし、5 次以上の代数方程式では、代数的な解が一般には得られない。係数が特殊な場合のみ解が得られることに注意されたい。

また、特性方程式が重解を持つ場合もある。その際の基本解の求め方は補遺 7-1 に示しているので、参照いただきたい。

それでは、定数係数の線形非同次方程式の場合はどうであろうか。この場合、1 個でも特殊解が見つかれば一般解が得られる。実は、**演算子法** (operational method) と呼ばれる手法を使うと特殊解を得ることができる。この手法は第 8 章で紹介する。本章では、解法可能な変数係数の高階線形微分方程式の例を紹介していく。

7. 2. 完全微分方程式

完全微分方程式については第 3 章において、1 階微分方程式の場合の解法を紹介した。実は、2 階以上の高階線形微分方程式においても同様の手法が使える場合がある。

このとき、解法のポイントは、与えられた微分方程式が完全微分形かどうかにある。そこで、どのような場合に完全微分形になるのかを探ってみよう。例として変数係数の線形微分方程式を考える。まず 1 階と 2 階で考えてみる。

2 階の線形微分方程式が、つぎの完全微分形としよう。

$$F(y'', y', y, x) = 0$$

すると、両辺を x に関して積分すると、左辺は 1 階の微分方程式となり、右辺は

230

第7章　解法可能な高階微分方程式

定数 C となる。この結果

$$f(y',y,x) = C$$

のように、階数を下げることができる。

例として、つぎの変数係数の2階線形微分方程式を考えてみよう。

$$x\frac{d^2y}{dx^2} + (x^2 + x + 2)\frac{dy}{dx} + (2x+1)y = 0$$

左辺を F とすれば

$$F(y'',y',y,x) = xy'' + (x^2 + x + 2)y' + (2x+1)y = 0$$

となる。

この微分方程式が完全微分形かどうかの判定方法を考えてみる。

演習 7-4　つぎの関数を x に関して微分せよ。
$$f(y',y,x) = xy' + (x^2 + x + 1)y$$

解）

$$\frac{df}{dx} = y' + xy'' + (2x+1)y + (x^2 + x + 1)y' = xy'' + (x^2 + x + 2)y' + (2x+1)y$$

となる。

したがって

$$\frac{df(y',y,x)}{dx} = F(y'',y',y,x)$$

という関係にあることがわかる。よって

$$F(y'',y',y,x) = xy'' + (x^2 + x + 2)y' + (2x+1)y = 0$$

の左辺は完全微分形となる。この場合

$$f(y',y,x) = xy' + (x^2 + x + 1)y = C$$

という方程式が得られ、1階の微分方程式に還元できるのである。つまり

$$\frac{df(y',y,x)}{dx} = F(y'',y',y,x)$$

という条件を満足するとき

231

$$F(y'', y', y, x) = 0$$

は完全微分方程式となる。

それでは、完全微分方程式の条件を考えてみよう。対象となるのは線形微分方程式である。ここで、もっとも簡単な

$$f(y, x) = b_0(x)y = C$$

から出発する。完全微分形を

$$F(y', y, x) = a_1(x)y' + a_0(x)y = 0$$

と置くと

$$\frac{df(y, x)}{dx} = b_0(x)y' + b_0{}'(x)y$$

から、係数間の対応は

$$a_1(x) = b_0(x) \qquad a_0(x) = b_0{}'(x)$$

となり、結局

$$a_0(x) = a_1{}'(x)$$

という条件が得られる。

演習 7-5 つぎの微分方程式を完全微分の手法を利用して解法せよ。
$$(x^2 + x)y' + (2x + 1)y = 0$$

解） 基本形 $F(y', y, x) = a_1(x)y' + a_0(x)y$ において
$$a_1(x) = x^2 + x \qquad a_0(x) = 2x + 1$$

であるから

$$a_0(x) = a_1{}'(x)$$

を満足する。したがって、完全微分方程式であり

$$f(y, x) = b_0(x)y = C$$

における $b_0(x)$ は

$$b_0(x) = a_1(x) = x^2 + x$$

となる。よって、微分方程式の一般解は

232

第 7 章　解法可能な高階微分方程式

$$(x^2 + x)y = C \qquad \text{より} \qquad y = \frac{C}{x^2 + x} \qquad (C : \text{定数})$$

と与えられる。

同様の手法を 2 階の線形微分方程式に適用してみる。1 階の微分方程式

$$f(y', y, x) = b_1(x)y' + b_0(x)y = C$$

と、その両辺を x に関して微分した 2 階の微分方程式

$$F(y'', y', y, x) = a_2(x)y'' + a_1(x)y' + a_0(x)y = 0$$

という組を考え、係数間の関係を求める。すると

$$\frac{df(y', y, x)}{dx} = b_1'(x)y' + b_1(x)y'' + b_0'(x)y + b_0(x)y'$$

$$= b_1(x)y'' + (b_0(x) + b_1'(x))y' + b_0'(x)y$$

から

$$a_2(x) = b_1(x) \qquad a_1(x) = b_0(x) + b_1'(x) \qquad a_0(x) = b_0'(x)$$

という関係が得られる。

演習 7-6　下記の関数が完全微分形になるための係数間の条件を求めよ。

$$F(y'', y', y, x) = a_2(x)y'' + a_1(x)y' + a_0(x)y$$

解)　先ほど求めた条件

$$a_2(x) = b_1(x) \qquad a_1(x) = b_0(x) + b_1'(x) \qquad a_0(x) = b_0'(x)$$

から、係数 $a_0(x), a_1(x), a_2(x)$ の間に成立する条件を導出すればよい。

$$a_1(x) = b_0(x) + b_1'(x) \qquad \text{から} \qquad a_1'(x) = b_0'(x) + b_1''(x)$$

となる。ここで

$$a_2(x) = b_1(x) \qquad \text{より} \qquad b_1''(x) = a_2''(x)$$

また、$b_0{}'(x) = a_0(x)$ であるから

$$a_1{}'(x) = a_0(x) + a_2{}''(x)$$

となり、結局

$$a_2{}''(x) - a_1{}'(x) + a_0(x) = 0$$

という条件が得られる。

ここで
$$f(y', y, x) = b_1(x)y' + b_0(x)y = C$$
を $F(y'', y', y, x)$ の**第1積分** (first integral) と呼んでいる。このとき

$$b_1(x) = a_2(x) \qquad b_0(x) = a_1(x) - a_2{}'(x)$$

という関係にある。

3階以上の高階の場合にも、同様の手法が適用できる。

演習 7-7　下記の関数が完全微分形になるための係数間の条件を求めよ。
$$F(y''', y'', y', y, x) = a_3(x)y''' + a_2(x)y'' + a_1(x)y' + a_0(x)y = 0$$

解）　2階微分方程式
$$f(y'', y', y, x) = b_2(x)y'' + b_1(x)y' + b_0(x)y = C$$
の両辺を x で微分すると

$$b_2(x)y''' + (b_2{}'(x) + b_1(x))y'' + (b_1{}'(x) + b_0(x))y' + b_0{}'(x)y = 0$$

となる。

$F(y''', y'', y', y, x)$ と係数を比較すると

$$a_3(x) = b_2(x) \quad a_2(x) = b_2{}'(x) + b_1(x) \quad a_1(x) = b_1{}'(x) + b_0(x) \quad a_0(x) = b_0{}'(x)$$

となる。よって

第 7 章 解法可能な高階微分方程式

$$a_3'''(x) = b_2'''(x) \quad a_2''(x) = b_2'''(x) + b_1''(x) \quad a_1'(x) = b_1''(x) + b_0'(x) \quad a_0(x) = b_0'(x)$$

から

$$a_1'(x) = b_1''(x) + a_0(x) \qquad \text{より} \qquad b_1''(x) = a_0(x) - a_1'(x)$$

$$a_2''(x) = b_2'''(x) + b_1''(x) \qquad \text{より} \qquad b_2'''(x) = a_0(x) - a_1'(x) + a_2''(x)$$

よって

$$a_3'''(x) = a_0(x) - a_1'(x) + a_2''(x)$$

から

$$a_3'''(x) - a_2''(x) + a_1'(x) - a_0(x) = 0$$

という条件が得られる。

同様にして、4 階、5 階の場合には

$$-a_4^{(4)}(x) + a_3'''(x) - a_2''(x) + a_1'(x) - a_0(x) = 0$$

$$a_5^{(5)}(x) - a_4^{(4)}(x) + a_3'''(x) - a_2''(x) + a_1'(x) - a_0(x) = 0$$

となり、n 階の微分方程式では

$$(-1)^{n+1} a_n^{(n)}(x) + (-1)^n a_{n-1}^{(n-1)}(x) + \dots + a_1'(x) - a_0(x) = 0$$

となる。

演習 7-8　つぎの変数係数からなる 3 階線形微分方程式を、完全微分方程式の手法を利用して 2 階に還元せよ。

$$x\frac{d^3 y}{dx^3} + (x^2 + x + 3)\frac{d^2 y}{dx^2} + (4x + 2)\frac{dy}{dx} + 2y = 0$$

解）　与えられた微分方程式を一般式

$$a_3(x)y''' + a_2(x)y'' + a_1(x)y + a_0(x)y = 0$$

と比較すると、各係数は

$$a_3(x) = x \qquad a_2(x) = x^2 + x + 3 \qquad a_1(x) = 4x + 2 \qquad a_0(x) = 2$$

となる。ここで

$$a_3'''(x) - a_2''(x) + a_1'(x) - a_0(x) = 0 - 2 + 4 - 2 = 0$$

から、完全微分形であることがわかる。

このとき、積分した方程式の一般式を

$$b_2(x)y'' + b_1(x)y' + b_0(x)y = C_1$$

としたとき、両辺を微分すると

$$b_2(x)y''' + b_2'(x)y'' + b_1(x)y'' + b_1'(x)y' + b_0(x)y' + b_0'(x) = 0$$

となり、整理すると

$$b_2(x)y''' + (b_2'(x) + b_1(x))y'' + (b_1'(x) + b_0(x))y' + b_0'(x) = 0$$

となる。ここで

$$xy''' + (x^2 + x + 3)y'' + (4x + 2)y' + 2y = 0$$

との係数の比較から

$$b_2(x) = x \quad b_2'(x) + b_1(x) = x^2 + x + 3 \quad b_1'(x) + b_0(x) = 4x + 2 \quad b_0'(x) = 2$$

となり

$$b_1(x) = x^2 + x + 2 \qquad b_0(x) = 2x + 1$$

となる。

したがって、2 階線形微分方程式は

$$xy'' + (x^2 + x + 2)y' + (2x + 1)y = C_1$$

となる。

これが第 1 積分である。ここで、与えられた 2 階線形微分方程式の左辺を

$$F_2(y'', y', y, x) = a_2(x)y'' + a_1(x)y' + a_0(x)y$$

とすると

第 7 章　解法可能な高階微分方程式

$$a_2(x) = x \qquad a_1(x) = x^2 + x + 2 \qquad a_0(x) = 2x + 1$$

となる。ここで

$$a_2''(x) - a_1'(x) + a_0(x) = 0$$

を計算すると

$$a_2''(x) - a_1'(x) + a_0(x) = 0 - (2x + 1) + (2x + 1) = 0$$

となって、完全微分形であることがわかる。よって

$$f_2(y', y, x) = b_1(x)y' + b_0(x)y = \int C_1\, dx$$

に還元できる。このとき、$F_2(y'', y', y, x) = C_1$ であったので、右辺は積分となることに注意されたい。係数は

$$b_1(x) = a_2(x) = x \qquad b_0(x) = a_1(x) - a_2'(x) = (x^2 + x + 2) - 1 = x^2 + x + 1$$

であるから

$$f_2(y', y, x) = xy' + (x^2 + x + 1)y = \int C_1\, dx$$

したがって

$$xy' + (x^2 + x + 1)y = C_1 x + C_2 \qquad (C_2 : \quad \text{定数})$$

となる。

これを**第 2 積分** (second integral) と呼んでいる。ここで、左辺を基本形

$$F_3(y', y, x) = a_1(x)y' + a_0(x)y$$

と比較すると

$$a_1(x) = x \qquad a_0(x) = x^2 + x + 1$$

となるから、この場合は

$$a_0(x) \neq a_1'(x)$$

となり、完全微分方程式の条件を満足しない。

よって、別の解法が必要となる。この方程式は、変数係数の 1 階 1 次線形非同次微分方程式であるので、第 2 章 2.7 項で紹介した方法で解法が可能である。まず、つぎのように変形する。

$$y' + \frac{x^2 + x + 1}{x} y = C_1 + \frac{C_2}{x}$$

コラム 1 階 1 次線形非同次微分方程式

$$\frac{dy}{dx} + P(x)\, y = R(x)$$

の一般解は、C を定数として

$$y = \exp\left(-\int P(x)\, dx\right)\left\{\int R(x)\exp\left(\int P(x)\, dx\right) dx + C\right\}$$

よって、上記公式を利用すれば一般解が得られる。

演習 7-9　表記の非同次方程式の一般解を求めよ。

解)　非同次方程式の一般式において

$$P(x) = \frac{x^2 + x + 1}{x} = x + \frac{1}{x} + 1 \qquad R(x) = C_1 + \frac{C_2}{x}$$

という対応関係にあるので、一般解は

$$y = \exp\left(-\int \frac{x^2 + x + 1}{x}\, dx\right)\left\{\int \left(C_1 + \frac{C_2}{x}\right)\exp\left(\int \frac{x^2 + x + 1}{x}\, dx\right) dx + C_3\right\}$$

と与えられる。ここで

$$\int \frac{x^2 + x + 1}{x}\, dx = \int x\, dx + \int 1 dx + \int \frac{1}{x}\, dx = \frac{1}{2}x^2 + x + \log|x|$$

であるから

$$\exp\left(\int P(x)\, dx\right) = \exp\left(\frac{1}{2}x^2 + x + \log|x|\right) = x\exp\left(\frac{1}{2}x^2 + x\right)$$

$$\exp\left(-\int P(x)\, dx\right) = \frac{1}{x}\exp\left(-\frac{1}{2}x^2 - x\right)$$

となる。結局、一般解は

第 7 章　解法可能な高階微分方程式

$$y = \frac{1}{x}\exp\left(-\frac{1}{2}x^2 - x\right)\left\{\int (C_1 x + C_2)\exp\left(\frac{1}{2}x^2 + x\right)dx + C_3\right\}$$

となる。

なお

$$\int (C_1 x + C_2)\exp\left(\frac{1}{2}x^2 + x\right)dx$$

という不定積分は初等関数で表現することはできない。実際の応用に際しては、級数展開や数値解析を利用して値を求めることになる。

つぎに、解法可能な高階微分方程式としてオイラーの微分方程式を紹介する。すでに 2 階のオイラーの微分方程式については第 5 章で紹介しているが、同じ手法は 3 階以上の方程式の解法にも適用可能となる。

7.3.　オイラーの微分方程式

つぎのかたちをした変数係数の線形同次微分方程式

$$x^n \frac{d^n y}{dx^n} + a_{n-1}x^{n-1}\frac{d^{n-1}y}{dx^{n-1}} + a_2 x^2 \frac{d^2 y}{dx^2} + a_1 x \frac{dy}{dx} + a_0 y = 0$$

をオイラーの微分方程式と呼んでいる。

この方程式では、$x = e^t$ と変数変換することにより、定数係数の線形微分方程式に変換することができる。

基本的な考えは同じであるので、ここでは 3 階の場合の

$$x^3 \frac{d^3 y}{dx^3} + 2x^2 \frac{d^2 y}{dx^2} + x \frac{dy}{dx} - y = 0$$

を解法してみよう。$x = e^t$ と置くと

$$\frac{dx}{dt} = e^t \qquad より \qquad \frac{dt}{dx} = \frac{1}{e^t} = e^{-t}$$

ここで

$$\frac{dy}{dx} = \frac{dy}{dt}\frac{dt}{dx} = e^{-t}\frac{dy}{dt}$$

から

$$\frac{d^2y}{dx^2} = \frac{d}{dx}\left(\frac{dy}{dx}\right) = \frac{d}{dt}\left(\frac{dy}{dx}\right)\frac{dt}{dx} = \left\{\frac{d}{dt}\left(e^{-t}\frac{dy}{dt}\right)\right\}e^{-t}$$

$$= \left\{-e^{-t}\frac{dy}{dt} + e^{-t}\frac{d^2y}{dt^2}\right\}e^{-t} = -e^{-2t}\frac{dy}{dt} + e^{-2t}\frac{d^2y}{dt^2}$$

$$\frac{d^3y}{dx^3} = \frac{d}{dx}\left(\frac{d^2y}{dx^2}\right) = \frac{d}{dt}\left(\frac{d^2y}{dx^2}\right)\frac{dt}{dx} = \left[\frac{d}{dt}\left(-e^{-2t}\frac{dy}{dt} + e^{-2t}\frac{d^2y}{dt^2}\right)\right]e^{-t}$$

$$= \left\{2e^{-2t}\frac{dy}{dt} - e^{-2t}\frac{d^2y}{dt^2} - 2e^{-2t}\frac{d^2y}{dt^2} + e^{-2t}\frac{d^3y}{dt^3}\right\}e^{-t}$$

$$= 2e^{-3t}\frac{dy}{dt} - 3e^{-3t}\frac{d^2y}{dt^2} + e^{-3t}\frac{d^3y}{dt^3}$$

これを微分方程式の左辺に代入すると

$$e^{3t}\left\{2e^{-3t}\frac{dy}{dt} - 3e^{-3t}\frac{d^2y}{dt^2} + e^{-3t}\frac{d^3y}{dt^3}\right\} + 2e^{2t}\left\{-e^{-2t}\frac{dy}{dt} + e^{-2t}\frac{d^2y}{dt^2}\right\} + e^{t}e^{-t}\frac{dy}{dt} - y$$

となり、整理すると

$$\frac{d^3y}{dt^3} - \frac{d^2y}{dt^2} + \frac{dy}{dt} - y = 0$$

となって、定数係数の微分方程式に変換できる。

演習 7-10　上記の 3 階 1 次微分方程式の解を $y = e^{\lambda t}$ と仮定して、3 個の基本解を求めよ。

解）　特性方程式は

$$\lambda^3 - \lambda^2 + \lambda - 1 = 0$$

となる。因数分解すると

$$(\lambda - 1)(\lambda^2 + 1) = 0$$

となり、$\lambda = 1,\ \pm i$ となるので、3 個の基本解は

$$y_1 = e^t \qquad y_2 = e^{+it} = \exp(+it) \qquad y_3 = e^{-it} = \exp(-it)$$

となる。ここで、オイラーの公式から

$$y_2 = \exp(+it) = \cos t + i\sin t$$
$$y_3 = \exp(-it) = \cos t - i\sin t$$

第 7 章　解法可能な高階微分方程式

となる。

　基本解の線形結合も、新たな基本解となるから

$$y_2{}' = \frac{y_2 + y_3}{2} = \cos t \qquad y_3{}' = \frac{y_2 - y_3}{2i} = \sin t$$

という実数解を基本解として採用することができる。

　このとき一般解は

$$y = C_1 e^t + C_2 \cos t + C_3 \sin t$$

となる。ただし、C_1, C_2, C_3 は任意定数である。

　ここで、$x = e^t$ より $t = \log x$ となるから、一般解は

$$y = C_1 x + C_2 \cos(\log x) + C_3 \sin(\log x)$$

となる。

演習 7-11　特殊解 $y = \sin(\log x)$ が表記の微分方程式を満足することを確かめよ。

$$x^3 y''' + 2x^2 y'' + xy' - y = 0$$

　解)　　$y = \sin(\log x)$ であるから

$$y' = (\log x)' \cos(\log x) = \frac{1}{x} \cos(\log x) \qquad y'' = -\frac{1}{x^2} \cos(\log x) - \frac{1}{x^2} \sin(\log x)$$

$$y''' = \frac{1}{x^3} \cos(\log x) + \frac{3}{x^3} \sin(\log x)$$

となる。よって

$$x^3 y''' = \cos(\log x) + 3\sin(\log x) \qquad 2x^2 y'' = -2\cos(\log x) - 2\sin(\log x)$$

$$xy' = \cos(\log x) \qquad y = \sin(\log x)$$

となるから

$$x^3 y''' + 2x^2 y'' + xy' - y$$

$$= \cos(\log x) + 3\sin(\log x) - 2\cos(\log x) - 2\sin(\log x) + \cos(\log x) - \sin(\log x) = 0$$

となり、微分方程式を確かに満足する。

241

他の特殊解については、$y = x$ は簡単に確かめられる。また、$y = \cos(\log x)$ については、演習と同様の手法で特殊解であることが確認できる。

演習 7-12　つぎのオイラーの微分方程式を解法せよ。

$$x^3 \frac{d^3 y}{dx^3} - 3x \frac{dy}{dx} + 3y = 0 \quad (x > 0)$$

解）　オイラーの微分方程式であるから　$x = e^t$ と置く。すると

$$\frac{dy}{dx} = \frac{dy}{dt}\frac{dt}{dx} = e^{-t}\frac{dy}{dt} \qquad\qquad \frac{d^2 y}{dx^2} = -e^{-2t}\frac{dy}{dt} + e^{-2t}\frac{d^2 y}{dt^2}$$

$$\frac{d^3 y}{dx^3} = 2e^{-3t}\frac{dy}{dt} - 3e^{-3t}\frac{d^2 y}{dt^2} + e^{-3t}\frac{d^3 y}{dt^3}$$

であるから、微分方程式の左辺に代入すると

$$x^3 \frac{d^3 y}{dx^3} - 6x\frac{dy}{dx} + 4y = e^{3t}\left(2e^{-3t}\frac{dy}{dt} - 3e^{-3t}\frac{d^2 y}{dt^2} + e^{-3t}\frac{d^3 y}{dt^3}\right) - 3e^t e^{-t}\frac{dy}{dt} + 3y$$

$$= \frac{d^3 y}{dt^3} - 3\frac{d^2 y}{dt^2} - \frac{dy}{dt} + 3y$$

となる。よって表記の微分方程式は

$$\frac{d^3 y}{dt^3} - 3\frac{d^2 y}{dt^2} - \frac{dy}{dt} + 3y = 0$$

のような定数係数の微分方程式となる。この特性方程式は

$$\lambda^3 - 3\lambda^2 - \lambda + 3 = 0$$

となり、因数分解すると

$$(\lambda + 1)(\lambda - 1)(\lambda - 3) = 0$$

より $\lambda = \pm 1, 3$ となるので、一般解は

$$y = C_1 e^t + C_2 e^{-t} + C_3 e^{3t} \qquad (C_1, C_2, C_3 : \ 定数)$$

と与えられる。

ここで、$x = e^t$ であったから解は

$$y = C_1 x + \frac{C_2}{x} + C_3 x^3$$

242

第 7 章　解法可能な高階微分方程式

となる。

　オイラーの微分方程式は、λ を定数として
$$y = x^{\lambda}$$
と置くことによっても解法が可能である。

演習 7-13　$y = x^{\lambda}$ と置くことで、つぎの微分方程式を解法せよ。
$$x^3 \frac{d^3 y}{dx^3} - 3x \frac{dy}{dx} + 3y = 0 \quad (x > 0)$$

　解）　　$y = x^{\lambda}$ と置く。すると

$$\frac{dy}{dx} = \lambda x^{\lambda-1} \qquad \frac{d^2 y}{dx^2} = \lambda(\lambda-1)x^{\lambda-2} \qquad \frac{d^3 y}{dx^3} = \lambda(\lambda-1)(\lambda-2)x^{\lambda-3}$$

となる。表記の微分方程式に代入すると
$$\lambda(\lambda-1)(\lambda-2)x^{\lambda} - 3\lambda x^{\lambda} + 3x^{\lambda} = 0$$
となり、整理すると
$$x^{\lambda}\{\lambda(\lambda-1)(\lambda-2) - 3\lambda + 3\} = x^{\lambda}(\lambda^3 - 3\lambda^2 - \lambda + 3) = 0$$
から、特性方程式は
$$\lambda^3 - 3\lambda^2 - \lambda + 3 = (\lambda-3)(\lambda^2-1) = 0$$
となり、$\lambda = \pm 1, 3$ となる。したがって、一般解は
$$y = C_1 x + C_2 x^{-1} + C_3 x^3 = C_1 x + \frac{C_2}{x} + C_3 x^3$$
となる。

　同様の手法によって、3 階以上の高階線形微分方程式も解法が可能であることは明らかであろう。

　それでは、上記以外の解法可能な高階微分方程式の例を紹介する。なお、以下の手法は 2 階以上の微分方程式に適用することが可能である。

7.4. 解法可能な高階微分方程式

7.4.1. 従属変数 y を含まない高階微分方程式

n 階の微分方程式が

$$f\left(x, \frac{dy}{dx}, \frac{d^2y}{dx^2}, ..., \frac{d^ny}{dx^n}\right) = 0$$

のように従属変数 y の項を含まないとき、$dy/dx = p$ と置くと

$$f\left(x, p, \frac{dp}{dx}, ..., \frac{d^{n-1}p}{dx^{n-1}}\right) = 0$$

のように p に関する $n-1$ 階の微分方程式となる。つまり、階数を低下すること
が可能となる。この応用で

$$f\left(x, \frac{d^2y}{dx^2}, ..., \frac{d^ny}{dx^n}\right) = 0$$

の場合は、$d^2y/dx^2 = q$ と置けば、階数を 2 階低下できる。実際に例題を解法し
てみよう。

演習 7-14　つぎの y の項を含まない 3 階微分方程式を解法せよ。

$$\frac{d^3y}{dx^3} = \frac{d^2y}{dx^2} + 1$$

解）　　$d^2y/dx^2 = q$ と置くと、表記の微分方程式は

$$\frac{dq}{dx} = q + 1$$

のように、階数を低下させることができ、1 階 1 次の微分方程式に還元できるの
で、解法が可能となる。この方程式は

$$\frac{dq}{q+1} = dx$$

のように変数分離したうえで、積分すると

$$\int \frac{dq}{q+1} = \int dx \qquad \text{から} \qquad \log|q+1| = x + C_1 \qquad (C_1: \text{定数})$$

となり、結局

244

第 7 章　解法可能な高階微分方程式

$$q + 1 = \pm e^{C_1} e^x = A\, e^x$$

となる。ただし、A は定数で $A = \pm\, e^{C_1}$ という関係にある。

$q = d^2 y / dx^2$ であるから

$$q = \frac{d^2 y}{dx^2} = A e^x - 1$$

となるので

$$\frac{dy}{dx} = \int (A e^x - 1)dx = A e^x - x + C_2 \qquad (C_2：\ 定数)$$

さらに積分すると

$$y = A e^x - \frac{x^2}{2} + C_2 x + C_3 \qquad (C_3：\ 定数)$$

が一般解となる。

演習 7-15　つぎの y の項を含まない 3 階非線形微分方程式を解法せよ。

$$\frac{d^2 y}{dx^2} = \left(\frac{d^3 y}{dx^3} \right)^2 + x \frac{d^3 y}{dx^3}$$

解）　$d^2 y / dx^2 = q$ と置くと

$$q = \left(\frac{dq}{dx} \right)^2 + x \frac{dq}{dx}$$

となる。これは、第 4 章で紹介したクレローの方程式であるので、任意定数を C と置くと

$$q = C^2 + Cx$$

が解となる。後は

$$\frac{d^2 y}{dx^2} = Cx + C^2$$

を解法すればよい。積分すると

$$\frac{dy}{dx} = \frac{1}{2} Cx^2 + C^2 x + C_1$$

245

から

$$y = \frac{1}{6}Cx^3 + \frac{1}{2}C^2x^2 + C_1x + C_2$$

が解となる。ただし、C_1, C_2 は任意定数である。

7.4.2.　独立変数 x を含まない高階微分方程式

n 階の微分方程式が

$$f\left(y, \frac{dy}{dx}, \frac{d^2y}{dx^2}, ..., \frac{d^ny}{dx^n}\right) = 0$$

のように x の項を含まないとき、$dy/dx = p$ と置くと

$$\frac{d^2y}{dx^2} = \frac{d}{dx}\left(\frac{dy}{dx}\right) = \frac{dp}{dx} = \frac{dp}{dy}\frac{dy}{dx} = p\frac{dp}{dy}$$

$$\frac{d^3y}{dx^3} = \frac{d}{dx}\left(\frac{d^2y}{dx^2}\right) = \frac{d}{dx}\left(p\frac{dp}{dy}\right) = \frac{d}{dy}\left(p\frac{dp}{dy}\right)\frac{dy}{dx} = p\frac{d}{dy}\left(p\frac{dp}{dy}\right)$$

となり

$$f\left(y, p, p\frac{dp}{dy}, p\frac{d}{dy}\left(p\frac{dp}{dy}\right), ...\right) = 0$$

となって、$n-1$ 階の微分方程式となり、階数を低下できる。

演習 7-16　つぎの独立変数 x の項を含まない非線形微分方程式を解法せよ。

$$(4-2y)\frac{d^2y}{dx^2} - \left(\frac{dy}{dx}\right)^2 - 1 = 0$$

　解）　$dy/dx = p$ と置くと

$$\frac{d^2y}{dx^2} = p\frac{dp}{dy}$$

となるので、表記の微分方程式に代入すると

$$2(2-y)\frac{dp}{dy}p - p^2 - 1 = 0$$

これは変数分離形であり

246

第 7 章　解法可能な高階微分方程式

$$\frac{2p\,dp}{1+p^2} = \frac{dy}{2-y}$$

として、両辺を積分すると

$$\int \frac{2p\,dp}{1+p^2} = \log\left|1+p^2\right| \qquad \int \frac{dy}{2-y} = -\log\left|2-y\right|$$

から

$$\log\left|1+p^2\right| = -\log\left|2-y\right| + C_1 \qquad (C_1：\ 定数)$$

となる。よって

$$(1+p^2)(2-y) = C \qquad (C：\ 定数\ ;\ \ C = \pm e^{C_1})$$

となる。

p について解くと

$$p = \pm\sqrt{\frac{C-2+y}{2-y}}$$

となるが

$$\frac{dx}{dy} = \frac{1}{p} = \pm\sqrt{\frac{2-y}{C-2+y}}$$

であるから

$$x = \pm\int \sqrt{\frac{2-y}{C-2+y}}\,dy + C_2 \qquad (C_2：\ 定数)$$

となる。ここで $2-y = C\sin^2\theta$ と置くと

$$-dy = 2C\sin\theta\cos\theta\,d\theta$$

であるから

$$x = \pm\int \sqrt{\frac{C\sin^2\theta}{C-C\sin^2\theta}}(2C\sin\theta\cos\theta)d\theta + C_2 = \pm C\int 2\sin^2\theta\,d\theta + C_2$$

$$= \pm C\int (1-\cos2\theta)d\theta + C_2 = \pm C\left(\theta - \frac{\sin2\theta}{2}\right) + C_2$$

となる。よって θ を媒介変数として

$$\begin{cases} y = 2 - C\sin^2\theta \\ x = \pm C\left(\theta - \dfrac{\sin2\theta}{2}\right) + C_2 \end{cases}$$

247

が一般解となる。

演習 7-17　つぎの独立変数 x の項を含まない非線形微分方程式を解法せよ。

$$\frac{d^2y}{dx^2} - \left(\frac{dy}{dx}\right)^3 - \frac{dy}{dx} = 0$$

解）　$\dfrac{dy}{dx} = p$，$\dfrac{d^2y}{dx^2} = p\dfrac{dp}{dy}$　の置き換えを行えば

$$p\frac{dp}{dy} - p^3 - p = 0 \qquad となり \qquad p\left(\frac{dp}{dy} - (p^2+1)\right) = 0$$

のように変形できる。よって解は

$$p = 0 \qquad あるいは \qquad \frac{dp}{dy} = p^2 + 1$$

となる。$p = 0$ のとき

$$\frac{dy}{dx} = 0 \qquad から \qquad y = C_1 \qquad (C_1：\ 定数)$$

となる。つぎに

$$\frac{dp}{dy} = p^2 + 1 \qquad のとき \qquad \frac{dp}{p^2+1} = dy$$

と変数分離形として積分すると

$$\tan^{-1} p = y + C_2 \qquad より \qquad p = \frac{dy}{dx} = \tan(y + C_2) \qquad (C_2：\ 定数)$$

となり

$$dx = \frac{dy}{\tan(y + C_2)}$$

となる。積分すると

$$x + C_3 = \log\left|\sin(y + C_2)\right| \qquad (C_3：\ 定数)$$

となるから

$$\log\left|\sin(y + C_2)\right| = x + C_3 \qquad\qquad \sin(y + C_2) = e^{C_3}e^x = Ae^x$$

248

第 7 章　解法可能な高階微分方程式

$$y + C_2 = \sin^{-1}(Ae^x)$$

となり、結局

$$y = \sin^{-1}(Ae^x) - C_2 \qquad （A：　定数）$$

が一般解となる。

　ここで、$p = 0$ のときの解 $y = C_1$ は、一般解において $A = 0$ と置いた特殊解である。

補遺 7-1 特性方程式に重解がある場合の基本解

ここでは、定数係数の n 階微分方程式の特性方程式に重解がある場合の基本解について考えてみる。まず、2 階の場合を復習しよう。

2 階の線形同次微分方程式で重解を持つのは a を定数として

$$y'' - 2ay' + a^2y = 0$$

と与えられる。この特性方程式は

$$\lambda^2 - 2a\lambda + a^2 = (\lambda - a)^2 = 0$$

となり、$\lambda = a$ が重解となり

$$y_1 = \exp(ax) = e^{ax}$$

という基本解が得られる。

2 階の線形微分方程式であるから、もうひとつ基本解がある。それを、定数変化法の手法にならい

$$y = C(x)e^{ax}$$

と置くと、導関数は

$$y' = C'(x)e^{ax} + aC(x)e^{ax}$$

$$y'' = C''(x)e^{ax} + 2aC'(x)e^{ax} + a^2C(x)e^{ax}$$

となる。微分方程式に代入するために整理すると

$$y'' = C''(x)e^{ax} + 2aC'(x)e^{ax} + a^2C(x)e^{ax}$$

$$-2ay' = -2aC'(x)e^{ax} - 2a^2C(x)e^{ax}$$

$$a^2y = a^2C(x)e^{ax}$$

となるので、微分方程式に代入すると

$$y'' - 2ay' + a^2y = C''(x)e^{ax} = 0$$

となる。

したがって、$C(x)$ に課される条件は

$$C''(x) = \frac{d^2C(x)}{dx^2} = 0$$

第 7 章　解法可能な高階微分方程式

となる。よって、C_1, C_2 を定数として、$C(x)$ は

$$\frac{dC(x)}{dx} = C_1 \qquad C(x) = C_1 x + C_2$$

と与えられる。

つまり、特性方程式が重解を持つ場合は

$$y = e^{ax}(C_1 x + C_2)$$

も解となる。

結局、微分方程式の基本解としては、互いに線形従属ではない

$$y_1 = e^{ax} \qquad と \qquad y_2 = xe^{ax}$$

を選べばよいことになる。

演習 A7-1　3 階の線形同次微分方程式が 3 重解を持つとき、a を定数として
$$y''' - 3ay'' + 3a^2 y' - a^3 y = 0$$
と与えられる。この方程式の 3 個の基本解を求めよ。

解）　特性方程式は

$$\lambda^3 - 3a\lambda^2 + 3a^2\lambda - a^3 = (\lambda - a)^3 = 0$$

となり、$\lambda = a$ が 3 重解となり

$$y_1 = \exp(ax) = e^{ax}$$

という基本解が得られる。

3 階の線形微分方程式であるから、さらに 2 個の基本解がある。それを

$$y = C(x)e^{ax}$$

と置く。すると、導関数は

$$y' = C'(x)e^{ax} + aC(x)e^{ax}$$
$$y'' = C''(x)e^{ax} + 2aC'(x)e^{ax} + a^2 C(x)e^{ax}$$
$$y''' = C'''(x)e^{ax} + 3aC''(x)e^{ax} + 3a^2 C'(x)e^{ax} + a^3 C(x)e^{ax}$$

となる。微分方程式に代入するために整理すると

$$y''' = C'''(x)e^{ax} + 3aC''(x)e^{ax} + 3a^2 C'(x)e^{ax} + a^3 C(x)e^{ax}$$
$$-3ay'' = -3aC''(x)e^{ax} - 6a^2 C'(x)e^{ax} - 3a^3 C(x)e^{ax}$$
$$3a^2 y' = 3a^2 C'(x)e^{ax} + 3a^3 C(x)e^{ax}$$

251

$$-a^3 y = a^3 C(x)e^{ax}$$

となり、結局

$$y''' - 3ay'' + 3a^2 y' - a^3 y = C'''(x)e^{ax} = 0$$

となる。よって、$C(x)$ に課される条件は

$$C'''(x) = \frac{d^3 C(x)}{dx^3} = 0$$

となる。したがって、C_1, C_2, C_3 を定数として

$$C(x) = C_1 x^2 + C_2 x + C_3$$

つまり、特性方程式が 3 重解を持つ場合は

$$y = e^{ax}(C_1 x^2 + C_2 x + C_3)$$

も解となる。

結局、微分方程式の基本解としては、互いに線形従属ではない

$$y_1 = e^{ax} \qquad y_2 = xe^{ax} \qquad y_3 = x^2 e^{ax}$$

を選べばよいことになる。

これより高次の場合も、まったく同様の取り扱いが可能である。たとえば、4 階微分方程式が、4 重解を持つ場合

$$y^{(4)} - 4ay''' + 6a^2 y'' + 4a^3 y' + a^4 y = 0$$

と与えられる。この特性方程式は

$$(\lambda - a)^4 = 0$$

となり、$\lambda = a$ が 4 重解となり

$$y_1 = \exp(ax) = e^{ax}$$

という基本解が得られる。さらに

$$y = C(x)e^{ax}$$

と置いて、上記の微分方程式に代入すると

$$\frac{d^4 C(x)}{dx^4} = 0$$

という条件が得られ、基本解として

$$y_1 = e^{ax} \qquad y_2 = xe^{ax} \qquad y_3 = x^2 e^{ax} \qquad y_4 = x^3 e^{ax}$$

が得られることになる。

最後に、一般化しておくと、n 階微分方程式が n 重解を持つ場合には、特性方

第 7 章 解法可能な高階微分方程式

程式は

$$(\lambda - a)^n = 0$$

となる。この際、解を

$$y = C(x)e^{ax}$$

と置くと、$C(x)$ には

$$\frac{d^n C(x)}{dx^n} = 0$$

という条件が得られ、基本解は

$$y_1 = e^{ax} \quad y_2 = xe^{ax} \quad y_3 = x^2 e^{ax} \quad y_4 = x^3 e^{ax} \quad \dots \quad y_{n-1} = x^{n-2} e^{ax} \quad y_n = x^{n-1} e^{ax}$$

の n 個となる。

　また、高階微分方程式の特性方程式が、複数の重解を有する場合もある。たとえば、7 階微分方程式の特性方程式が

$$(\lambda - a)^4 (\lambda - b)^3 = 0$$

となるとき、$\lambda = a, b$ という 2 種類の重解を有する。

　このときの基本解は、$y = C_1(x)e^{ax}$ ならびに $y = C_2(x)e^{bx}$ と置くと

$$y_1 = e^{ax} \qquad y_2 = xe^{ax} \qquad y_3 = x^2 e^{ax} \qquad y_4 = x^3 e^{ax}$$

$$y_5 = e^{bx} \qquad y_6 = xe^{bx} \qquad y_7 = x^2 e^{bx}$$

となる。重解の種類が増えた場合にも同様の対応が可能となる。

第8章　演算子法

　前章では、高階微分方程式の解法について紹介した。定数係数高階線形同次微分方程式については、解を $y = e^{\lambda x}$ と仮定することで、代数方程式である特性方程式が得られ、その根を求めることで解が得られることを紹介した。

　それでは、線形非同次方程式への対処はどうだろうか。実は、その特殊解を求める際に威力を発揮するのが、本章で紹介する**演算子法** (operational method) なのである。初めて本手法による解法に出会うと、多くのひとが、その威力に驚くと聞く。本章では、**演算子** (operator) を復習したうえで演算子法を紹介する。

8.1.　演算子

　y が x の関数であるとき

$$y = f(x) = ax^2 + bx + c$$

と書く。このとき、x という独立変数が与えられると、この変換によって y が得られる。つまり、x にある演算を加えると y となっている。よって、f は一種の演算子である。ただし、より一般的には、ある関数に作用して、別の関数をつくりだすものを演算子と呼ぶ。

　たとえば、積分を考えてみよう。このとき

$$\int f(x)dx = \int (ax^2 + bx + c)dx = \frac{a}{3}x^3 + \frac{b}{2}x^2 + cx + C$$

となり、関数

$$f(x) = ax^2 + bx + c$$

に作用して、別の関数

$$F(x) = \frac{a}{3}x^3 + \frac{b}{2}x^2 + cx + C$$

をつくり出しているので、積分は演算子の一種となる。新たな関数である $F(x)$ を

254

第 8 章　演算子法

原始関数 (primitive function) と呼ぶ。同様にして、微分も

$$\frac{d}{dx}[f(x)] = 2ax + b$$

となって、$f(x)$ に作用して、新たな関数

$$f'(x) = 2ax + b$$

をつくり出すので、微分も演算子の一種となる。この場合の新たな関数は**導関数** (derivative function) と呼ばれる。

　ここで、演算子として T という記号を使うと、関数 $f(x)$ に T という演算子を作用した結果、新たな関数 $F(x)$ が生成することを

$$T[f(x)] = F(x)$$

と表記することができる。

8. 1. 1.　線形演算子

つぎのような性質を有する演算子を**線形演算子** (linear operator) と呼んでいる。

$$T[af(x)] = aT[f(x)]$$

$$T[f(x) + g(x)] = T[f(x)] + T[g(x)]$$

ちなみに微分操作 d/dx を演算子 T と見なすと、線形演算子となることが容易に確認できる。実際に微分を行ってみると

$$\frac{d[af(x)]}{dx} = a\frac{df(x)}{dx}$$

$$\frac{d[f(x) + g(x)]}{dx} = \frac{df(x)}{dx} + \frac{dg(x)}{dx}$$

となって線形演算子の条件を満足することが確認できる。

　つぎに演算子が複数ある場合を考えてみよう。たとえば、2 種類の線形演算子 T_1 および T_2 があって、それぞれをある関数 $f(x)$ に作用させたとしよう。すると、その和は

$$T_1[f(x)] + T_2[f(x)]$$

となる。このとき

$$T[f(x)] = T_1[f(x)] + T_2[f(x)] = (T_1 + T_2)[f(x)]$$

と書くことができ、$T_1 + T_2$ を演算子の和と呼んでいる。演算子の差も定義できて

$$(T_1 - T_2)[f(x)] = T_1[f(x)] - T_2[f(x)]$$

となる。また、演算子の和の式において $T_1 = T_2$ とすると

$$(2T_1)[f(x)] = 2T_1[f(x)]$$

となり、一般に a を定数として

$$(aT_1)[f(x)] = aT_1[f(x)]$$

が成立することもわかる。

8.1.2. 演算子の積

つぎに演算の積について考えてみよう。ある関数 $f(x)$ に、演算子 T_1 を作用させると $T_1[f(x)]$ となる。この関数に、さらに演算子 T_2 を施すと

$$T_2\big[T_1[f(x)]\big]$$

となるが、関数 $f(x)$ に作用させて、上の関数をつくり出す演算子を

$$T_2T_1[f(x)] = T_2\big[T_1[f(x)]\big]$$

と定義すると、T_2T_1 が演算子の積となる。演算子の積については交換法則が成立しない場合があることに注意されたい。

8.1.3. 逆演算子

ここで、T_1 を作用したあとで T_2 を作用させたら、もとの関数に戻ったとしよう。つまり

$$T_2\big[T_1[f(x)]\big] = f(x)$$

256

第 8 章　演算子法

すると

$$T_2 \Big[T_1 \big[f(x) \big] \Big] = T_2 T_1 \big[f(x) \big] = f(x)$$

のような演算子の積となるので

$$T_2 T_1 = 1$$

となる。このとき、T_2 を

$$T_2 = T_1^{-1} = \frac{1}{T_1}$$

と書いて、T_1 の**逆演算子** (inverse operator) と呼んでいる。

8.2.　微分と演算子

8.2.1.　微分演算子

微分操作が線形演算子となることを説明した。ここで、微分操作 d/dx に演算子記号 D を対応させて

$$D\big[f(x) \big] = \frac{df(x)}{dx} = \frac{d}{dx} \big[f(x) \big]$$

とする。このとき、D を**微分演算子** (differential operator) と呼んでいる。記号 D は differential に由来する。

ここで、さらにもう一回微分演算を施してみよう。すると

$$D\big[D[f(x)] \big] = \frac{d}{dx} \left(\frac{df(x)}{dx} \right)$$

となる。積の定義を用いると

$$DD\big[f(x) \big] = D^2 \big[f(x) \big] = \frac{d}{dx}\frac{d}{dx}\big[f(x) \big] = \frac{d^2}{dx^2}\big[f(x) \big]$$

となって

$$D^2 = \frac{d^2}{dx^2} \quad \text{となり、同様にして} \quad D^n = \frac{d^n}{dx^n}$$

となることもわかる。つまり、n 階の微分は、微分演算子の n 乗に対応することになる。

257

8.2.2. 積分

つぎに積分について考えてみよう。

$$F(x) = \int f(x)dx$$

という関係にあるとすると、微分演算子を使うと

$$f(x) = D\big[F(x)\big]$$

となる。ここで、両辺に D の逆演算子 D^{-1} を掛けると

$$D^{-1}\big[f(x)\big] = D^{-1}D\big[F(x)\big] = F(x)$$

となる。よって、積分操作は微分操作の逆演算となり

$$D^{-1}\big[f(x)\big] = \frac{1}{D}\big[f(x)\big] = \int f(x)dx$$

という関係が成立することがわかる。つぎに

$$G(x) = \int F(x)dx = \int \left(\int f(x)dx\right)dx = \iint f(x)\,(dx)^2$$

となるが、微分演算子を使うと

$$f(x) = D\big[D\big[G(x)\big]\big] = D^2\big[G(x)\big]$$

となるから

$$D^{-2}\big[f(x)\big] = G(x)$$

となり

$$D^{-2}\big[f(x)\big] = \frac{1}{D^2}\big[f(x)\big] = \iint f(x)\,(dx)^2$$

となる。一般の場合に拡張すれば

$$D^{-n}\big[f(x)\big] = \frac{1}{D^n}\big[f(x)\big] = \int \cdots \iint f(x)\,(dx)^n$$

という関係が成立する。

258

第 8 章　演算子法

8.3.　演算子と微分方程式

　ここで、本章の主題である微分演算子を利用した微分方程式の解法、つまり、演算子法について紹介する。対象となるのは、定数係数の線形非同次微分方程式である。まず、つぎの定数係数からなる 2 階線形非同次微分方程式

$$\frac{d^2y}{dx^2} + a\frac{dy}{dx} + b\,y = R(x)$$

を取り扱う。この方程式の解は、同伴方程式である

$$\frac{d^2y}{dx^2} + a\frac{dy}{dx} + b\,y = 0$$

の一般解に、非同次方程式を満足する特殊解を加えれば得られるのであった。演算子法を利用すると、この特殊解を求めることができるのである。

　表記の非同次微分方程式を微分演算子 D を使って書くと

$$D^2[y] + aD[y] + b[y] = R(x)$$

となるが

$$D^2 + aD + b = \phi(D)$$

を新たな演算子と見なせば

$$(D^2 + aD + b)[y] = \phi(D)[y] = R(x)$$

と表現することができる。これは、演算子の和に相当する。

　すると、形式的ではあるが

$$\frac{1}{\phi(D)}[R(x)] = \frac{1}{\phi(D)}[\phi(D)[y]] = y$$

となるので、非同次項の $R(x)$ に $1/\phi(D)$ という演算子を作用させれば、非同次方程式の特殊解 y が得られることになる。それでは、実際に演算子法の威力を確かめてみよう。

　非同次項としては、一般には、多項式や三角関数、指数関数を含んだ関数を考えることができる。

8.3.1. 非同次項が e^{kx} の場合

導入として

$$\phi(D) = D^2 + aD + b$$

という演算子を関数

$$y = e^{kx}$$

に作用させてみよう。すると

$$D[e^{kx}] = ke^{kx}$$

$$D^2[e^{kx}] = D[D[e^{kx}]] = D[ke^{kx}] = k^2 e^{kx}$$

から

$$\phi(D)[e^{kx}] = k^2 e^{kx} + ake^{kx} + be^{kx} = (k^2 + ak + b)e^{kx}$$

となる。右辺の ( ) は、まさに $\phi(k)$ である。よって

$$\phi(D)[e^{kx}] = \phi(k)e^{kx}$$

ここで、$\phi(D)$ の逆演算子 $\phi^{-1}(D)$ を左から作用させると

$$\phi^{-1}(D)\phi(D)[e^{kx}] = e^{kx}$$

となるはずである。

演習 8-1　上記の関係をもとに、逆演算子 $\phi^{-1}(D)$ の作用を求めよ。

解）　$\phi(D)[e^{kx}] = \phi(k)e^{kx}$ であるから

$$\phi^{-1}(D)\phi(D)[e^{kx}] = \phi^{-1}(D)[\phi(D)[e^{kx}]] = \phi^{-1}(D)[\phi(k)e^{kx}]$$

つまり

$$\phi^{-1}(D)[\phi(k)e^{kx}] = e^{kx}$$

260

第 8 章　演算子法

であるから

$$\phi^{-1}(D) = \frac{1}{\phi(k)}$$

となる。

したがって

$$\phi^{-1}(D)\left[e^{kx}\right] = \frac{1}{\phi(D)}\left[e^{kx}\right] = \frac{e^{kx}}{\phi(k)} = \frac{e^{kx}}{k^2 + ak + b}$$

という関係が得られる。

いまの場合 $\phi(D)$ は 2 次式であったが、この関係は一般の n 次式の場合にも成立することが容易にわかる。つまり、非同次項が e^{kx} の場合の逆演算は、単に D に k を代入して e^{kx} を除したものとなる。この関係を利用すると、つぎの微分方程式の特殊解を即座に求めることができる。

$$\frac{d^2 y}{dx^2} - 3\frac{dy}{dx} + 2y = e^{5x}$$

この微分方程式は、微分演算子を使って書くと

$$(D^2 - 3D + 2)[y] = e^{5x}$$

となる。よって

$$y = \frac{1}{D^2 - 3D + 2}\left[e^{5x}\right]$$

となる。

いまの場合は $D = 5$ を代入すればよいので

$$\frac{1}{D^2 - 3D + 2}\left[e^{5x}\right] = \frac{e^{5x}}{5^2 - 3\cdot 5 + 2} = \frac{e^{5x}}{12}$$

となるから

$$y = \frac{e^{5x}}{12}$$

が特殊解となることがわかる。

実際に、この解が表記の微分方程式を満足することは容易に確かめられる。後は、同次方程式を解いて、その一般解に、演算子法で得られた特殊解を加えれば非同次方程式の一般解を求めることができる。さらに、この手法が優れているの

261

は、より高階の微分方程式にも適用できる点にある。

演習 8-2　つぎの定数係数の 4 階 1 次線形非同次微分方程式の特殊解を求めよ。

$$\frac{d^4y}{dx^4} - 2\frac{d^3y}{dx^3} + 3\frac{dy}{dx} - y = e^{2x}$$

解）　微分演算子を使って書き直すと

$$(D^4 - 2D^3 + 3D - 1)[y] = e^{2x}$$

となる。よって、特殊解は

$$y = \frac{1}{D^4 - 2D^3 + 3D - 1}[e^{2x}]$$

に $D = 2$ を代入して

$$y = \frac{e^{2x}}{2^4 - 2\cdot 2^3 + 3\cdot 2 - 1} = \frac{e^{2x}}{5}$$

となる。

　以上のように非同次項が e^{kx} というかたちをしている場合には、演算子法を使うと、どんなに高解の微分方程式であっても特殊解がたちどころに得られる。とても便利かつ有用な手法である。それでは

$$\frac{1}{\phi(D)}[e^{kx}] = \frac{e^{kx}}{\phi(k)}$$

において $k = 0$ の場合はどうであろうか。このとき

$$\frac{1}{\phi(D)}[e^{0x}] = \frac{e^0}{\phi(0)} = \frac{1}{\phi(0)}$$

となる。

　この関係を利用すると、非同次項が定数の場合にも、この手法を適用することができ、非同次項が定数 a の場合の特殊解は

$$\frac{1}{\phi(D)}[a] = \frac{a}{\phi(0)}$$

第 8 章 演算子法

と与えられる。

演習 8-3 つぎの線型非同次微分方程式の特殊解を求めよ。

$$\frac{d^4 y}{dx^4} - 2\frac{d^3 y}{dx^3} + 3\frac{dy}{dx} - y = 5$$

解) 微分演算子を使って表記すると

$$(D^4 - 2D^3 + 3D - 1)[y] = 5e^{0x}$$

よって

$$y = \frac{1}{D^4 - 2D^3 + 3D - 1}[5e^{0x}]$$

となる。$D = 0$ を代入すると

$$y = \frac{5}{0^4 - 2 \cdot 0^3 + 3 \cdot 0 - 1} = -5$$

が特殊解となる。

もちろん、$y = -5$ が特殊解であることは明らかである。しかし、非同次項が e^{kx} の場合の演算子法が $k = 0$ の定数にも適用できるという事実が重要である。それでは、非同次項が三角関数の場合はどうであろうか。実は、オイラーの公式

$$e^{ikx} = \exp(ikx) = \cos(kx) + i\sin(kx)$$

を使えば、指数関数で用いたものと同様の手法が三角関数にも適用できるのである。ここでポイントになるのが

$$\frac{1}{\phi(D)}[e^{kx}] = \frac{e^{kx}}{\phi(k)}$$

という関係が複素数の場合にも成立することである。つまり

$$\frac{1}{\phi(D)}[e^{ikx}] = \frac{e^{ikx}}{\phi(ik)}$$

という関係が得られる。

263

8.3.2. 非同次項が三角関数の場合

たとえば

$$\frac{1}{D+1}\big[\cos(kx)\big]$$

を計算したいとしよう。そのときは

$$\frac{1}{D+1}\big[\cos(kx)\big]+\frac{1}{D+1}\big[i\sin(kx)\big]$$

のように $i\sin(kx)$ の項を一緒に加える。すると

$$\frac{1}{D+1}\big[\cos(kx)\big]+\frac{1}{D+1}\big[i\sin(kx)\big]=\frac{1}{D+1}\big[\exp(ikx)\big]$$

となるので、非同次項が指数関数の場合の手法が適用できる。そして、この場合は、$D=ik$ を代入すればよい。すると

$$\frac{1}{D+1}\big[\exp(ikx)\big]=\frac{\exp(ikx)}{ik+1}$$

となる。右辺を有理化すると

$$\frac{\exp(ikx)}{1+ik}=\frac{1-ik}{1+k^2}\exp(ikx)=\frac{1-ik}{k^2+1}\big\{\cos(kx)+i\sin(kx)\big\}$$

$$=\frac{1}{k^2+1}\big\{\cos(kx)+k\sin(kx)\big\}-i\frac{1}{k^2+1}\big\{k\cos(kx)-\sin(kx)\big\}$$

となる。この実数部を見ると

$$\frac{1}{k^2+1}\big\{\cos(kx)+k\sin(kx)\big\}$$

となっている。よって

$$\frac{1}{D+1}\big[\cos(kx)\big]=\frac{1}{k^2+1}\big\{\cos(kx)+k\sin(kx)\big\}$$

となる。つぎに、虚数部を見ると

$$\frac{1}{D+1}\big[i\sin(kx)\big]=i\frac{1}{k^2+1}\big\{k\cos(kx)-\sin(kx)\big\}$$

から

$$\frac{1}{D+1}\big[\sin(kx)\big]=\frac{1}{k^2+1}\big\{k\cos(kx)-\sin(kx)\big\}$$

第 8 章　演算子法

となることもわかる。

　このように、オイラーの公式をうまく利用すれば、指数関数 e^{kx} の手法を使って、非同次項が三角関数の $\cos(kx)$ ならびに $\sin(kx)$ の場合の特殊解が得られるのである。

演習 8-4　つぎの非同次微分方程式の特殊解を求めよ。

$$\frac{d^2y}{dx^2} + y = \cos(2x)$$

　解）　微分方程式として

$$\frac{d^2y}{dx^2} + y = \exp(i2x)$$

を考える。微分演算子を使うと

$$(D^2 + 1)\big[\, y \,\big] = \exp(i2x)$$

よって、特殊解は

$$y = \frac{1}{D^2 + 1}\big[\exp(i2x)\big]$$

となる。

　$D = 2i$ を代入したうえで、オイラーの公式を利用すると

$$y = \frac{1}{(2i)^2 + 1}\big[\exp(i2x)\big] = \frac{\exp(i2x)}{-4 + 1} = -\frac{\exp(i2x)}{3} = -\frac{\cos(2x)}{3} - i\frac{\sin(2x)}{3}$$

となる。求める解は、この実数部であるから、表記の微分方程式の特殊解は

$$y = -\frac{\cos(2x)}{3}$$

となる。

　この特殊解を表記の微分方程式に代入すると

$$\frac{dy}{dx} = \frac{2\sin(2x)}{3} \qquad \frac{d^2y}{dx^2} = \frac{4\cos(2x)}{3}$$

となるから

$$\frac{d^2 y}{dx^2} + y = \frac{4\cos(2x)}{3} - \frac{\cos(2x)}{3} = \cos(2x)$$

となって、確かに、微分方程式を満足することが確かめられる。

さらに、この手法では

$$\frac{d^2 y}{dx^2} + y = \sin(2x)$$

の特殊解も得られ

$$y = -\frac{\sin(2x)}{3}$$

となる。

実は、$\phi(D)$ が D^2 の関数の場合

$$\frac{1}{\phi(D^2)}\big[\cos kx\big] = \frac{\cos kx}{\phi(-k^2)} \qquad \frac{1}{\phi(D^2)}\big[\sin kx\big] = \frac{\sin kx}{\phi(-k^2)}$$

が成立する。これは、$D = ik$ から、$D^2 = -k^2$ となるからである。つまり

$$\frac{1}{\phi(D^2)}\big[e^{ikx}\big] = \frac{e^{ikx}}{\phi(-k^2)}$$

$$\frac{1}{\phi(D^2)}\big[\cos kx + i\sin kx\big] = \frac{\cos kx}{\phi(-k^2)} + i\frac{\sin kx}{\phi(-k^2)}$$

と並べれば明らかであろう。

演習 8-5　つぎの 4 階 1 次線形非同次微分方程式の特殊解を求めよ。

$$\frac{d^4 y}{dx^4} - y = \sin(2x)$$

解）　微分演算子を使うと

$$(D^4 - 1)\big[y\big] = \sin(2x)$$

よって、特殊解は

$$y = \frac{1}{D^4 - 1}\big[\sin(2x)\big] = \frac{1}{(D^2 + 1)(D^2 - 1)}\big[\sin(2x)\big]$$

266

第 8 章　演算子法

となる。ここで

$$\frac{1}{(D^2-1)}\big[\sin(2x)\big] = \frac{\sin(2x)}{(-2)^2-1} = \frac{\sin(2x)}{3}$$

つぎに

$$\frac{1}{D^2+1}\left[\frac{\sin(2x)}{3}\right] = \frac{1}{3}\frac{1}{D^2+1}\big[\sin(2x)\big] = \frac{1}{3}\frac{\sin(2x)}{(-2)^2+1} = \frac{\sin(2x)}{15}$$

から、特殊解は

$$y = \frac{\sin(2x)}{15}$$

となる。

　以上のように、演算子法を使えば、非同次項が指数関数ならびに三角関数の場合の特殊解が簡単に得られるのである。この場合、高階微分方程式にも適用できるという利点がある。ただし、この手法は、一般の関数には適用できない。そこで、演算子法をより一般化していこう。

8.4.　逆演算子の一般化

　微分演算子 D を用いると非同次項が $R(x)$ のとき線形微分方程式の特殊解 y は

$$y = \frac{1}{\phi(D)}\big[R(x)\big]$$

という簡単な式で与えられる。ここで、非同次項が定数 a の場合には

$$y = \frac{1}{\phi(0)}\big[a\big]$$

によって特殊解が得られるのであった。それでは $\phi(D)=D$ の場合はどうであろうか。$D=0$ を代入すると発散するので計算不能となる。ただし、よく考えてみれば、この場合は

$$y = \frac{1}{D}\big[a\big] = D^{-1}\big[a\big] = \int a\,dx = ax + C \qquad (C：\ 定数)$$

とすればよいのである。つまり、逆演算子として積分を利用すればよいことがわかる。つまり、関数 $R(x)$ が非同次項の場合は

$$y = \frac{1}{D}\big[R(x)\big] = D^{-1}\big[R(x)\big] = \int R(x)\,dx = F(x) + C$$

とすればよい。ただし、$F(x)$ は非同次項 $R(x)$ の原始関数である。

それでは、a を定数として

$$y = \frac{1}{D-a}\big[R(x)\big]$$

という演算子の作用を考えてみよう。

8.4.1. 演算子 $1/(D-a)$ の作用

まず

$$\phi(D) = D - a$$

という演算子の作用から確かめてみよう。

この演算子を関数 $y = f(x)$ に施すと

$$\phi(D)\big[f(x)\big] = (D-a)\big[f(x)\big] = D\big[f(x)\big] - a\big[f(x)\big] = \frac{df(x)}{dx} - a\,f(x)$$

となる。ここで

$$\phi(D)\big[f(x)\big] = R(x)$$

としたとき、$R(x)$ と $f(x)$ の対応は

$$\frac{df(x)}{dx} - a\,f(x) = R(x)$$

となる。これは、まさに 1 階 1 次線形非同次方程式である。ここで、第 2 章で導いた特殊解を求める公式を利用する。

コラム　1 階 1 次線形非同次微分方程式

$$\frac{dy}{dx} + P(x)\,y = R(x)$$

の特殊解は

$$y = \exp\left(-\int P(x)\,dx\right)\int R(x)\exp\left(\int P(x)\,dx\right)dx$$

268

第 8 章　演算子法

いまの場合、$P(x) = -a$ であるから

$$\exp\left(-\int P(x)\,dx\right) = \exp\left(\int a\,dx\right) = \exp(ax)$$

$$\exp\left(\int P(x)\,dx\right) = \exp\left(-\int a\,dx\right) = \exp(-ax)$$

となり、特殊解は

$$f(x) = \exp(ax)\int R(x)\exp(-ax)\,dx = e^{ax}\int e^{-ax}R(x)\,dx$$

と与えられる。

演習 8-6　つぎの演算子のはたらきを求めよ。

$$\frac{1}{\phi(D)} = \frac{1}{D-a}$$

解）

$$f(x) = \frac{1}{\phi(D)}\big[\,R(x)\,\big] = \frac{1}{D-a}\big[\,R(x)\,\big]$$

であるので

$$f(x) = e^{ax}\int e^{-ax}R(x)\,dx$$

との対応を見ると

$$\frac{1}{D-a}[R(x)] = e^{ax}\int e^{-ax}R(x)\,dx$$

となることがわかる。

これが $1/(D-a)$ という演算子の作用となる。同様にして

$$\frac{1}{D+a}[R(x)] = e^{-ax}\int e^{ax}R(x)\,dx$$

という関係も得られる。

　これで、$\phi(D)$ が 1 次式 $\phi(D) = D \pm a$ の場合の逆演算の一般式を求めること

269

ができた。ここで、$R(x) = e^{ax}$ の場合、指数関数で求めた

$$\frac{1}{\phi(D)}[e^{ax}] = \frac{e^{ka}}{\phi(a)}$$

を使うと

$$\frac{1}{D-a}[e^{ax}] = \frac{e^{ka}}{a-a}$$

となるため、この手法を使えないが、いま求めた式を使えば

$$\frac{1}{D-a}[e^{ax}] = e^{ax}\int e^{-ax}e^{ax}\,dx = e^{ax}\int 1\,dx = xe^{ax}$$

と計算できる。

8.4.2. 非同次項が x の多項式の場合

それでは、非同次項が x の多項式の場合の逆演算を考えてみよう。

演習 8-7 D を微分演算子として、以下の演算を実行せよ。

$$\frac{1}{D+1}[x+1]$$

解） 前節の結果を利用すると

$$\frac{1}{D+1}[x+1] = e^{-x}\int e^{x}(x+1)\,dx$$

となる。

$$\int x(e^{x}+1)\,dx = \int (xe^{x}+e^{x})\,dx$$

であり、部分積分を利用すると

$$\int xe^{x}\,dx = xe^{x} - \int e^{x}\,dx$$

となるから

$$\int x(e^{x}+1)\,dx = xe^{x}+C_{1} \qquad (C_{1}：\text{定数})$$

したがって

270

第 8 章 演算子法

$$\frac{1}{D+1}[x+1] = e^{-x} \int e^x (x+1)\, dx = x + C_1\, e^{-x}$$

となる。

同様の手法は、2 次式以上の多項式にも適用できる。たとえば

$$\frac{1}{D+1}[x^2+x+1]$$

の場合、前節の結果を利用すると

$$\frac{1}{D+1}[x^2+x+1] = e^{-x} \int e^x (x^2+x+1)\, dx$$

となる。ここで部分積分を 2 回利用すると

$$\int x^2 e^x dx = x^2 e^x - 2\int x e^x dx = x^2 e^x - 2(x e^x - \int e^x dx) = x^2 e^x - 2x e^x + 2e^x$$

と積分できるので

$$\frac{1}{D+1}[x^2+x+1] = e^{-x}\,(x^2 e^x - 2x e^x + 2e^x + x e^x - e^x + e^x)$$

$$= e^{-x}\,(x^2 e^x - x e^x + 2e^x) = x^2 - x + 2$$

となる。ただし定数項は省略している。

このように、非同次項 $R(x)$ が多項式の場合は、前節で紹介した方法を使えば、計算が可能である。しかし、2 次式の例からわかるように、次数が大きくなると積分の数がやたらと増えて計算量が膨大になる。

実は、多項式に微分演算子 $1/\phi(D)$ を施す場合に、非常に便利な方法があるので、つぎに紹介する。

8.4.3. 逆演算子の級数展開

級数展開の式を思い出してほしい。

$$\frac{1}{1-x} = 1 + x + x^2 + x^3 + x^4 + \ldots + x^n + \ldots$$

$$\frac{1}{1+x} = 1 - x + x^2 - x^3 + x^4 - \ldots + (-1)^n x^n + \ldots$$

のように無限級数に展開できる。

271

実は、微分演算子も同様に

$$\frac{1}{1-D} = 1 + D + D^2 + D^3 + D^4 + \dots + D^n + \dots$$

と級数展開できるのである。ただし、この方法は、多項式には有用であるが、無限に微分が可能である指数関数や三角関数には適用できないことに注意する必要がある。

このような展開が可能な理由を少し考えてみる。

$$y = \frac{1}{1-D}\big[f(x)\big]$$

とすれば

$$f(x) = (1-D)\big[y\big] = y - D\big[y\big]$$

という関係にあるので

$$y = f(x) + D\big[y\big]$$

となる。右辺の y に、この式を代入すると

$$y = f(x) + D\big[f(x) + D\big[y\big]\big] = f(x) + D\big[f(x)\big] + D^2\big[y\big]$$

となり、さらに同じ操作を繰り返すと

$$y = f(x) + D\big[f(x)\big] + D^2\big[f(x) + D\big[y\big]\big] = f(x) + D\big[f(x)\big] + D^2\big[f(x)\big] + D^3\big[y\big]$$

となる。この手法を**逐次代入法** (successive substitution method) と呼んでいる。

この操作を繰り返せば、結局

$$y = f(x) + D\big[f(x)\big] + D^2\big[f(x)\big] + D^3\big[f(x)\big] + \dots$$

$$= (1 + D + D^2 + D^3 + \dots)\big[f(x)\big]$$

となるので、べき級数展開が得られる。それでは、実際に、べき級数展開した場合の演算子としてのはたらきを確かめてみよう。

第 8 章　演算子法

演習 8-8　つぎの演算子にべき級数展開を適用し計算せよ。

$$\frac{1}{D+1}\left[x^2+x+1\right]$$

解）　演算子のべき級数展開は

$$\frac{1}{D+1}=1-D+D^2-D^3+D^4+\dots$$

となる。よって

$$\frac{1}{D+1}\left[x^2+x+1\right]=(1-D+D^2-D^3+D^4+\dots)\left[x^2+x+1\right]$$

となるが

$$D^3\left[x^2+x+1\right]=0$$

であり、それよりも高次の D 項はすべて 0 となる。

したがって

$$(1-D+D^2-D^3+D^4+\dots)\left[x^2+x+1\right]=(1-D+D^2)\left[x^2+x+1\right]$$

となる。これを計算すると

$$(1-D+D^2)\left[x^2+x+1\right]=(x^2+x+1)-D\left[x^2+x+1\right]+D^2\left[x^2+x+1\right]$$

$$=(x^2+x+1)-(2x+1)+2=x^2-x+2$$

となる。

　この結果は、先ほど積分によって計算したものと同じ結果を与える。この展開式を利用すると前節で取り扱った $1/(D-a)$ という一般形の逆演算子も級数展開のかたちに変形できる。この場合

$$\frac{1}{D-a}=-\frac{1}{a-D}=-\frac{1}{a}\frac{1}{1-\dfrac{D}{a}}$$

とし、先ほどの級数展開式に $D=D/a$ を代入すれば

273

$$\frac{1}{1-\dfrac{D}{a}} = 1 + \frac{D}{a} + \left(\frac{D}{a}\right)^2 + \left(\frac{D}{a}\right)^3 + \ldots + \left(\frac{D}{a}\right)^n + \ldots$$

と展開式できるので

$$\frac{1}{D-a} = -\frac{1}{a}\frac{1}{1-\dfrac{D}{a}} = -\frac{1}{a}\left\{1 + \frac{D}{a} + \left(\frac{D}{a}\right)^2 + \left(\frac{D}{a}\right)^3 + \ldots + \left(\frac{D}{a}\right)^n + \ldots\right\}$$

と変形して関数に作用させることができる。a は正でも負でもよい。

演習 8-9　つぎの演算結果を求めよ。

$$\frac{1}{D-2}\left[x^3 + 2x^2 + 3x - 2\right]$$

　解）　　演算子をべき級数に変形すると

$$\frac{1}{D-2} = -\frac{1}{2}\frac{1}{1-\dfrac{D}{2}} = -\frac{1}{2}\left(1 + \frac{D}{2} + \frac{D^2}{4} + \frac{D^3}{8} + \ldots\right)$$

となる。非同次項が 3 次式なので D^3 の項までで十分であるから

$$\frac{1}{D-2}\left[x^3 + 2x^2 + 3x - 2\right] = \left(-\frac{1}{2}\right)\left(1 + \frac{D}{2} + \frac{D^2}{4} + \frac{D^3}{8}\right)\left[x^3 + 2x^2 + 3x - 2\right]$$

となる。ここで

$$\frac{D}{2}\left[x^3 + 2x^2 + 3x - 2\right] = \frac{3}{2}x^2 + 2x + \frac{3}{2}$$

$$\frac{D^2}{4}\left[x^3 + 2x^2 + 3x - 2\right] = \frac{3}{2}x + 1$$

$$\frac{D^3}{8}\left[x^3 + 2x^2 + 3x - 2\right] = \frac{6}{8} = \frac{3}{4}$$

であるから

$$\frac{1}{D-2}\left[x^3 + 2x^2 + 3x - 2\right]$$

第 8 章　演算子法

$$= \left(-\frac{1}{2}\right)\left\{(x^3 + 2x^2 + 3x - 2) + \left(\frac{3}{2}x^2 + 2x + \frac{3}{2}\right) + \left(\frac{3}{2}x + 1\right) + \frac{3}{4}\right\}$$

$$= \left(-\frac{1}{2}\right)\left(x^3 + \frac{7}{2}x^2 + \frac{13}{2}x + \frac{5}{4}\right)$$

と計算できる。

以上のように、非同次項が多項式の場合には、級数展開を利用して演算子を変形する手法が威力を発揮することになる。

8.4.4.　因数分解できる場合

さらに、$\phi(D)$ が因数分解できる場合には、それを利用した解法も可能となる。実際の例で確かめてみよう。

演習 8-10　つぎの演算結果を求めよ。

$$\frac{1}{D^2 - 3D + 2}\left[x^2 + 3x + 2\right]$$

解）　演算子の分母は

$$\frac{1}{D^2 - 3D + 2} = \frac{1}{(D-1)(D-2)}$$

と因数分解できる。

よって、$1/(D-2)$ という演算を施したのち、その結果に $1/(D-1)$ という演算を施せばよい。つまり

$$\frac{1}{D-1}\left[\frac{1}{D-2}\left[x^2 + 3x + 2\right]\right]$$

を計算する。演算子をべき級数に変形すると

$$\frac{1}{D-2} = -\frac{1}{2}\frac{1}{1 - \dfrac{D}{2}} = -\frac{1}{2}\left(1 + \frac{D}{2} + \frac{D^2}{4} + \frac{D^3}{8} + \dots\right)$$

となる。非同次項が 2 次式なので D^2 の項までで十分であるから

275

$$\frac{1}{D-2}\left[x^2+3x+2\right]=\left(-\frac{1}{2}\right)\left(1+\frac{D}{2}+\frac{D^2}{4}\right)\left[x^2+3x+2\right]$$

$$=\left(-\frac{1}{2}\right)\left((x^2+3x+2)+\frac{2x+3}{2}+\frac{2}{4}\right)=\left(-\frac{1}{2}\right)(x^2+4x+4)=-\frac{x^2}{2}-2x-2$$

と計算できる。つぎに

$$\frac{1}{D-1}=-(1+D+D^2+D^3+\ldots)$$

となるが、2次式なので D^2 の項までで十分であるから

$$\frac{1}{D-1}\left[\frac{1}{D-2}\left[x^2+3x+2\right]\right]=\frac{1}{D-1}\left[-\frac{x^2}{2}-2x-2\right]=-(1+D+D^2)\left[-\frac{x^2}{2}-2x-2\right]$$

$$=\frac{x^2}{2}+2x+2+x+2+1=\frac{x^2}{2}+3x+5$$

となり

$$\frac{1}{D^2-3D+2}\left[x^2+3x+2\right]=\frac{x^2}{2}+3x+5$$

と与えられる。

演習 8-11　つぎの演算を計算せよ。

$$\frac{1}{D^2-3D+2}\left[x^2+3x+2\right]=\frac{1}{(D-2)(D-1)}\left[x^2+3x+2\right]$$

解）　ここでは

$$\frac{1}{(D-2)(D-1)}\left[x^2+3x+2\right]=\frac{1}{D-2}\left[\frac{1}{D-1}\left[x^2+3x+2\right]\right]$$

を計算する。

$$\frac{1}{D-1}=-(1+D+D^2+D^3+\ldots)$$

であり、非同次項が 2 次であるから D^2 の項までで十分であり

$$\frac{1}{D-1}\left[x^2+3x+2\right]=-(1+D+D^2)\left[x^2+3x+2\right]$$

となる。ここで、右辺は

276

$$-1\left[x^2+3x+2\right]-D\left[x^2+3x+2\right]-D^2\left[x^2+3x+2\right]$$

$$-(x^2+3x+2)-(2x+3)-2=-x^2-5x-7$$

となる。つぎに

$$\frac{1}{D-2}\left[\frac{1}{D-1}\left[x^2+3x+2\right]\right]=\frac{1}{D-2}\left[-x^2-5x-7\right]$$

を計算する。

$$\frac{1}{D-2}=-\frac{1}{2}\frac{1}{1-\dfrac{D}{2}}=-\frac{1}{2}\left(1+\frac{D}{2}+\frac{D^2}{4}+\frac{D^3}{9}+\ldots\right)$$

となる。非同次項が2次式なのでD^2の項までで十分であるから

$$\frac{1}{D-2}\left[-x^2-5x-7\right]=-\frac{1}{2}\left(1+\frac{D}{2}+\frac{D^2}{4}\right)\left[-x^2-5x-7\right]$$

となる。右辺は

$$-\frac{1}{2}\left[-x^2-5x-7\right]-\frac{D}{4}\left[-x^2-5x-7\right]-\frac{D^2}{8}\left[-x^2-5x-7\right]$$

$$=\frac{x^2}{2}+\frac{5}{2}x+\frac{7}{2}+\frac{x}{2}+\frac{5}{4}+\frac{1}{4}=\frac{x^2}{2}+3x+5$$

となる。

このように、微分演算子を因数分解した場合に、演算の順序を換えても同じ解が得られる。ただし、場合によっては、まったく同じ特殊解が得られない場合もある。ただし、その場合でも、定数部分に不定性が組み込まれるため、本質的な問題は生じないことを付記しておく。

8.5. 非同次項が種々の関数を含む場合

それでは、非同次項が異なる種類の関数を含む場合を考えてみよう。ここでは

$$R(x)=f(x)+g(x)+h(x)$$

というかたちの非同次項を想定する。

この場合、特殊解は

$$y = \frac{1}{\phi(D)}\big[R(x)\big] = \frac{1}{\phi(D)}\big[f(x)\big] + \frac{1}{\phi(D)}\big[g(x)\big] + \frac{1}{\phi(D)}\big[h(x)\big]$$

のような和となる。これは、線形微分方程式の解の特徴である線形性を反映したものである。したがって

$$R(x) = e^{kx} + \sin kx + ax^3 + bx^2 + c$$

の場合、いままで紹介した手法を用いて

$$\frac{1}{\phi(D)}\big[e^{kx}\big] \qquad \frac{1}{\phi(D)}\big[\sin kx\big] \qquad \frac{1}{\phi(D)}\big[ax^2 + bx + c\big]$$

をそれぞれ求め、和をとればよいことになる。

演習 8-12 つぎの微分方程式の特殊解を求めよ。

$$\frac{d^2 y}{dx^2} + 4\frac{dy}{dx} + 3y = e^{-2x} + \sin x + x^2$$

解） 演算子で表示すると

$$(D^2 + 4D + 3)[y] = e^{-2x} + \sin x + x^2$$

となる。よって特殊解は

$$y = \frac{1}{D^2 + 4D + 3}\big[e^{-2x} + \sin x + x^2\big]$$

まず

$$y_1 = \frac{1}{D^2 + 4D + 3}\big[e^{-2x}\big] = \frac{1}{(-2)^2 - 4\cdot 2 + 3}e^{-2x} = -e^{-2x}$$

となる。つぎに

$$y_2 = \frac{1}{D^2 + 4D + 3}\big[\sin x\big]$$

を求める。ここで

$$\frac{1}{D^2 + 4D + 3}\big[e^{ix}\big] = \frac{1}{i^2 + 4i + 3}e^{ix} = \frac{1}{2(2i+1)}e^{ix} = -\frac{2i-1}{10}e^{ix}$$

$$= \frac{1-2i}{10}(\cos x + i\sin x) = \frac{1}{10}(\cos x + 2\sin x) + \frac{i}{10}(\sin x - 2\cos x)$$

したがって

278

第 8 章　演算子法

$$y_2 = \frac{1}{D^2 + 4D + 3}\big[\sin x\big] = \frac{1}{10}(\sin x - 2\cos x)$$

となる。また

$$y_3 = \frac{1}{D^2 + 4D + 3}\big[x^2\big] = \frac{1}{(D+3)(D+1)}\big[x^2\big] = \frac{1}{D+3}\left[\frac{1}{D+1}\big[x^2\big]\right]$$

であり

$$\frac{1}{D+1}\big[x^2\big] = (1 - D + D^2 - D^3 + \ldots)\big[x^2\big] = x^2 - 2x + 2$$

から

$$y_3 = \frac{1}{D+3}\big[x^2 - 2x + 2\big] = \frac{1}{3}(1 - \frac{D}{3} + \frac{D^2}{9})\big[x^2 - 2x + 2\big]$$

$$= \frac{1}{3}(x^2 - 2x + 2) - \frac{1}{9}(2x - 2) + \frac{2}{27} = \frac{x^2}{3} - \frac{8}{9}x + \frac{26}{27}$$

となるから、特殊解は

$$y = y_1 + y_2 + y_3 = -e^{-2x} + \frac{1}{10}(\sin x - 2\cos x) + \frac{x^2}{3} - \frac{8}{9}x + \frac{26}{27}$$

となる。

　それでは、最後に、非同次項が、異なる種類の関数の積となっている場合の例を紹介する。ここでは、$e^{kx}f(x)$ というかたちを考えてみよう。まず

$$\frac{d}{dx}\big[e^{kx}f(x)\big] = ke^{kx}f(x) + e^{kx}\frac{df(x)}{dx}$$

これを微分演算子を使って書くと

$$D\big[e^{kx}f(x)\big] = k\,e^{kx}f(x) + e^{kx}D\big[f(x)\big] = e^{kx}(D+k)\big[f(x)\big]$$

となる。結果だけ取り出すと

$$D\big[e^{kx}f(x)\big] = e^{kx}(D+k)\big[f(x)\big]$$

となる。両辺に、さらに D を作用させると左辺は

$$D\big[D\big[e^{kx}f(x)\big]\big] = D^2\big[e^{kx}f(x)\big]$$

279

となり、右辺は

$$D\left[e^{kx}(D+k)\left[f(x)\right]\right]=ke^{kx}(D+k)\left[f(x)\right]+e^{kx}k(D+k)\left[f(x)\right]$$

$$=e^{kx}(D+k)(D+k)\left[f(x)\right]=e^{kx}(D+k)^2\left[f(x)\right]$$

となる。よって

$$D^2\left[e^{kx}f(x)\right]=e^{kx}(D+k)^2\left[f(x)\right]$$

となる。さらに両辺に D を作用させると

$$D^3\left[e^{kx}f(x)\right]=e^{kx}(D+k)^3\left[f(x)\right]$$

となり、一般式として

$$D^n\left[e^{kx}f(x)\right]=e^{kx}(D+k)^n\left[f(x)\right]$$

という関係が得られる。

演習 8-13　演算子 $\phi(D)=D^2+a_1D+a_0$ を関数 $e^{kx}f(x)$ に作用せよ。

解）
$$\phi(D)\left[e^{kx}f(x)\right]=(D^2+a_1D+a_0)\left[e^{kx}f(x)\right]$$

$$=D^2\left[e^{kx}f(x)\right]+a_1D\left[e^{kx}f(x)\right]+a_0\left[e^{kx}f(x)\right]$$

$$=e^{kx}(D+k)^2\left[f(x)\right]+e^{kx}a_1(D+k)\left[f(x)\right]+e^{kx}a_0\left[f(x)\right]$$

$$=e^{kx}\left((D+k)^2+a_1(D+k)+a_0\right)\left[f(x)\right]=e^{kx}\phi(D+k)\left[f(x)\right]$$

となる。

これは、$\phi(D)$ が n 次方程式の
$$\phi(D)=D^n+a_{n-1}D^{n-1}+...+a_1D+a_0$$

第 8 章　演算子法

の場合にも拡張でき

$$\phi(D)\big[e^{kx}f(x)\big]=e^{kx}\phi(D+k)\big[f(x)\big]$$

という関係が成立することになる。これより

$$e^{kx}f(x)=\frac{1}{\phi(D)}\Big[e^{kx}\phi(D+k)\big[f(x)\big]\Big]$$

となる。ここで、右辺の [ ] 内の項を

$$\phi(D+k)\big[f(x)\big]=R(x)$$

と置いてみよう。すると

$$e^{kx}f(x)=\frac{1}{\phi(D)}\big[e^{kx}R(x)\big]$$

となる。また

$$f(x)=\frac{1}{\phi(D+k)}\big[R(x)\big]$$

という関係にあるので上記の式に代入すると

$$e^{kx}\frac{1}{\phi(D+k)}\big[R(x)\big]=\frac{1}{\phi(D)}\big[e^{kx}R(x)\big]$$

という関係が成立する。

　つまり、非同次項が $e^{kx}R(x)$ という積のかたちをしている場合には

$$\frac{1}{\phi(D)}\big[e^{kx}R(x)\big]=e^{kx}\frac{1}{\phi(D+k)}\big[R(x)\big]$$

のように変形することで、非同次項が $R(x)$ の場合の演算結果を利用することが
可能となる。　それでは、実際に応用問題を解いてみよう。

演習 8-14　つぎの非同次微分方程式の特殊解を求めよ。

$$\frac{d^2y}{dx^2}-6\frac{dy}{dx}+9y=e^{5x}x^2$$

　解）　　演算子を使って方程式を表記すると

281

$$(D^2 - 6D + 9)[y] = e^{5x} x^2$$

特殊解は

$$y = \frac{1}{D^2 - 6D + 9}[e^{5x} x^2] = \frac{1}{(D-3)^2}[e^{5x} x^2]$$

となる。ここで

$$\frac{1}{\phi(D)}[e^{kx} R(x)] = e^{kx} \frac{1}{\phi(D+k)}[R(x)]$$

を使う。$\phi(D) = (D-3)^2$, $k = 5$, $R(x) = x^2$ であるから

$$y = \frac{1}{(D-3)^2}[e^{5x} x^2] = e^{5x} \frac{1}{\{(D+5)-3\}^2}[x^2] = e^{5x} \frac{1}{(D+2)^2}[x^2]$$

となる。

$$\frac{1}{(D+2)^2}[x^2] = \frac{1}{D+2}\left[\frac{1}{D+2}[x^2]\right]$$

であるから、まず

$$\frac{1}{D+2}[x^2] = \frac{1}{2}\left(1 - \frac{D}{2} + \frac{D^2}{4}\right)[x^2] = \frac{1}{2}\left(x^2 - \frac{2x}{2} + \frac{2}{4}\right) = \frac{x^2}{2} - \frac{x}{2} + \frac{1}{4}$$

となる。さらに

$$\frac{1}{D+2}\left[\frac{x^2}{2} - \frac{x}{2} + \frac{1}{4}\right] = \frac{1}{2}\left(1 - \frac{D}{2} + \frac{D^2}{4}\right)\left[\frac{x^2}{2} - \frac{x}{2} + \frac{1}{4}\right]$$

$$= \frac{1}{2}\left(\frac{x^2}{2} - \frac{x}{2} + \frac{1}{4}\right) - \frac{1}{4}\left(x - \frac{1}{2}\right) + \frac{1}{8} = \frac{x^2}{4} - \frac{x}{2} + \frac{3}{8}$$

となり、結局

$$y = e^{5x}\left(\frac{x^2}{4} - \frac{x}{2} + \frac{3}{8}\right)$$

が特殊解として得られる。

演習 8-15 つぎの微分方程式の特殊解を求めよ。

$$\frac{d^2 y}{dx^2} - 4y = e^{3x} x^2$$

解) 微分演算子を使って微分方程式を書くと

第 8 章　演算子法

$$(D^2 - 4)[y] = e^{3x} x^2$$

よって

$$y = \frac{1}{D^2 - 4}\left[e^{3x} x^2 \right]$$

本節で導いた公式

$$\frac{1}{\phi(D)}\left[e^{kx} R(x) \right] = e^{kx} \frac{1}{\phi(D+k)}\left[R(x) \right]$$

を使うと

$$y = e^{3x} \frac{1}{(D+3)^2 - 4}\left[x^2 \right] = e^{3x} \frac{1}{D^2 + 6D + 5}\left[x^2 \right] = e^{3x} \frac{1}{(D+5)(D+1)}\left[x^2 \right]$$

となる。ここで

$$\frac{1}{D+1}\left[x^2 \right] = (1 - D + D^2)\left[x^2 \right] = x^2 - 2x + 2$$

つぎに

$$\frac{1}{D+5}\left[x^2 - 2x + 2 \right] = \frac{1}{5}\left(1 - \frac{D}{5} + \frac{D^2}{25} \right)\left[x^2 - 2x + 2 \right]$$

$$= \frac{1}{5}\left(x^2 - 2x + 2 - \frac{2x - 2}{5} + \frac{2}{25} \right) = \frac{x^2}{5} - \frac{12}{25}x + \frac{62}{125}$$

よって特殊解は

$$y = e^{3x}\left(\frac{x^2}{5} - \frac{12}{25}x + \frac{62}{125} \right)$$

となる。

第9章 連立微分方程式

2次元平面を運動している物体の速度が、その座標に依存して変化する場合を想定してみよう。物体の位置を (x, y) という座標で表し、時間を t とすると、その速度は

$$\vec{v} = \begin{pmatrix} v_x \\ v_y \end{pmatrix} = \begin{pmatrix} dx/dt \\ dy/dt \end{pmatrix} = \frac{d}{dt} \begin{pmatrix} x \\ y \end{pmatrix}$$

という2次元ベクトルで表現できる。この速度が、位置 (x, y) とつぎのような関係にあるとしよう。

$$\frac{dx}{dt} = 2x - y \quad (1) \qquad \frac{dy}{dt} = x + y \quad (2)$$

この物体の運動を調べるためには、これら 2 つの微分方程式を同時に満足する解を得る必要がある。

このとき、式 (1) を変形して

$$y = -\frac{dx}{dt} + 2x$$

とし、両辺を t で微分すると

$$\frac{dy}{dt} = -\frac{d^2 x}{dt^2} + 2\frac{dx}{dt}$$

という関係が得られる。y と dy/dt を式 (2) に代入すると

$$-\frac{d^2 x}{dt^2} + 2\frac{dx}{dt} = x - \frac{dx}{dt} + 2x$$

となり移項して整理すると

$$\frac{d^2 x}{dt^2} - 3\frac{dx}{dt} + 3x = 0$$

となる。これは、定数係数の 2 階 1 次線形同次微分方程式であり解法可能である。x が t について解ければ、式 (1) から y についても t について解くことがで

284

第 9 章　連立微分方程式

きる。つまり、t を媒介変数として、$(x(t), y(t))$ の対応関係を得ることができる。

演習 9-1　つぎの連立微分方程式を解法せよ。

$$\begin{cases} \dfrac{dx}{dt} = 2x - 6y & (1) \\[2mm] \dfrac{dy}{dt} = 2x + 9y & (2) \end{cases}$$

解）　(1) 式より

$$y = -\frac{1}{6}\frac{dx}{dt} + \frac{1}{3}x \quad (3)$$

が得られる。両辺を t で微分すると

$$\frac{dy}{dt} = -\frac{1}{6}\frac{d^2x}{dt^2} + \frac{1}{3}\frac{dx}{dt}$$

これら 2 式を (2) 式に代入すると

$$-\frac{1}{6}\frac{d^2x}{dt^2} + \frac{1}{3}\frac{dx}{dt} = 2x + 9\left(-\frac{1}{6}\frac{dx}{dt} + \frac{1}{3}x\right)$$

となるが、移項して整理すると

$$\frac{d^2x}{dt^2} - 11\frac{dx}{dt} + 30x = 0$$

となる。これは定数係数 2 階線形同次微分方程式であり、特性方程式は

$$\lambda^2 - 11\lambda + 30 = (\lambda - 5)(\lambda - 6) = 0$$

となり、x の基本解は

$$x_1 = e^{5t} \qquad x_2 = e^{6t}$$

の 2 個となる。よって、一般解は、C_1, C_2 を定数として

$$x = C_1 e^{5t} + C_2 e^{6t}$$

と与えられる。

$$\frac{dx}{dt} = 5C_1 e^{5t} + 6C_2 e^{6t}$$

であるから、(3) 式に、得られた x ならびに dx/dt を代入すると

$$y = -\frac{1}{6}(5C_1 e^{5t} + 6C_2 e^{6t}) + \frac{1}{3}(C_1 e^{5t} + C_2 e^{6t})$$

となり、項をまとめると、y の一般解は

$$y = -\frac{1}{2}C_1 e^{5t} - \frac{2}{3}C_2 e^{6t}$$

となる。

　この結果から、y の基本解も、x と同じ e^{5t} と e^{6t} となることがわかる。実は、これが定数係数の連立微分方程式の解の特徴なのである。

　定数を $C_1 = 1$, $C_2 = 1$ と置くと

$$x(t) = e^{5t} + e^{6t} \qquad y(t) = -\frac{1}{2}e^{5t} - \frac{2}{3}e^{6t}$$

となるが、t を横軸として (x, y) をプロットすれば、図 9-1 のようにグラフ化することもできる。

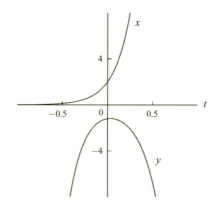

図 9-1　t を横軸とし $x(t)$ ならびに $y(t)$ を縦軸としてプロットしたグラフ

　以上の方法で連立微分方程式の解法は可能である。ただし、本章では、線形代数を利用して、連立微分方程式の解を得る手法を紹介する。紹介するのは、未知関数が $x(t), y(t)$ の2個の場合であるが、線形代数を利用すると、同様の手法で未知の関数が3個、4個と増えた場合にも適用が可能となるので有用である。

第 9 章　連立微分方程式

9.1.　線形代数の手法を利用した解法

9.1.1.　同次方程式

2 個の未知関数 $x(t)$ および $y(t)$ に関する連立微分方程式

$$\begin{cases} \dfrac{dx}{dt} = a_{11}x + a_{12}y \\[2mm] \dfrac{dy}{dt} = a_{21}x + a_{22}y \end{cases}$$

を**行列** (matrix) と**ベクトル** (vector) を使ってつぎのように表記してみる。

$$\begin{pmatrix} dx/dt \\ dy/dt \end{pmatrix} = \begin{pmatrix} a_{11} & a_{12} \\ a_{21} & a_{22} \end{pmatrix}\begin{pmatrix} x \\ y \end{pmatrix}$$

ここで、**係数行列** (coefficient matrix) と未知関数を成分とするベクトルを

$$\tilde{A} = \begin{pmatrix} a_{11} & a_{12} \\ a_{21} & a_{22} \end{pmatrix} \qquad \vec{r} = \begin{pmatrix} x \\ y \end{pmatrix}$$

と置くと、連立微分方程式は

$$\frac{d\vec{r}}{dt} = \tilde{A}\vec{r}$$

のように、ひとつの式にまとめることができる。ここで、行列の頭に付した〜は**チルダ** (tilde) と呼ばれ、本書では行列ということを明記するために付している。

　ここで、方程式を解くヒントとして、もし仮に、係数行列が**対角行列** (diagonal matrix) であった場合を想定してみよう。対角行列とは、非対角成分がすべて 0 となる行列である。すると

$$\frac{d}{dt}\begin{pmatrix} x \\ y \end{pmatrix} = \begin{pmatrix} a_{11} & 0 \\ 0 & a_{22} \end{pmatrix}\begin{pmatrix} x \\ y \end{pmatrix}$$

となるから、連立微分方程式は

$$\begin{cases} \dfrac{dx}{dt} = a_{11}x \\[2mm] \dfrac{dy}{dt} = a_{22}y \end{cases}$$

となって、それぞれ x および y に関する 1 階 1 次線形微分方程式になる。これら方程式は変数分離形であるから

287

$$\frac{dx}{x} = a_{11}\,dt \qquad \frac{dy}{y} = a_{22}\,dt$$

として、両辺を積分すると

$$\int \frac{dx}{x} = \int a_{11}\,dt \qquad \int \frac{dy}{y} = \int a_{22}\,dt$$

となり、ただちに

$$x = C_1 \exp(a_{11}t) = C_1\,e^{a_{11}t} \qquad y = C_2 \exp(a_{22}\,t) = C_2\,e^{a_{22}t}$$

と解が得られる。ただし、C_1, C_2 は定数である。

　つまり、なんらかの方法で係数行列を**対角化** (diagonalization) できれば、簡単に解が得られるのである。よって、連立微分方程式解法の鍵は、係数行列の対角化にある。そこで、線形代数による行列の対角化手法を紹介する。

9. 1. 2. 行列の対角化

　一般に、行と列の数が等しい**正方行列** (square matrix)

$$\tilde{A} = \begin{pmatrix} a_{11} & a_{12} \\ a_{21} & a_{22} \end{pmatrix}$$

は、適当な変換行列 $\tilde{P}$ によって、つぎのように対角化できることが知られている[17]。

$$\tilde{P}^{-1}\tilde{A}\tilde{P} = \begin{pmatrix} \lambda_1 & 0 \\ 0 & \lambda_2 \end{pmatrix}$$

　ここで、$\tilde{P}^{-1}$ は、行列 $\tilde{P}$ の**逆行列** (inverse matrix) であり

$$\tilde{P}^{-1}\tilde{P} = \tilde{P}\,\tilde{P}^{-1} = \tilde{E} = \begin{pmatrix} 1 & 0 \\ 0 & 1 \end{pmatrix}$$

という関係を満足する。

　行列 $\tilde{E}$ は**単位行列** (identity matrix) と呼ばれ、行列計算において 1 の役割を有し、作用しても行列の値は変化しないという性質がある。

　たとえば

---

[17] ここでは 2 行 2 列からなる 2 次正方行列の場合を紹介するが、次数が 3 以上の正方行列の場合にも適用可能である。ただし、対角化ができない正方行列も存在する。

第 9 章　連立微分方程式

$$\tilde{A}\tilde{E} = \begin{pmatrix} a_{11} & a_{12} \\ a_{21} & a_{22} \end{pmatrix}\begin{pmatrix} 1 & 0 \\ 0 & 1 \end{pmatrix} = \begin{pmatrix} a_{11} & a_{12} \\ a_{21} & a_{22} \end{pmatrix} = \tilde{A}$$

$$\tilde{E}\tilde{A} = \begin{pmatrix} 1 & 0 \\ 0 & 1 \end{pmatrix}\begin{pmatrix} a_{11} & a_{12} \\ a_{21} & a_{22} \end{pmatrix} = \begin{pmatrix} a_{11} & a_{12} \\ a_{21} & a_{22} \end{pmatrix} = \tilde{A}$$

となる。

9.1.3.　固有値と固有ベクトル

係数行列 $\tilde{A}$ を対角化して得られる対角行列 $\tilde{P}^{-1}\tilde{A}\tilde{P}$ の対角成分 λ_1, λ_2 は**固有値** (eigenvalue) と呼ばれている。また、それぞれの固有値に対応して

$$\tilde{A}\vec{r}_1 = \lambda_1 \vec{r}_1 \qquad \tilde{A}\vec{r}_2 = \lambda_2 \vec{r}_2$$

という関係を満足するベクトル $\vec{r}_1$ および $\vec{r}_2$ を、**固有ベクトル** (eigenvector) と呼んでいる。このとき、対角化に利用する変換行列 $\tilde{P}$ の列ベクトルは

$$\tilde{P} = (\vec{r}_1 \quad \vec{r}_2)$$

のように固有ベクトルとなるのである。

演習 9-2　　$d\vec{r}/dt = \tilde{A}\vec{r}$ が成立するとき、つぎの微分方程式を満足するベクトル $\vec{u}$ を求めよ。

$$\frac{d\vec{u}}{dt} = (\tilde{P}^{-1}\tilde{A}\tilde{P})\,\vec{u}$$

解）　　表記の微分方程式の左から、行列 $\tilde{P}$ を乗じてみよう。すると

$$\tilde{P}\frac{d\vec{u}}{dt} = \tilde{P}\tilde{P}^{-1}\tilde{A}\tilde{P}\vec{u} = \tilde{E}\tilde{A}\tilde{P}\vec{u} = \tilde{A}\tilde{P}\vec{u}$$

となる。ここで $\tilde{P}$ は t に依存しないので

$$\tilde{P}\frac{d\vec{u}}{dt} = \frac{d}{dt}(\tilde{P}\vec{u})$$

となるから、$\vec{r} = \tilde{P}\vec{u}$ と置けば

289

$$\frac{d\vec{r}}{dt} = \tilde{A}\vec{r}$$

となり、$\vec{u}$ は

$$\vec{u} = P^{-1}\vec{r}$$

と与えられる。

　ここで、ベクトル $\vec{u}$ を使えば、連立微分方程式の

$$\frac{d\vec{r}}{dt} = \tilde{A}\vec{r}$$

は

$$\frac{d\vec{u}}{dt} = (\tilde{P}^{-1}\tilde{A}\tilde{P})\,\vec{u}$$

と変形でき

$$\frac{d\vec{u}}{dt} = \frac{d}{dt}\begin{pmatrix} u \\ v \end{pmatrix} = \begin{pmatrix} \lambda_1 & 0 \\ 0 & \lambda_2 \end{pmatrix}\begin{pmatrix} u \\ v \end{pmatrix}$$

のように、係数行列が対角化される。このとき

$$\frac{du}{dt} = \lambda_1 u \qquad \frac{dv}{dt} = \lambda_2 v$$

という 2 個の 1 階 1 次微分方程式が得られる。これらは、変数分離形であるので

$$\int \frac{du}{u} = \int \lambda_1\,dt \qquad \int \frac{dv}{v} = \int \lambda_2\,dt$$

から、C_1, C_2 を定数として

$$u = C_1\exp(\lambda_1 t) = C_1 e^{\lambda_1 t} \qquad v = C_2\exp(\lambda_2 t) = C_2 e^{\lambda_2 t}$$

と $\vec{u} = (u \quad v)$ が与えられる。

　あとは $\vec{r} = \tilde{P}\vec{u}$ にしたがって

$$\begin{pmatrix} x \\ y \end{pmatrix} = \tilde{P}\begin{pmatrix} u \\ v \end{pmatrix}$$

という変換を施せば、求める解の $\vec{r} = (x \quad y)$ を求めることができるのである。

第 9 章　連立微分方程式

9. 1. 4.　固有方程式

それでは、係数行列 $\tilde{A}$ の固有値 λ を求める方法を紹介しよう。固有値 λ は、固有ベクトルを $\vec{r}$ とすると

$$\tilde{A}\vec{r} = \lambda\vec{r}$$

という関係を満足する。これを変形すると

$$\tilde{A}\vec{r} = \lambda\tilde{E}\,\vec{r} \qquad より \qquad (\lambda\tilde{E} - \tilde{A})\,\vec{r} = \vec{0}$$

となる。右辺は、成分がすべて 0 のゼロベクトルである。この方程式の自明解は $\vec{r} = \vec{0}$ であるが、それでは意味がない。ここで $\vec{r} \neq \vec{0}$ の解を有する条件は

$$\left| \lambda\tilde{E} - \tilde{A} \right| = 0$$

となる。左辺は行列式である。これを**固有方程式** (eigen value equation) あるいは**特性方程式** (characteristic equation) と呼んでいる。

　固有方程式を解けば、2 次正方行列においては、2 個の固有値 λ_1 と λ_2 が得られる[18]。そのうえで、固有値に対応した固有ベクトル $\vec{r}_1$ および $\vec{r}_2$ を求めれば、変換行列 $\tilde{P}$ は、これら固有ベクトルを列ベクトルとして

$$\tilde{P} = (\vec{r}_1 \quad \vec{r}_2)$$

と与えられる。それでは、実際の連立微分方程式の解法に、線形代数の手法を適用してみよう。

9. 2.　連立微分方程式の解法

　例として、未知関数 $x(t), y(t)$ に関する

$$\begin{cases} \dfrac{dx}{dt} = 2x - 6y \\[2mm] \dfrac{dy}{dt} = 2x + 9y \end{cases}$$

---

[18] 固有方程式が重解を有する場合には 1 個の固有値しか得られない。本書で扱っている連立微分方程式では、重解の場合には解が得られない。固有値の扱いについては、『線形代数』（村上、鈴木、小林著、2023、飛翔舎）を参照いただきたい。

という連立微分方程式を取りあげる。行列とベクトルを使うと

$$\frac{d}{dt}\begin{pmatrix} x \\ y \end{pmatrix} = \begin{pmatrix} 2 & -6 \\ 2 & 9 \end{pmatrix}\begin{pmatrix} x \\ y \end{pmatrix}$$

あるいは

$$\frac{d\vec{r}}{dt} = \tilde{A}\vec{r}$$

と書ける。ただし、係数行列ならびに解ベクトルを

$$\tilde{A} = \begin{pmatrix} 2 & -6 \\ 2 & 9 \end{pmatrix} \qquad \vec{r} = \begin{pmatrix} x \\ y \end{pmatrix}$$

と置いている。

演習 9-3   係数行列 $\tilde{A} = \begin{pmatrix} 2 & -6 \\ 2 & 9 \end{pmatrix}$ の固有値 λ を求めよ。

解）   特性方程式は

$$\left| \lambda\tilde{E} - \tilde{A} \right| = 0$$

となる。よって

$$\begin{vmatrix} \lambda-2 & 6 \\ -2 & \lambda-9 \end{vmatrix} = (\lambda-2)(\lambda-9)+12 = (\lambda-5)(\lambda-6) = 0$$

となり、固有値は $\lambda = 5, 6$ と与えられる。

つぎに固有ベクトルを求める。固有値 $\lambda_1 = 5$ に対する固有ベクトル $\vec{r}_1$ は

$$\tilde{A}\,\vec{r}_1 = \lambda_1\vec{r}_1$$

$$\begin{pmatrix} 2 & -6 \\ 2 & 9 \end{pmatrix}\begin{pmatrix} x_1 \\ y_1 \end{pmatrix} = 5\begin{pmatrix} x_1 \\ y_1 \end{pmatrix}$$

を満足する。よって

$$2x_1 - 6y_1 = 5x_1 \qquad 2x_1 + 9y_1 = 5y_1$$

という条件が得られる。

第 9 章　連立微分方程式

これら式から $x_1 = -2y_1$ という関係が得られるので、固有ベクトルとしては

$$\vec{r}_1 = \begin{pmatrix} -2 \\ 1 \end{pmatrix}$$

が得られる[19]。

演習 9-4　固有値 $\lambda_2 = 6$ に対する固有ベクトル $\vec{r}_2$ を求めよ。

　解）　$\tilde{A}\vec{r}_2 = \lambda_2 \vec{r}_2$ から

$$\begin{pmatrix} 2 & -6 \\ 2 & 9 \end{pmatrix} \begin{pmatrix} x_2 \\ y_2 \end{pmatrix} = 6 \begin{pmatrix} x_2 \\ y_2 \end{pmatrix} = \begin{pmatrix} 6x_2 \\ 6y_2 \end{pmatrix}$$

より

$$2x_2 - 6y_2 = 6x_2 \qquad 2x_2 + 9y_2 = 6y_2$$

が固有ベクトルの条件となる。したがって $2x_2 = -3y_2$ となるので、固有ベクトルの大きさは任意となるが、整数比のベクトルを選ぶと

$$\vec{r}_2 = \begin{pmatrix} -3 \\ 2 \end{pmatrix}$$

が得られる。

　以上の結果から、変換行列は

$$\tilde{P} = \begin{pmatrix} -2 & -3 \\ 1 & 2 \end{pmatrix}$$

となる。ここで、2 次正方行列

$$\tilde{A} = \begin{pmatrix} a & b \\ c & d \end{pmatrix} \qquad \text{の逆行列は} \qquad \tilde{A}^{-1} = \frac{1}{ad - bc} \begin{pmatrix} d & -b \\ -c & a \end{pmatrix}$$

となるので、変換行列の逆行列は

$$\tilde{P}^{-1} = \frac{1}{-4 + 3} \begin{pmatrix} 2 & 3 \\ -1 & -2 \end{pmatrix} = \begin{pmatrix} -2 & -3 \\ 1 & 2 \end{pmatrix}$$

---

[19] このように、一般には固有ベクトルには定数倍の任意性がある。よって、ここでは整数比の最も簡単なものを選んでいる。

となる。ここで

$$\vec{u} = \begin{pmatrix} u \\ v \end{pmatrix} = \tilde{P}^{-1} \begin{pmatrix} x \\ y \end{pmatrix} = \begin{pmatrix} -2 & -3 \\ 1 & 2 \end{pmatrix} \begin{pmatrix} x \\ y \end{pmatrix}$$

を満足するベクトル $\vec{u}$ は

$$\frac{d}{dt} \begin{pmatrix} u \\ v \end{pmatrix} = \begin{pmatrix} 5 & 0 \\ 0 & 6 \end{pmatrix} \begin{pmatrix} u \\ v \end{pmatrix}$$

という関係を満足する。

係数行列が対角化されているので

$$\frac{du}{dt} = 5u \qquad \frac{dv}{dt} = 6v$$

という1階1次微分方程式が得られる。これらは変数分離形となり、その解は

$$u = C_1 e^{5t} \qquad v = C_2 e^{6t}$$

と与えられる。ここで、$\vec{r} = \tilde{P}\vec{u}$ という関係にあるから

$$\begin{pmatrix} x \\ y \end{pmatrix} = \tilde{P} \begin{pmatrix} u \\ v \end{pmatrix} = \begin{pmatrix} -2 & -3 \\ 1 & 2 \end{pmatrix} \begin{pmatrix} C_1 e^{5t} \\ C_2 e^{6t} \end{pmatrix}$$

となり、結局

$$x = -2C_1 e^{5t} - 3C_2 e^{6t} \qquad\qquad y = C_1 e^{5t} + 2C_2 e^{6t}$$

が解として得られる。

この結果を見れば、e^{5t} と e^{6t} が $x(t)$ と $y(t)$ 双方の基本解となっていることがわかる。ちなみに、変換行列において固有ベクトルの順序を変えて

$$\tilde{P} = \begin{pmatrix} -3 & -2 \\ 2 & 1 \end{pmatrix}$$

としても、同じ固有値が得られる。ただし、この場合は、対角化行列の固有値の位置が入れ換わり

$$\frac{d}{dt} \begin{pmatrix} u \\ v \end{pmatrix} = \begin{pmatrix} 6 & 0 \\ 0 & 5 \end{pmatrix} \begin{pmatrix} u \\ v \end{pmatrix}$$

となる。

第 9 章　連立微分方程式

演習 9-5　つぎの連立微分方程式を解法せよ。

$$\begin{cases} \dfrac{dx}{dt} = 9x + 10y \\ \dfrac{dy}{dt} = -3x - 2y \end{cases}$$

解）　微分方程式を行列で示すと

$$\frac{d}{dt}\begin{pmatrix} x \\ y \end{pmatrix} = \begin{pmatrix} 9 & 10 \\ -3 & -2 \end{pmatrix}\begin{pmatrix} x \\ y \end{pmatrix}$$

と書ける。

つぎに係数行列の固有値 λ は、特性方程式から

$$\begin{vmatrix} \lambda-9 & -10 \\ 3 & \lambda+2 \end{vmatrix} = (\lambda-9)(\lambda+2)+30 = (\lambda-3)(\lambda-4) = 0$$

となり、固有値は $\lambda = 3, 4$ と得られる。よって、対角化行列は

$$\begin{pmatrix} 3 & 0 \\ 0 & 4 \end{pmatrix}$$

となる。

つぎに固有ベクトルを求める。まず、固有値 $\lambda = 3$ に対応する固有ベクトルは

$$\begin{pmatrix} 9 & 10 \\ -3 & -2 \end{pmatrix}\begin{pmatrix} x \\ y \end{pmatrix} = 3\begin{pmatrix} x \\ y \end{pmatrix} \qquad より \qquad \begin{pmatrix} 9x+10y \\ -3x-2y \end{pmatrix} = \begin{pmatrix} 3x \\ 3y \end{pmatrix}$$

となって $-3x = 5y$ という条件が得られるので、固有ベクトルとして整数比のものを選ぶと

$$\vec{r}_1 = \begin{pmatrix} 5 \\ -3 \end{pmatrix}$$

となる。つぎに、固有値 $\lambda = 4$ に対応する固有ベクトルは

$$\begin{pmatrix} 9 & 10 \\ -3 & -2 \end{pmatrix}\begin{pmatrix} x \\ y \end{pmatrix} = 4\begin{pmatrix} x \\ y \end{pmatrix} \qquad より \qquad \begin{pmatrix} 9x+10y \\ -3x-2y \end{pmatrix} = \begin{pmatrix} 4x \\ 4y \end{pmatrix}$$

となって $-x = 2y$ という条件が得られるので、固有ベクトルとして整数比のものを選ぶと

295

$$\vec{r}_2 = \begin{pmatrix} 2 \\ -1 \end{pmatrix}$$

が得られ、結局、対角化行列として

$$\tilde{\boldsymbol{P}} = (\vec{r}_1 \quad \vec{r}_2) = \begin{pmatrix} 5 & 2 \\ -3 & -1 \end{pmatrix}$$

が得られる。2行2列の場合の逆行列の公式から

$$\tilde{\boldsymbol{P}}^{-1} = \frac{1}{-5+6} \begin{pmatrix} -1 & -2 \\ 3 & 5 \end{pmatrix} = \begin{pmatrix} -1 & -2 \\ 3 & 5 \end{pmatrix}$$

となる。ここで

$$\vec{u} = \begin{pmatrix} u \\ v \end{pmatrix} = \tilde{\boldsymbol{P}}^{-1} \begin{pmatrix} x \\ y \end{pmatrix} = \begin{pmatrix} -1 & -2 \\ 3 & 5 \end{pmatrix} \begin{pmatrix} x \\ y \end{pmatrix}$$

を満足するベクトル $\vec{u}$ は

$$\frac{d}{dt} \begin{pmatrix} u \\ v \end{pmatrix} = \begin{pmatrix} 3 & 0 \\ 0 & 4 \end{pmatrix} \begin{pmatrix} u \\ v \end{pmatrix}$$

という関係を満足するので

$$\frac{du}{dt} = 3u \qquad \frac{dv}{dt} = 4v$$

よって、$(u \quad v)$ の解は

$$u = C_1 e^{3t} \qquad v = C_2 e^{4t}$$

となる。結局、求める解の $(x \quad y)$ は

$$\begin{pmatrix} x \\ y \end{pmatrix} = \tilde{\boldsymbol{P}} \begin{pmatrix} u \\ v \end{pmatrix} = \begin{pmatrix} 5 & 2 \\ -3 & -1 \end{pmatrix} \begin{pmatrix} C_1 e^{3t} \\ C_2 e^{4t} \end{pmatrix}$$

から

$$x = 5C_1 e^{3t} + 2C_2 e^{4t} \qquad y = -3C_1 e^{3t} - C_2 e^{4t}$$

となる。

　以上のように、線形代数における行列の対角化という手法を利用することで、連立微分方程式の解法が可能となるのである。

　また、解の $(x \quad y)$ の一般解のかたちを見ると、$x(t)$, $y(t)$ はいずれも基本解として e^{3t} と e^{4t} を有することがわかる。

第 9 章　連立微分方程式

これを一般化すると、連立微分方程式の係数行列の固有値が λ_1 と λ_2 となるとき、基本解は $e^{\lambda_1 t}$ と $e^{\lambda_2 t}$ となることがわかる。

9.3.　非同次方程式

いままでは、連立微分方程式として同次方程式を取り扱ってきたが、非同次方程式の場合はどうなるであろうか。

実は、非同次方程式の連立方程式の場合も、いままで行ってきたように、同次方程式の解を求めたうえで、非同次方程式を満足する特殊解を見つければよいのである。例として、つぎの連立微分方程式を解いてみよう。

$$\begin{cases} \dfrac{dx}{dt} = a_{11}x + a_{12}y + p(t) \\ \dfrac{dy}{dt} = a_{21}x + a_{22}y + q(t) \end{cases}$$

これをベクトル表示にすると

$$\frac{d}{dt}\begin{pmatrix} x \\ y \end{pmatrix} = \begin{pmatrix} a_{11} & a_{12} \\ a_{21} & a_{22} \end{pmatrix}\begin{pmatrix} x \\ y \end{pmatrix} + \begin{pmatrix} p(t) \\ q(t) \end{pmatrix}$$

$$\frac{d\vec{r}}{dt} = \tilde{A}\vec{r} + \vec{b}$$

と書くことができる。同次方程式に、非同次項ベクトル $\vec{b}$ が付加されていることに注意されたい。

ここで、上記の微分方程式の左から、逆行列 $\tilde{P}^{-1}$ を掛けてみる。すると

$$\tilde{P}^{-1}\frac{d\vec{r}}{dt} = \tilde{P}^{-1}\tilde{A}\vec{r} + \tilde{P}^{-1}\vec{b}$$

となる。変形すると

$$\tilde{P}^{-1}\frac{d\vec{r}}{dt} = \tilde{P}^{-1}\tilde{A}\tilde{E}\vec{r} + \tilde{P}^{-1}\vec{b} = \tilde{P}^{-1}\tilde{A}\tilde{P}\tilde{P}^{-1}\vec{r} + \tilde{P}^{-1}\vec{b}$$

となり

$$\frac{d(\tilde{P}^{-1}\vec{r})}{dt} = \tilde{P}^{-1}\tilde{A}\tilde{P}(\tilde{P}^{-1}\vec{r}) + \tilde{P}^{-1}\vec{b}$$

とまとめられる。したがって、$\vec{u} = \boldsymbol{P}^{-1}\vec{r}$ と置いたうえで

$$\tilde{P}^{-1}\vec{b} = \tilde{P}^{-1}\begin{pmatrix} p(t) \\ q(t) \end{pmatrix} = \vec{d} = \begin{pmatrix} m(t) \\ n(t) \end{pmatrix}$$

と変換すれば、連立微分方程式は

$$\frac{d\vec{u}}{dt} = (\tilde{P}^{-1}\tilde{A}\tilde{P})\vec{u} + \vec{d} = \begin{pmatrix} \lambda_1 & 0 \\ 0 & \lambda_2 \end{pmatrix}\vec{u} + \vec{d}$$

となる。あるいは

$$\frac{d}{dt}\begin{pmatrix} u \\ v \end{pmatrix} = \begin{pmatrix} \lambda_1 & 0 \\ 0 & \lambda_2 \end{pmatrix}\begin{pmatrix} u \\ v \end{pmatrix} + \begin{pmatrix} m(t) \\ n(t) \end{pmatrix}$$

から

$$\begin{cases} \dfrac{du}{dt} = \lambda_1 u + m(t) \\ \dfrac{dv}{dt} = \lambda_2 v + n(t) \end{cases}$$

と書き直すことができる。

　つまり、$u(t)$ ならびに $v(t)$ に関する 1 階 1 次線形非同次微分方程式に還元できるのである。あとは、それぞれの微分方程式を解法すればよいことになる。

演習 9-6　つぎの非同次方程式の特殊解を演算子法を用いて求めよ。

$$\frac{du}{dt} = \lambda_1 u + m(t)$$

　解）　微分演算子を D とすると、表記の微分方程式は

$$(D - \lambda_1)[u] = m(t)$$

と置ける。すると、特殊解は

$$u = \frac{1}{D - \lambda_1}[m(t)]$$

となるので、第 8 章で紹介したように

$$u = \exp(\lambda_1 t)\int \exp(-\lambda_1 t)m(t)dt$$

298

第 9 章　連立微分方程式

と与えられる。

　それでは、実際に、つぎの非同次連立微分方程式を解法してみよう。

$$\begin{cases} \dfrac{dx}{dt} = 7x - 4y + 2e^t \\[2mm] \dfrac{dy}{dt} = 12x - 7y + 4e^t \end{cases}$$

連立方程式を行列とベクトルを使って表現すると

$$\frac{d}{dt}\begin{pmatrix} x \\ y \end{pmatrix} = \begin{pmatrix} 7 & -4 \\ 12 & -7 \end{pmatrix}\begin{pmatrix} x \\ y \end{pmatrix} + \begin{pmatrix} 2e^t \\ 4e^t \end{pmatrix}$$

となる。

演習 9-7　上記の係数行列の固有値 λ を求めよ。

　解）　特性方程式は

$$\begin{vmatrix} \lambda - 7 & 4 \\ 12 & \lambda + 7 \end{vmatrix} = (\lambda - 7)(\lambda + 7) - 48 = (\lambda + 1)(\lambda - 1) = 0$$

となるので、固有値は $\lambda = 1, -1$ となる。

　つぎに、それぞれの固有値に対応した固有ベクトルを求める。固有値 $\lambda = 1$ に対応する固有ベクトルは

$$\begin{pmatrix} 7 & -4 \\ 12 & -7 \end{pmatrix}\begin{pmatrix} x \\ y \end{pmatrix} = \begin{pmatrix} x \\ y \end{pmatrix}$$

より

$$\begin{pmatrix} 7x - 4y \\ 12x - 7y \end{pmatrix} = \begin{pmatrix} x \\ y \end{pmatrix} \qquad \begin{pmatrix} 6x - 4y \\ 12x - 8y \end{pmatrix} = \begin{pmatrix} 0 \\ 0 \end{pmatrix}$$

となり $3x = 2y$ という条件が得られるので、固有ベクトルとして、最も簡単な整数比のものを選ぶと

$$\vec{r}_1 = \begin{pmatrix} 2 \\ 3 \end{pmatrix}$$

299

となる。

演習 9-8　固有値 $\lambda = 3$ に対する固有ベクトルを求めよ。

　解）　固有ベクトルが満足すべき式は

$$\begin{pmatrix} 7 & -4 \\ 12 & -7 \end{pmatrix}\begin{pmatrix} x \\ y \end{pmatrix} = -\begin{pmatrix} x \\ y \end{pmatrix}$$

より

$$\begin{pmatrix} 7x - 4y \\ 12x - 7y \end{pmatrix} = \begin{pmatrix} -x \\ -y \end{pmatrix} \qquad \begin{pmatrix} 8x - 4y \\ 12x - 6y \end{pmatrix} = \begin{pmatrix} 0 \\ 0 \end{pmatrix}$$

となって $2x = y$ という条件が得られるので、固有ベクトルとして、最も簡単な整数比のものを選ぶと

$$\vec{r}_2 = \begin{pmatrix} 1 \\ 2 \end{pmatrix}$$

が得られる。

　結局、対角化行列は

$$\tilde{P} = (\vec{r}_1 \quad \vec{r}_2) = \begin{pmatrix} 2 & 1 \\ 3 & 2 \end{pmatrix}$$

となり、その逆行列は

$$\tilde{P}^{-1} = \frac{1}{4 - 3}\begin{pmatrix} 2 & -1 \\ -3 & 2 \end{pmatrix} = \begin{pmatrix} 2 & -1 \\ -3 & 2 \end{pmatrix}$$

となる。

演習 9-9　非同次項に対応したベクトル $\vec{b}$ を
$$\vec{d} = \tilde{P}^{-1}\vec{b}$$
によって変換せよ。

　解）　非同次項に対応したベクトルは

300

第 9 章　連立微分方程式

$$\vec{b} = \begin{pmatrix} 2e^t \\ 4e^t \end{pmatrix}$$

であるから、変換後は

$$\vec{d} = \tilde{P}^{-1} \vec{b} = \tilde{P}^{-1} \begin{pmatrix} 2e^t \\ 4e^t \end{pmatrix} = \begin{pmatrix} 2 & -1 \\ -3 & 2 \end{pmatrix} \begin{pmatrix} 2e^t \\ 4e^t \end{pmatrix} = \begin{pmatrix} 0 \\ 2e^t \end{pmatrix}$$

となる。

あとは

$$\frac{d\vec{u}}{dt} = (\tilde{P}^{-1} \tilde{A} \tilde{P})\vec{u} + \vec{d}$$

を満足するベクトル $\vec{u}$ を求めれば

$$\vec{r} = \tilde{P} \vec{u}$$

という変換によって解が得られる。

演習 9-10　つぎの関係を満足するベクトル $\vec{u}$ を求めよ。

$$\frac{d\vec{u}}{dt} = (\tilde{P}^{-1} \tilde{A} \tilde{P})\vec{u} + \vec{d}$$

解）

$$\frac{d}{dt}\begin{pmatrix} u \\ v \end{pmatrix} = \begin{pmatrix} 1 & 0 \\ 0 & -1 \end{pmatrix}\begin{pmatrix} u \\ v \end{pmatrix} + \begin{pmatrix} 0 \\ 2e^t \end{pmatrix}$$

から

$$\frac{du}{dt} = u \qquad \frac{dv}{dt} = -v + 2e^t$$

よって、u は

$$u = C_1 e^t$$

となる。つぎに v を求める。対応する同次方程式の解は

$$v = C_2 e^{-t}$$

であり、非同次方程式の特殊解は、演算子法を用いると

301

$$(D+1)[v] = 2e^t$$

より

$$v = \frac{1}{D+1}\left[2e^t\right] = \frac{1}{1+1}(2e^t) = e^t$$

となるので

$$v = C_2\, e^{-t} + e^t$$

となる。

したがって、非同次の連立方程式の解は

$$\vec{r} = \tilde{P}\vec{u}$$

から

$$\begin{pmatrix} x \\ y \end{pmatrix} = \begin{pmatrix} 2 & 1 \\ 3 & 2 \end{pmatrix}\begin{pmatrix} u \\ v \end{pmatrix} = \begin{pmatrix} 2 & 1 \\ 3 & 2 \end{pmatrix}\begin{pmatrix} C_1\, e^t \\ C_2\, e^{-t} + e^t \end{pmatrix}$$

となり

$$x = 2C_1\, e^t + C_2\, e^{-t} + e^t = (2C_1 + 1)\, e^t + C_2\, e^{-t}$$

$$y = 3C_1\, e^t + 2C_2\, e^{-t} + 2e^t = (3C_1 + 2)\, e^t + 2C_2\, e^{-t}$$

と与えられる。

演習 9-11 　つぎの連立微分方程式を解け。

$$\begin{cases} \dfrac{dx}{dt} = 4x + y + 2e^{3t} \\[2mm] \dfrac{dy}{dt} = -2x + y - 3e^{3t} \end{cases}$$

解）　この式を行列とベクトルを使って表現すると

$$\frac{d}{dt}\begin{pmatrix} x \\ y \end{pmatrix} = \begin{pmatrix} 4 & 1 \\ -2 & 1 \end{pmatrix}\begin{pmatrix} x \\ y \end{pmatrix} + \begin{pmatrix} 2e^{3t} \\ -3e^{3t} \end{pmatrix}$$

となる。

この係数行列の固有値 λ は、特性方程式

302

第 9 章　連立微分方程式

$$\begin{vmatrix} \lambda-4 & -1 \\ 2 & \lambda-1 \end{vmatrix} = (\lambda-4)(\lambda-1)+2 = (\lambda-2)(\lambda-3) = 0$$

から、$\lambda = 2\,,3$ と得られる。つぎに固有ベクトルを求める。

まず、$\lambda = 2$ に対しての固有ベクトルは

$$\begin{pmatrix} 4 & 1 \\ -2 & 1 \end{pmatrix}\begin{pmatrix} x \\ y \end{pmatrix} = 2\begin{pmatrix} x \\ y \end{pmatrix}$$

より

$$\begin{pmatrix} 4x+y \\ -2x+y \end{pmatrix} = \begin{pmatrix} 2x \\ 2y \end{pmatrix} \qquad \begin{pmatrix} 2x+y \\ -2x-y \end{pmatrix} = \begin{pmatrix} 0 \\ 0 \end{pmatrix}$$

となって $-2x = y$ となるので、固有ベクトルとして簡単な整数比のものを選ぶと

$$\vec{r}_1 = \begin{pmatrix} 1 \\ -2 \end{pmatrix}$$

が得られる。つぎに $\lambda = 3$ に対する固有ベクトルは

$$\begin{pmatrix} 4 & 1 \\ -2 & 1 \end{pmatrix}\begin{pmatrix} x \\ y \end{pmatrix} = 3\begin{pmatrix} x \\ y \end{pmatrix}$$

より

$$\begin{pmatrix} 4x+y \\ -2x+y \end{pmatrix} = \begin{pmatrix} 3x \\ 3y \end{pmatrix} \qquad \begin{pmatrix} x+y \\ -x-y \end{pmatrix} = \begin{pmatrix} 0 \\ 0 \end{pmatrix}$$

となって $-x = y$ となるので、固有ベクトルとしては

$$\vec{r}_2 = \begin{pmatrix} 1 \\ -1 \end{pmatrix}$$

を選ぶことができ、結局、対角化行列は

$$\tilde{P} = (\vec{r}_1 \quad \vec{r}_2) = \begin{pmatrix} 1 & 1 \\ -2 & -1 \end{pmatrix}$$

となる。この逆行列は

$$\tilde{P}^{-1} = \frac{1}{-1+2}\begin{pmatrix} -1 & -1 \\ 2 & 1 \end{pmatrix} = \begin{pmatrix} -1 & -1 \\ 2 & 1 \end{pmatrix}$$

となる。ここで非同次項に対応したベクトルは

$$\vec{d} = \tilde{P}^{-1}\vec{b} = \tilde{P}^{-1}\begin{pmatrix} 2e^{3t} \\ -3e^{3t} \end{pmatrix} = \begin{pmatrix} -1 & -1 \\ 2 & 1 \end{pmatrix}\begin{pmatrix} 2e^{3t} \\ -3e^{3t} \end{pmatrix} = \begin{pmatrix} e^{3t} \\ e^{3t} \end{pmatrix}$$

であるから

303

$$\vec{u} = \begin{pmatrix} u \\ v \end{pmatrix} = \tilde{P}^{-1} \begin{pmatrix} x \\ y \end{pmatrix} = \begin{pmatrix} -1 & -1 \\ 2 & 1 \end{pmatrix} \begin{pmatrix} x \\ y \end{pmatrix}$$

を満足するベクトル $\vec{u}$ は

$$\frac{d}{dt} \begin{pmatrix} u \\ v \end{pmatrix} = \begin{pmatrix} 2 & 0 \\ 0 & 3 \end{pmatrix} \begin{pmatrix} u \\ v \end{pmatrix} + \begin{pmatrix} e^{3t} \\ e^{3t} \end{pmatrix}$$

という関係を満足する。よって

$$\frac{du}{dt} = 2u + e^{3t} \qquad \frac{dv}{dt} = 3v + e^{3t}$$

となる。まず、u に関しては、同伴方程式の解は

$$u = C_1 e^{2t}$$

となり、特殊解は演算子法を用いると

$$(D-2)[u] = e^{3t}$$

より

$$u = \frac{1}{D-2}[e^{3t}] = \frac{1}{3-2}e^{3t} = e^{3t}$$

となるので、非同次方程式の一般解は

$$u = C_1 e^{2t} + e^{3t}$$

となる。つぎに v に関しては、同伴方程式の解は

$$v = C_2 e^{3t}$$

であり、特殊解は、演算子法を用いると

$$(D-3)[v] = e^{3t}$$

より

$$\frac{1}{D-3}[e^{3t}] = e^{3t} \int e^{-3t} e^{3t} \, dt = e^{3t} \int 1 \, dt = te^{3t}$$

となる。よって v の一般解は

$$v = C_2 e^{3t} + te^{3t}$$

となる。よって

$$\begin{pmatrix} x \\ y \end{pmatrix} = \begin{pmatrix} 1 & 1 \\ -2 & -1 \end{pmatrix} \begin{pmatrix} u \\ v \end{pmatrix} = \begin{pmatrix} 1 & 1 \\ -2 & -1 \end{pmatrix} \begin{pmatrix} C_1 e^{2t} + e^{3t} \\ C_2 e^{3t} + te^{3t} \end{pmatrix}$$

第 9 章　連立微分方程式

より

$$x = C_1 e^{2t} + (C_2 + 1) e^{3t} + t e^{3t}$$
$$y = -2C_1 e^{2t} - (2 + C_2) e^{3t} - t e^{3t}$$

が解となる。

　このように、非同次の連立方程式の場合にも、線形代数の手法により解を求めることができるのである。さらに、変数の数が増えて未知関数が 3 個の連立微分方程式や 4 個以上の場合にも同様の手法を適用することで解法が可能となる。

おわりに

　ガリレオの有名な言葉に "Nature is written in mathematical language." がある。「自然は数学という言葉で書かれている」という名言に登場する数学の多くは微分方程式である。

　自然科学の発展を振り返ると、物理学者が自然現象を微分方程式で描き、数学者がその方程式の解法に貢献することが多いと言われている。実は、量子力学において、その不可思議な電子雲と呼ばれる 3 次元構造を明らかにしたのはシュレーディンガー方程式であるが、その解法には、数学者のルジャンドルやラゲールらが研究した微分方程式が活躍している。

　一方で、理工学で登場する微分方程式は多種多様であり、その解法も、系統的というよりは、羅列的に提示されるため、微分方程式は「全体像がつかみにくい学問」とも言われている。

　本書では、微分方程式の基本は 1 階 1 次微分方程式の解法にあるという視点で、導入を行った。そのうえで、階数や次数を増やしたときにどうなるかを構造化し、初心者でも、その構成がわかるように努めた。また、線形微分方程式ならびに同次、非同次方程式の概念がわかるように例題を含めて、解説を行っている。読者が、微分方程式の概要がつかめたという印象を持っていただけたならば著者として幸甚である。

　また、本書では紹介できなかったが、微分方程式の解法にはフーリエ解析、グリーン関数、複素関数やラプラス変換などの手法も使われる。理工数学シリーズで扱う予定であるので、ぜひ、挑戦していただきたい。

著者紹介

村上　雅人

理工数学研究所　所長　工学博士
情報・システム研究機構　監事
2012 年より 2021 年まで芝浦工業大学学長
2021 年より岩手県 DX アドバイザー
現在、日本数学検定協会評議員、日本工学アカデミー理事
技術同友会会員、日本技術者連盟会長
著書「大学をいかに経営するか」（飛翔舎）
「なるほど生成消滅演算子」（海鳴社）
など多数

安富　律征

大和投資信託（現 大和アセットマネジメント）、ホワイト・ファング・マネジメント代表などを経て、2005 年 11 月に合同会社安富資本運用を創業
公益社団法人 日本証券アナリスト協会検定会員
著書「熱血！経済講義: 挑戦する勇気が湧いてくる本」（太陽企画出版）
「攻撃的リスク・マネジメントの実践」（ダイヤモンド・ハーバード・ビジネス、第 25 巻 2 号、2000 年 3 月）

小林　忍

理工数学研究所　主任研究員
著書「超電導の謎を解く」（C&R 研究所）
「低炭素社会を問う」（飛翔舎）
「エネルギー問題を斬る」（飛翔舎）
「SDGs を吟味する」（飛翔舎）
監修「テクノジーのしくみとはたらき図鑑」（創元社）

―理工数学シリーズ―

微分方程式

2025 年　1 月　14 日　第 1 刷　発行

発行所：合同会社飛翔舎 https://www.hishosha.com
　　　　住所：東京都杉並区荻窪三丁目 16 番 16 号
　　　　電話：03-5930-7211　FAX：03-6240-1457
　　　　E-mail: info@hishosha.com

編集協力：小林信雄、吉本由紀子
組版：小林忍
印刷製本：株式会社シナノパブリッシングプレス

©2025　　printed in Japan
ISBN:978-4-910879-17- 8　　C3041
落丁・乱丁本はお買い上げの書店でお取替えください。

飛翔舎の本

高校数学から優しく橋渡しする ―理工数学シリーズ―

＜増刷決定＞
「統計力学　基礎編」 村上雅人・飯田和昌・小林忍　　A5 判 220 頁　2000 円

ミクロカノニカル、カノニカル、グランドカノニカル集団の違いを詳しく解説。ミクロとマクロの融合がなされた熱力学の本質を明らかにしていく。

「統計力学　応用編」 村上雅人・飯田和昌・小林忍　　A5 判 210 頁　2000 円

ボルツマン因子や分配関数を基本に統計力学がどのように応用されるかを解説。2 原子分子、固体の比熱、イジング模型と相転移への応用にも挑戦する。

「回帰分析」 村上雅人・井上和朗・小林忍　　　　　　A5 判 288 頁　2000 円

既存のデータをもとに目的の数値を予測する手法を解説。データサイエンスの基礎となる統計検定と AI の基礎である回帰分析が学べる。

「量子力学 I　行列力学入門」 村上雅人・飯田和昌・小林忍　A5 判 188 頁　2000 円

未踏の分野に果敢に挑戦したハイゼンベルクら研究者の物語。量子力学がどのようにして建設されたのかがわかる。量子力学 三部作の第 1 弾。

「線形代数」 村上雅人・鈴木絢子・小林忍　　　　　　A5 判 236 頁　2000 円

量子力学の礎「固有値」「固有ベクトル」そして「行列の対角化」の導出方法を解説。線形代数の汎用性がわかる。

「解析力学」 村上雅人・鈴木正人・小林忍　　　　　　A5 判 290 頁　2500 円

ラグランジアン L やハミルトニアン H の応用例を示し、解析力学が立脚する変分法を、わかりやすく解説。

「量子力学 II　波動力学入門」 村上雅人・飯田和昌・小林忍　A5 判 308 頁　2600 円

ラゲールの陪微分方程式やルジャンドルの陪微分方程式などの性質を詳しく解説し、水素原子の電子軌道の構造が明らかになっていく過程を学べる。

「量子力学 III　磁性入門」 村上雅人・飯田和昌・小林忍　A5 判 232 頁　2600 円

スピン演算子の導入によって、磁性が説明できることから原子スペクトルの複雑な分裂構造である異常ゼーマン効果が解明できる過程を詳細に解説。

「微分方程式」 村上雅人・安富律征・小林忍　　　　A5 判 310 頁　　2600 円

　1 階 1 次微分方程式の解法に重点を置き、階数次数が増えたときにどうなるかを構造化し、また線形微分方程式や同次、非同次方程式の概念を解説する。

高校の探究学習に適した本 ─村上ゼミシリーズ─

「低炭素社会を問う」　　村上雅人・小林忍　　　　四六判 320 頁　　1800 円

　二酸化炭素は人類の敵なのだろうか。CO_2 が赤外線を吸収し温暖化が進むという誤解を、物理の知識をもとに正しく解説する。

「エネルギー問題を斬る」　　村上雅人・小林忍　　　　四六判 330 頁　　1800 円

　再生可能エネルギーの原理と現状を詳しく解説。国家戦略ともなるエネルギー問題の本質を考え、地球が持続発展するための解決策を提言する。

「SDGs を吟味する」　　村上雅人・小林忍　　　　四六判 378 頁　　1800 円

　世界中が注目している SDGs の背景には ESG 投資がある。人口爆発や宗教問題がなぜ SDGs に含まれないのか。国際社会はまさにかけひきの世界であることを示唆する。

「デジタルに親しむ」　　村上雅人・小林信雄　　　　四六判 342 頁　　2600 円

　コンピュータの 2 進法から始めてデジタル機器の動作原理、その進歩、そして生成 AI の開発状況までを解説。

大学を支える教職員にエールを送る ─ウニベルシタス研究所叢書─

＜増刷決定＞
「大学をいかに経営するか」　　村上雅人　　　　四六判 214 頁　　1500 円

＜増刷決定＞
「プロフェッショナル職員への道しるべ」 大工原孝　四六判 172 頁　　1500 円

「粗にして野だが」　山村昌次　　　　四六判 182 頁　　1500 円

「教職協働はなぜ必要か」　　吉川倫子　　　　四六判 170 頁　　1500 円

「ナレッジワーカーの知識交換ネットワーク」　A5 判 220 頁　　3000 円
村上由紀子

　高度な専門知識をもつ研究者と医師の知識交換ネットワークに関する日本発の精緻な実証分析を収録

価格は、本体価格